한국 수목의 이해
Introduction to Dendrology

Introduction to Dendrology

한국 수목의 이해

성은숙

ㅊ
전북대학교
출판문화원

평생 저를 지지해주신
사랑하는 어머니와 가족께 이 책을 감사의 마음으로 바칩니다.

머리말

대학교에서 수목학을 오랫동안 가르쳐보니 제대로 된 교과서가 필요하다는 생각을 하게 되었다. 한국인은 유년기 시절을 거쳐 중고등학교에 다니면서 자의든 타의든 식물을 공부했지만, 심지어 대학교에 와서도 식물의 가장 기본적인 개념이 정립되어 있지 않은 경우가 많다. 교육 현장에서는 물론이고 식물도감이나 관련서적이 일관성이 없거나 때로는 잘못된 것을 가르치고 있으니, 우리는 혼란에 빠지게 되었다. 이 책을 포함해서 세상 어디에도 완벽한 수목학 책은 없다. 하지만, 수목학을 공부하기 위한 수목에 대한 기본적 개념과 용어는 잘 정립이 되어야 할 필요가 있다. 본 개정판은 겉씨식물에서는 최근에 개정된 한국어 용어(성은숙, 2018)를 적용했으며, 속씨식물 분류에 있어서는 APG III(Judd *et al.*, 2008)에서 APG IV(Judd *et al.*, 2016)로 개정된 분류군의 변화를 적용했다.

과학의 한 분야인 수목학(樹木學)은 식물분류학(植物分類學)의 한 갈래로서, 인간의 경제적 생활에 관련된 식물 특히 목본식물(木本植物)을 주요 대상으로 한다. 다시 말해서 이 책에서는 종자식물 중 자생종이 아니더라도 한국에서 생육하는 목본식물을 주로 다루지만, 수목도감은 아니다. 그러나 주변의 나무를 동정할 수 있는 정확한 눈이 만들어지고, 사람과 공존하고 있는 생명체 특히 산과 들의 교목이나 관목에 대한 새로운 시각을 갖게 될 것이며, 수목의 놀라운 매력에 빠지게 될 것이라고 기대한다.

모든 사람이 수목 동정 전문가가 되길 바라는 마음에서 이 책을 쓰는 것은 아니며, 최소한 나무를 공부하는 사람이라면 알고 가야할 기본적인 개념을 정리해 보고자 했다.

당신은 다음과 같이 생각하거나 말한 적이 있는가? 그런 오류가 당신만의 책임은 아니다. 지금까지 우리 책들이 그리고 교육현장에서 그렇게 가르쳐왔기 때문이다!

○ 봄이 되니, 소나무 수꽃에서 화분이 엄청 많이 날린다.

   - 소나무에는 꽃이 없다! [120, 128쪽 참조]

○ 솔방울은 소나무의 열매이다.

   - 소나무에는 열매가 없다! [120, 122, 128쪽 참조]

○ 은행나무 열매 냄새가 정말 고약하다.

   - 은행나무에는 열매가 없다! [116-117쪽 참조]

○ 나자식물은 모두 침엽수이다.

   - 침엽이 아닌 넓은 잎으로 나오는 종도 많다! [53, 115쪽 참조]

○ 호박은 채소이고 살구는 과일이다.

   - 둘 다 과일(열매)이다! [77-78쪽 참조]

○ 느티나무에도 열매가 열린다고?

   - 꽃이 피고 열매를 맺는다! [293-295쪽 참조]

○ 나는 무궁화 한마음 품종을 키우고 있다.

   - 품종이 아니라 재배종이다! [25쪽 참조]

2019년 1월

저 자 씀

차례

제1장

수목학 개요

Introduction to Dendrology

1. 수목학(樹木學)이란?

　산림과학(forest sciences), 환경과학(environmental sciences)은 물론이고 식물학(botany), 유전학(genetics), 그리고 임목(林木) 화학 분야의 선진적 연구(advanced studies)에 있어서 나무(trees)의 이름, 나무의 성상(habits), 지리적 분포구역, 서식지(habitats) 등의 이해와 지식 그리고 특징들을 구별해 내는 것은 필수적 기초가 된다.

　수목학(Dendrology)이란 나무(trees)와 목본성 식물(woody plants)을 연구하는 식물학의 한 분야로서, 고대 그리스어에서 "나무(tree)"를 의미하는 "δένδρον"와 "연구(study)"를 의미하는 "λόγος"에서 왔다.

　'목본성 식물'이란 수목학에서 연구의 대상이 되는 종자식물(seed plants)의 교목(trees), 관목(shrubs), 목본성 덩굴 식물(lianas)을 의미한다. 따라서 수목학은 식물학(botany)과 임학(forestry)을 동시에 아우르는 것이라고 할 수 있으며, 식물의 명명법(nomenclature)을 포함한 식물분류학(systematics), 형태학(morphology), 계절학(phenology), 지리학적 범위(geographic range), 나무의 자연사(natural history) 등이 포함될 수 있다(Hardin *et al.*, 2001).

　수목학은 하나는 순수식물학적인 방향, 다른 하나는 농학적인 방향으로 발달하여 두 갈래의 방향으로 갈라졌다.

　첫 번째로, **순수식물학적인 연구**는
　　· 수목의 분류학적 연구,
　　· 수목의 식물학적 연구,
　　· 산림 내 식물의 식물학적 연구(山林植物學)로 다시 구분될 수 있고,

두 번째로, **농학적인 연구**는

- 인류생활에 활용된 수목의 농학적 연구로서 응용수목학(應用樹木學)이라고 볼 수 있다(이창복, 2007).

본 교재에서는 첫 갈래인 순수식물학적인 방향 즉, 수목의 분류학적 그리고 식물학적 연구에 초점이 맞춰져 있지만, 우리 주변에서 흔히 볼 수 있는 식물을 중심으로 하여 친근한 수목들을 이해하는 데 도움이 되리라 기대한다.

2. 본 교재 이용법

많은 식물분류학자들이 현재 사용하는 다양한 식물분류체계는 서로를 보완하고는 있지만 어느 것도 완벽한 식물분류체계란 없다. 다시 말해서 어느 것은 옳고 어느 것은 그르다는 개념이 아니라, 서로 다르다는 것을 인지할 필요가 있다. 본 교재에서는 따로 설명을 덧붙이지 않는 한 가장 최근의 Angiosperm Phylogeny Group(APG) IV 분류체계(Judd *et al.*, 2016)를 기준으로 하였으나, 식물 분류가 '역동적인 변화'가 있는 분야이기 때문에 앞으로도 당연히 분류군의 위치나 범위 등에 변화가 있을 수 있다. 또한 필요한 경우 APG 분류체계를 크론키스트(Cronquist, 1981)의 것과 비교하여 이해를 돕고자 하였다.

첫 네 장인 제1장에서 제4장까지는 수목학의 개요와 식물의 분류, 명명법, 수목의 영양적 그리고 생식적 형태를 다뤄 수목학에 필요한 개념과 용어 등의 이해를 돕고자 하였으며, 특히 나자식물에 관한 가장 최근의 정확한 한국어 용어(성은숙, 2018)를 적용하여 정리하였다. 제5장에서는 수목의 동정을 쉽고 효과적으로 할 수 있도록 돕는 검색표에 대해 다뤘다. 식물학에서 가장 많이 사용하는 검색표의 두 종류를 소개하고 각각의 검색표를 작성하는 방법을 예시를 들어 이해하기 쉽게 그리고 간단하게 언급했다. 제6장에서는 외부적 요인과 내부적 요인으로 나눠 수목의 변이를 간단히 설명하였고, 제7장에서는 우리 한국의 산림대를 간단하게 짚어 보았다. 마지막 두 장인 제8장과 제9장은 수목학의 각론에 해당하는 것으로서 종자식물의 정확한 개념을 정리하고, 종자식물을 겉씨식물(나자식물)과 속씨식물(피자식물)로 나눠 한국에서 생육하고 있는 식물을 중심으로 간단히 정리했다.

본 교재에서 다루는 속씨식물의 거의 모든 과(科)에 꽃공식(floral formula)을 하나 이상 삽입하였다. 종수가 적은 몇 개의 과는 '과(科) 수준'의 꽃공식을 그대로 두었고, 과를 구성하는 종수가 많은데 꽃공식이 '과 수준'이어서 전달하고자 하는 정보가 막연했던 교재 개정 전의 꽃공식들 대부분을 그 과에서 흔히 만날 수 있는 한 개 또는 여러 종에 해당하는 '종(種) 수준'의 꽃공식으로 바꿔 넣어서 현실감을 높였다.

본 교재에 각 과(科) 내 표로 정리된 수종들의 학명과 영어 향명은 주로 '한반도 자생식물 영어이름 목록집(국립수목원, 2015)'에 준하였지만 필요한 경우 수정하였다.

제2장

식물의 분류

Classification of Plants

지금 우리가 살고 있는 행성 지구에서 생태계를 구성하고 있는 생물의 다양성은 거의 무한대이다. 수목을 포함하여 식물의 어떤 종도 같은 수종일지라도 완벽하게 똑같은 개체는 존재하지 않는다.

식물 분류(classification of plants)란 구조적, 기원적 또는 기타 특징에 의해서 구별된 체계, 계급 또는 기타 범주(category)에 식물을 지정하는 것을 말한다(이유성, 이상태, 1996). 즉, 분류란 식물을 그룹으로 만드는 것과 계급을 정하는 것을 포함한다.

식물학자들이 현재 사용하고 있는 식물의 분류 체계에는, 물론 단 하나의 것만이 존재할 수 없으며, 각각의 다양한 분류 체계는 장단점을 가지고 있다.

이 책에서는 APG(Angiosperm Phylogeny Group)의 가장 최근의 분류체계인 APG IV(Judd *et al.*, 2016)를 기준으로 해서 주로 다룰 것이며, 비교를 위해 Cronquist(1981)의 분류체계도 언급하였다.

1. 종 Species

분류군(taxon; 복수형은 taxa)은 공통 선조(common ancestor)로부터 진화해 나온 하나의 진화선(evolutionary line)을 대표해야 하는데, 여기서 분류군이란 식물의 분류학적 단위(taxonomic unit)를 이르는 말이며, 가장 기본이 되는 분류군은 종(species)이다(Hardin *et al.*, 2001).

인간도 지구 생태계를 이루고 있는 하나의 독립된 종이며, 수목학의 대상이 되는 우리 주변의 나무로서는 소나무, 사철나무, 팽나무 등이 각각 하나의 종이다.

2. 종하위 분류군 Infraspecific Taxa

종하위 분류군이란 기본이 되는 종의 아래에 오는 분류군을 말하는 것으로 즉, 아종, 변종, 아변종, 품종, 아품종, 재배종이 포함된다. 여기서 아종은 겉으로 보기에는 종과 비슷하지만 그 분포와 생태가 다른 분류군이라서 그 판정이 어려운 편이다. 하지만 변종은 기본종에 비해 형태적인 차이가 있다. 즉, 이런 차이에 분포나 생태와 관계가 있을 수도 있고 없을 수도 있다. 변종은 일반적으로 기본종의 분포한계 내에 있다고 여겨지며, 그 형질은 후대에 유전이 된다. 그리고 품종을 결정할 때는 주로 꽃이나 열매의 빛깔, 수 등을 기준으로 하는 경향이 있다(이창복, 2007). 재배종은 씨앗 파종을 통한 실생 번식으로는 보통 그 형질이 후대에 유전이 되지 않으며, 주로 무성 번식을 통해서 형질을 유지하게 된다.

>표 2–1. 종하위 분류군과 약칭

분류계급	라틴어 (영어)	약칭
아종(亞種)	Subspecies (subspecies)	subsp. 또는 ssp.
변종(變種)	Varietas (variety)	var.
아변종(亞變種)	Subvarietas (subvariety)	subvar.
품종(品種)	Forma (form)	for. 또는 f.
아품종(亞品種)	Subforma (subform)	subfor.
재배종(栽培種)	Cultivar (cultivar)	cv.

우리 주변에서 흔히 볼 수 있는 '반송'은 **품종**이라는 종하위 분류군(표2-1)으로서 좋은 예가 될 수 있다. 즉, 소나무과(Pinaceae)의 소나무(*Pinus densiflora* Siebold et Zucc.)는 기본종이고, 그 것의 품종으로서 반송(*P. densiflora* f. *multicaulis* Uyeki)이 있는 것이다. **변종**의 예를 꿀풀과(Lamiaceae)에서 한 가지를 들어 보자. 이 과에 있는 누리

장나무(*Clerodendrum trichotomum* Thunb.)는 기본종이고, 이 누리장나무의 변종 (variety)으로서 민누리장나무(C. *trichotomum* var. *fargesii* Rehder)가 있다. 무궁화 의 **재배종(cultivar)**을 예로 든다면, 무궁화 '단심'(*Hibiscus syriacus* cv. Tanshim), 무 궁화 '새아침'(*H. syriacus* cv. Saeachim), 무궁화 '한마음'(*H. syriacus* cv. Hanmaeum) 등 수많은 재배종이 있다(국립수목원, 2011). 이것들을 품종(品種)이라고 부르는 오류를 범하지 않도록 해야 할 것이다. 이들 종은 모두 재배종(栽培種)이다.

3. 종상위 그룹 Superspecific Categories

>표 2-2. Cronquist(1981) 분류 체계에 의한 종상위 분류군과 학명 어미

분류계급	라틴어 (영어)	약칭	학명 어미
계(界)	Regnum (kingdom)		
아계(亞界)	Subregnum (subkimgdom)		-bionta
문(門)	Divisio (division)		-phyta
아문(亞門)	subdivisio (subdivision)		-phytina
강(綱)	**Classis (class)**		**-opsida, -atae**
아강(亞綱)	subclassis (subclass)		-idae
상목(上目)	superordo (superorder)		-ae,-anae
목(目)	**Ordo (order)**		**-ales**
아목(亞目)	Subordo (suborder)		-ineae
과(科)	**Familia (family)**		**-aceae**
족(族)	Tribus (tribe)		-eae
아족(亞族)	Subtribus (subtribe)		-inae

속(屬)	Genus (genus)		*Hibiscus*(무궁화속)
아속(亞屬)	Subgenus (subgenus)		
절(節)	Sectio (section)		
아절(亞節)	Subsectio (subsection)	subsect.	
열(列)	Series (series)	ser.	
아열(亞列)	Subseries (subseries)	subser.	
종(種)	Species (species)	sp.	*Hibiscus syriacus*

종상위의 그룹이란 종(species)위에 오는 그룹을 의미하며, 이를 설명하기 위해서, 여기서는 두 가지의 식물 분류체계 즉, Cronquist(1981) 체계와 APG IV 체계(Judd *et al.*, 2016)를 비교하기로 하겠다.

표2-2에서 보는 것처럼 과(family)의 경우 학명 어미가 '-aceae'로 끝나도록 되어 있는데, 과거부터 사용된 전통명을 가진 8개의 과가 있다. 다음 괄호 안의 첫 번째 것은 전통명이고 두 번째 것은 '-aceae'로 끝나는 국제명이다. 아직도 전자인 전통명이 사용되기도 하지만 점차 후자의 국제명으로 바뀌어 가고 있는 추세다.

· 국화과　　　(Compositae / Asteraceae)

· 꿀풀과　　　(Labiatae / Lamiaceae)

· 물레나물과 (Guttiferae / Clusiaceae)

· 벼과　　　　(Gramineae / Poaceae)

· 산형과　　　(Umbelliferae / Apiaceae)

· 십자화과　　(Cruciferae / Brassicaceae)

· 야자과　　　(Palmae / Arecaceae)

· 콩과　　　　(Leguminosae / Fabaceae)

학명의 어미는 속(genus)부터는 정해져 있지 않다. 즉, 아족까지만 그 어미가 정해져 있다(표2-2 참조). 표2-2에서 종의 예로 든 '무궁화'를 보면 학명이 '*Hibiscus syriacus*' 인데, '*Hibiscus*'는 '무궁화속'을, '*syriacus*'는 '무궁화의 종소명'을 나타내고 있다. 한국 특산종 구상나무의 학명은 '*Abies koreana*'이다. 무궁화와 구상나무의 학명을 보면 속 부터는 정해진 어미가 없다는 것을 알 수 있다.

(1) 크론키스트(Cronquist, 1981) 분류 체계

식물 분류군의 기본 단위인 종(species)위의 분류계급 즉 종상위 그룹을 이해하기 위해 Cronquist(1981)의 분류체계에 의한 분류계급(표2-2)을 보자. 기본이 되는 종 (species)위의 주요 분류군으로서 속, 과, 목, 강, 문, 계로 종의 상위 계급이 점차적으로 커지는 것을 알 수 있다.

(2) APG Ⅳ(Judd *et al.*, 2016) 분류 체계

APG(Angiosperm Phylogeny Group) 분류 체계(Judd *et al.*, 2016)는 피자식물 계통분류의 대표적 체계이다. 여기에서는 목(order) 위의 상위그룹이 Cronquist(1981)의 것과 상이할 수 있다. APG Ⅳ(Judd *et al.*, 2016)에서는 먼저 크게 두 개의 그룹 즉, 기저식물군 (ANA GRADE)과 핵심속씨식물군(Mesangiosperms)로 나누고, 다시 핵심속씨식물군 은 크게 세 개의 그룹 즉, 목련군(Magnoliids), 단자엽식물군(Monocots), 진정쌍자엽식 물군(Eudicots)으로 나눈다.

>표 2-3. APG IV(Judd *et al.*, 2016)에 의한 식물의 목(order) 상위 분류군

기저식물군(ANA GRADE; Basal Plants)
핵심속씨식물군(MESANGIOSPERMAE)
　목련군(MAGNOLIIDS)
　단자엽식물군(MONOCOTS)
　진정쌍자엽식물군(EUDICOTS; Eudicotyledoneae)
　　기저진정쌍자엽식물군(BASAL TRICOLPATES)
　　핵심진정쌍자엽식물군(CORE EUDICOTS)
　　　오화판식물군(PENTAPETALAE)
　　　상위장미군(SUPERROSIDAE)
　　　　장미군(ROSID CLADE)
　　　　　콩군(진정장미군 1; Fabids; Eurosids 1)
　　　　　아욱군(진정장미군 2; Malvids; Eurosids 2)
　　　상위국화군(SUPERASTERIDAE)
　　　　국화군(ASTERID CLADE)
　　　　　핵심국화군(Core asterids)
　　　　　꿀풀군(진정국화군 1; Lamiids; Euasterids 1)
　　　　　초롱꽃군(진정국화군 2; Campanulids; Euasterids 2)

　　상록관목이면서 잎이 녹차나 홍차의 원료가 되는 '차나무'라는 식물을 예로 들어 보겠다. 표2-2에 나와 있는 바와 같이 Cronquist(1981)의 분류체계에 근거하여 그 체계를 예로 들어 본다면,

　　　피자식물문(Magnoliophya),
　　　　쌍자엽식물강(Magnoliposida),
　　　　　차나무목(Theales),
　　　　　　차나무과(Theaceae),

차나무속(*Camellia*),

차나무(*Camellia sinensis* (L.) Kuntze)이다.

동일한 종을 APG IV(Judd *et al.*, 2016)에 의한 분류체계(표2-3)로 보면,

진정쌍자엽식물군(Eudicots),

국화군(Asterids),

진달래목(Ericales),

차나무과(Theaceae),

차나무속(*Camellia*),

차나무(*C. sinensis* (L.) Kuntze)인 것이다.

위에서 살펴본 바와 같이 '차나무'는 차나무과(family)까지는 두 분류체계에서 동일하지만, 목(order)에서부터 이 두 분류체계가 서로 다르다는 것을 비교해 볼 수 있다.

제3장

수목의 명명법

Nomenclature

수목을 포함하여 생물체에 이름을 주는 것을 '명명(命名)'이라고 하며, 여기서는 당연히 식물학적인 명명법(nomenclature)에 초점을 맞춘다.

1. 향명 鄕名; Common or Vernacular Names

어느 한정된 나라 또는 지역에서 수월하게 소통될 수 있는 나무의 이름을 향명이라고 하며, 속명이라고도 한다(이창복, 2007). 예를 들면, 한국인에게 무궁화, 아까시나무, 참느릅나무, 능소화, 오리나무, 소나무, 구상나무와 같은 이름이 한국식 향명이다. 영어권에서의 향명을 예로 든다면, rose of Sharon(무궁화), Korean mountain ash(팥배나무), Korean fir(구상나무), Ulleungdo hemlock(솔송나무) 등이 있을 것이다.

이런 향명은 일상의 대화나 글에서 사용되는 이름이기 때문에, 식물 전공자는 물론이고 일반인도 이해하고 기억하기에 이 이름이 용이하다는 장점이 있다. 하지만, 매우 정확한 소통 또는 학문적인 소통에 사용되기에는 적절하지 않을 수 있다. 즉, 어떤 언어를 사용하느냐에 따라 당연히 향명은 달라질 것인데, 앞서 예를 든 것처럼 모국어가 영어인 사람에게 '무궁화'의 향명은 'rose of Sharon'이며, 한글을 사용하는 한국인에게는 '무궁화'인 것이다. 즉, 향명은 사용하는 언어가 다르면, 소통하기 어려운 이름이다. 그런데 같은 언어를 사용해도 향명으로 소통이 어려울 때도 있다. 같은 나라 내 다른 지방에서 같은 종에 대해 다른 향명으로 부를 수도 있기 때문이다. 예를 들어, 무환자나무과(단풍나무아과)의 '복자기(*Acer triflorum*)'를 어느 곳에서는 '나도박달'이라고 부르기도 하기 때문에 간혹 소통에 혼란이 올 수도 있다.

2. 학명 學名; Scientific Names

인간이 매일 사용하는 일반 생활어는 날로 발전하거나 변화하므로, 식물의 학명은 생활영역을 벗어난 사어(死語) 라틴어를 채택하여 쓴다. 따라서 라틴어로 된 학명은 처음에 접하게 되면 생소하거나 익히기에 다소 어려울 수 있으나, 한 번 이해가 되고 익숙해지면 전 세계 어느 곳에서도 정확하게 소통할 수 있다는 장점이 있다. 어느 지방 또는 어느 나라에 살든지 어떤 언어를 사용하든지, 학명은 국제어로서 모두 소통할 수 있는 식물을 부르는 이상적인 이름인 것이다.

학명은 이명법(binomial system)으로 쓰여 두 개의 단어 즉, 속명과 종소명으로 이루어진다. 첫 자를 대문자로 쓰고 나머지는 소문자로 쓰는 속명을 쓰고, 소문자로 이뤄지는 종소명을 두 번째에 쓰고 그 뒤에 명명한 사람의 이름 즉 명명자를 붙인다(표3-1). 여기서 속명은 보통으로 명사형이고 종소명은 일반적으로 형용사형이다. 표기할 때는 속명과 종소명을 모두 오른쪽으로 기울여 쓰고 명명자는 정자로 세워서 쓴다. 이런 이명법은 스웨덴의 박물학자이며 식물학자였던 Carl Linnaeus(1707-1778)가 쓰기 시작하여 오늘날에 이른다(Cronquist, 1982).

대한민국의 국화인, '무궁화'를 예로 들어서 학명을 쓰면 다음과 같다.

>표 3-1. 무궁화의 학명 구조

Hibiscus	*syriacus*	L.
속명	종소명	명명자 (무궁화는 Linnaeus가 명명함)

무궁화를 학명과 향명으로 표기하여 정리하면 다음과 같다(표3-2).

>표 3-2. 무궁화의 학명과 향명 표기

무궁화 rose of Sharon *Hibiscus syriacus* L.	한글 향명 영어 향명 학명

새로운 종을 **명명자** 두 명이 함께 학명을 출판한 경우에는 두 명명자 사이에 기호 '&' 혹은 그리고(and)의 의미인 'et'를 넣는다. 소나무과의 잣나무의 학명을 예로 들면, '*Pinus koraiensis* Siebold et Zucc.'이다. 여기에서 두 명의 명명자인 'Siebold'와 'Zuccarini'가 함께 잣나무를 명명했다는 의미이다.

명명자와 명명자 사이에 'ex'가 있는 경우의 예를 들면, '*Pinus torreyana* Parry ex Carr.'이 있다. 여기서 'Parry'는 이 종을 발견해서 표본에 이 이름을 썼지만 유효하게 출판하지 않았고, 나중에 'Carriere'에게 이 표본이 보내지고 그가 이 학명을 설명과 함께 유효하게 출판했다. 만약에 여기에서 하나의 명명자만 써야한다면, 이 종을 유효하게 출판한 'Carriere'의 것만 쓰게 된다.

명명자와 명명자 사이에 'in'을 쓴 예로는, '*Pinus edulis* Engelm. in Wisliz.'가 있다. 이것은 'Engelmann'이 이 pinyon 소나무에 이름을 주고 설명했지만, 'Wislizenus'가 쓴 책에 출판되었기 때문이다. 여기에서 하나의 명명자만 써야한다면, 'Engelmann'의 것만 쓰게 된다(Hardin *et al.*, 2001).

학명을 보면 때로 명명자의 이름이 '괄호( )'안에 들어 있는 경우가 있다. 이것은 표3-3의 첫 번째 예에서 보는 것처럼, 차나무를 'Linnaeus'가 처음 명명했을 때 '*Thea*'속에 두었지만, 나중에 'Kuntze'가 '*Camellia*'속으로 넣어 개명했음을 의미한다. 즉, '괄호( )'의 이름은 맨 처음에 이 종을 명명한 사람을 의미한다.

>표 3-3. 학명 변화로 인해 처음 명명자가 괄호 안에 있는 몇 가지 예

차나무	변경 전	*Thea sinensis* L.
	변경 후	*Camellia sinensis* (L.) Kuntze
회화나무	변경 전	*Sophora japonica* L.
	변경 후	*Styphnolobium japonicum* (L.) S. W. Z. Kunst
측백	변경 전	*Thuja orientalis* L.
	변경 후	*Platycladus orientalis* (L.) Franco

　이상적으로 또는 이론적으로 학명은 분류군 당 유일하게 단 하나의 이름만이 있어야 하지만, 체계가 잡히기 전부터 명명이 이뤄졌기 때문에 하나의 동일한 분류군에 대하여 여러 다른 명명자가 다르게 명명하여 한 분류군 당 여러 개의 학명이 있는 경우도 많다. 그 중에서 가장 먼저 유효하게 출판된 것이 그 분류군에 해당하는 하나의 정학명이고 나머지는 이명(synonyms)이다. 또한 학명은 한 식물에 대해 한 번 명명이 되면 영원불변하는 것이 아니고 오히려 매우 역동적으로 변할 수 있다는 것을 표3-3에 나온 예를 통해 알 수 있다.

　식물의 잡종은 두 개의 서로 다른 종이 교잡되었다는 것을 의미한다. 이의 표시는 기호 '×'를 사용하는데, 같은 속 내 서로 다른 종의 잡종의 한 예로는 자연교잡종인 은사시나무가 있다. 이는 사시나무와 은백양의 교잡종이다. 은사시나무의 학명은 '*Populus* × *tomentiglandulos* T. B. Lee'이다(이창복, 2007). 흔하지 않지만, 서로 다른 속에 있는 종들의 교잡종이 일어나는 경우가 있는데, 한 예로서 '× *Cupressocyparis*'가 있다. 이는 두 속의 교잡 즉, '*Chamaecyparis* × *Cupressus*'를 의미한다(Hardin *et al.*, 2001).

　한반도 식물에 대한 문제점 중의 하나는 학명에 대한 원전을 확인하지 않고, 기준표본에 대한 정보도 예전에 일본 학자들이 정리한 오류에 기준하고 있으며, 그대로 옮겨 적

어 여전히 한국 내에서는 잘못된 학명을 재생산하는 악순환이 지속되고 있다는 것이다. 따라서 여전히 잘못된 또는 비합법적으로 발표된 이름이나 이명 또는 서명을 계속해서 사용하고 있다(장진성 외, 2012).

3. 명명규약 命名規約; ICN

식물의 명명은 식물분류에 있어서 국제적 연합인 '국제식물분류협회(International Association for Plant Taxonomy; IAPT)'에서 정하는 '국제명명코드(International Code of Nomenclature; ICN)'에 따라 시행한다. 이는 다음과 같이 간단하게 요약될 수 있다.

- 한 개의 식물에 한 개의 명확한 학명을 붙인다.
- 학명은 Linnaeus(1753)의 Species Plantarum 이후 가장 최초의 것이어야 한다.
- 두 개의 다른 종과 속에 같은 이름을 붙일 수 없다.
- 종소명은 속명과 같은 말을 사용하지 못한다.
- 학명의 계급이 명확하게 주어져야 한다.
- 기준표본이 정해져야 한다.
- 라틴어로 종을 기술해야 한다.
- 모든 정보가 유효하게 출판되어야 한다.

4. 학명의 어원 Derivations of Scientific Names

식물에 학명을 줄 때는 향명과 마찬가지로 매우 다양한 근원(sources)에서 유래한 의미를 갖는 이름을 부여한다(Hardin *et al.*, 2001).

속명(generic names)을 부여하는 경우에

○ 사람을 기념하기도 하고

예) *Carnegiea*, *Kalmia*

○ 그 식물의 특징을 설명하기도 하며

예) *Liriodendron*, *Oxydendrum*

○ 실존하지 않는 신화적 또는 시적 표현을 쓰기고 하고

예) *Diospyros*, *Nyssa*

○ 그 식물 자생지에서의 원래 향명을 가져오는 경우도 있다.

예) *Ginkgo*, *Tsuga*, *Yucca*

종소명(specific epithets)을 주는 경우에

○ 사람을 기념하기도 하며

예) *sieboldii*, *thomasii*

○ 명명하고자 하는 식물의 외형이나 구조를 설명하기도 하고

예) *alba*, *gigantea*, *pubescens*

○ 그 식물의 서식지를 나타내기도 하며

예) *aquatica*, *sylvatica*

○ 그 식물의 쓰임새를 보이고

예) *edulis*, *tinctoria*

○ 그 식물이 처음 발견된 장소를 나타내기도 하며

예) *chejuense, virginica, wandoensis*

○ 다른 식물과의 외형적인 유사성을 표현하기도 하며

예) *strobiformis, taxifolia*

○ 종소명은 주로 형용사형이어야 하지만 명사형을 쓰기도 한다.

예) *negundo, strobus*

본 교재에서는 한반도에서 생육하고 있는 주요 수목 중에서 몇 가지만 학명의 의미를 표3-4에 담기로 한다. 왼쪽에는 속명(대문자로 시작하고 나머지는 소문자)과 종소명(모두 소문자)을 두었고 오른쪽에 그 의미를 적었다. 더 자세한 학명의 의미는 Borror(1960), Coombes(1985), Fernald(1950), Gledhill(1989), Jones and Luchsinger(1986), Judd *et al.*(1999), Little(1979), Stearn(1997) 등을 참고하기 바란다.

>표 3–4. 한반도에 생육하는 몇 가지 수목의 학명의 의미

속명 또는 종소명	의미
Abies	키 큰 나무
Aesculus	고대 라틴어의 '식용가능한 도토리가 있는 참나무'
alba	흰색의
Albizia	유럽에 이 속을 도입한 이탈리아인 F. del Albizzi
aquatica	물에서 자라는
banksiana	영국 식물학자, Kew 식물원 원장 Joseph Bank
bicolor	두 가지 색의
biloba	두 개로 갈라진
Cedrus	팔레스타인의 Cedron 강
Chamaecyparis	낮게 자라는 cypress
chejuense	제주도의
chinensis	중국의
communis	일반적인, 흔한
Cycas	'소철의 성상을 닮은 야자수' 라는 의미의 고대 그리스 이름

속명 또는 종소명	의미
densiflora	꽃들이 밀집한
distichum	두 계급으로 이뤄진
edulis	식용가능한
Ginkgo	일본어 진쿄에서 유래
Gleditsia	독일 식물학자 J. F. Gleditsch
grandiflora	화려한 꽃의
heterophylla	다양한 잎의
Hibiscus	무궁화속. '아욱(mallow)'이란 의미의 그리스 이름
Ilex	'잎에 침이 있는 참나무'라는 의미의 고대 라틴 이름
japonica	일본의
Juniperus	목성(jupiter)의 고대 라틴 이름
koraiensis	한국의
Larix	낙엽송(larch)의 고대 라틴 이름
latifolia	넓은 잎의
Liriodendron	백합나무의
Lithocarpus	돌 같은 씨앗의
Magnolia	프랑스 식물학자 Pierre Magnol
Metasequoia	세콰이아(Sequoia)와 가까운(비슷한)
occidentalis	서양의
orientalis	동양의
Osmanthus	향기 나는 꽃
palustris	늪지대
parviflora	작은 꽃의
Picea	송진의
Pinus	소나무(pine)라는 의미의 고대 라틴 이름
pisifera	완두콩같은 종자를 내는
pumila	난장이의
Quercus	참나무라는 의미의 고대 라틴 이름
rigid	뻣뻣한
rubra	붉은

속명 또는 종소명	의미
seiboldii	식물학자 Siebold
strobus	'검(gum)을 내는 나무'라는 의미의 고대 라틴 이름
sylvatica	숲의
syriacus	시리아(Syria)에서 난
teada	송진을 내는 소나무 목재로 만든 횃불
Taxodium	주목같은
Taxus	주목이란 의미의 고대 라틴 이름
Thuja	'수지가 있는' 뜻의 고대 그리스 이름
thunbergii	네덜란드 의사, 식물학자, 린네 제자 K. P. Thunberg
tinctoria	염색에 이용되는
torreyana	미국 콜롬비아 대학교 식물학자 John Torrey
Tsuga	'솔송나무'라는 의미의 일본 이름
virginiana	버지니아주에서 난
Yucca	카리브 인디언 이름
Zanthoxylum	노란 목재

제4장

수목의
영양기관과
생식기관의 형태

Vegetative and
Reproductive Morphology

1. 수목 영양기관의 형태 Vegetative Morphology

목본 식물들을 성상(habit)으로 크게 나눠보면, 관목(shrubs), 교목(trees), 목본성 덩굴(lianas)이며 씨앗을 맺는 종자식물이 대부분이다. 이들의 영양기관에는 잎, 줄기, 뿌리가 해당이 된다. 영양기관 중 나무의 뿌리는 초본과는 달리 눈으로 직접 관찰하는 것이 어려우므로 주로 잎과 줄기를 중심으로 설명하도록 하겠다.

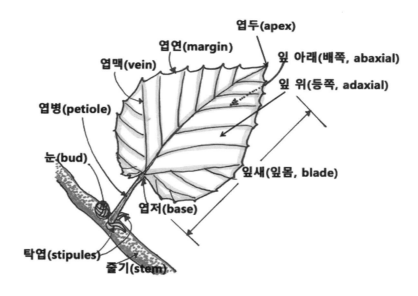

> 그림 4-1. 속씨식물의 일반화된 잎의 각 부위 명칭

(1) 잎 Leaf

식물의 잎은 광합성이라는 주요 역할을 담당하여 식물체가 필요한 영양분을 만들어내는 기관이며, 잎은 생식기관인 꽃보다 나무에 오랫동안 남아 있어 식물을 분류하고 동

정할 때 열쇠가 되는 훌륭한 형질들을 보여준다. 수목 잎의 각 명칭(그림4-1)은 부분에 따라 다음과 같다.

○ 엽두(Apex): 엽병에서 볼 때 가장 먼 잎의 끝 부분

○ 엽저(Base): 엽병에서 가장 가까운 잎의 끝 부분으로서, 엽병이 있는 경우에는 엽병이 붙는 부위이고 엽병이 없는 경우이면 잎이 줄기나 가지에 붙는 부위

○ 엽병(Petiole): 엽저에서 시작하여 줄기나 가지에 붙는 잎의 자루

○ 무엽병(Sessile): 종에 따라 잎자루가 없는 경우가 있다.

○ 엽연(Margin): 식물 잎의 가장자리를 이르는 말이며, 거치가 없는 전연이거나, 예거치, 둔거치, 복거치 등 다양한 거치가 종에 따라 특징적으로 나온다.

○ 엽초(Sheath): 단자엽식물의 경우에서처럼 엽병의 밑 부분이 줄기를 감싸는 엽초가 있을 수 있다.

○ 잎의 윗면(Adaxial surface): 줄기나 가지를 축으로 하여 붙어 있는 잎의 위쪽 면(등쪽)을 가리킨다. 그림4-2와 8-3에서처럼, 잎뿐만 아니라 소포자엽, 열매 등 다양한 부위에서도 윗면(adaxial), 아랫면(abaxial)이라는 용어가 사용된다.

○ 잎의 아랫면(Abaxial surface): 줄기나 가지를 축으로 하여 붙어 있는 잎의 아랫면(배쪽)을 이르는 말이다.

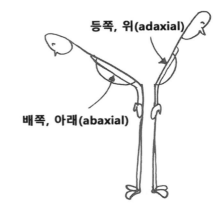

>그림 4-2. 위쪽과 아래쪽.
두 사람이 등을 맞대고 서있는 경우에서처럼, 축(그림에서 다리)을 중심으로 한 등쪽(adaxial: 위쪽)과 배쪽(abaxial: 아래쪽).

○ 탁엽(Stipules): 식물의 종에 따라 다양한 모양과 크기로 나오며, 식물 종에 따라 있다가 떨어져 버리기도 하고, 계속 남아있기도 하며, 탁엽이 없는 종도 있다.

등쪽(adaxial)과 배쪽(abaxial)의 개념을 이해하기 위해서는 두 사람 이상이 등을 맞대

고 서 있다고 가정해 보면 쉽게 이해할 수 있다. 사람의 등쪽이 위쪽에 해당되며, 사람의 배쪽이 아래쪽에 해당이 된다. 그림4-2에서 사람의 다리가 축이며, 각 사람이 자신의 앞쪽으로 구부리는 각도는 중요하지 않다. 이런 개념은 가지에 달리는 잎(leaves)에서도, 나자식물의 종구(cones)에서도 피자식물의 가지에 달리는 열매(fruits)에서도 그대로 적용이 된다.

○ **엽두(Apex, 잎의 꼭대기)**의 다양한 특징은 다음과 같다(그림4-3).

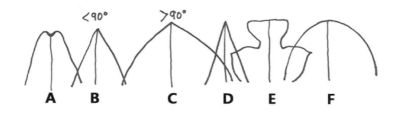

>그림 4-3. 수목 엽두의 특징

- 요두(emarginate; A)
- 예두(acute; B)
- 둔두(obtuse; C)
- 점첨두(attenuate; D)
- 평두(truncate; E)
- 원두(rounded; F)

○ **엽저(Base, 엽병이나 줄기, 가지에 붙는 부분)**의 특징은 다음과 같이 다양하게 구분될 수 있다(그림4-4).

>그림 4-4. 수목 엽저의 특징

- 왜저(oblique or inequilateral; A)
- 예저(acute; B)
- 둔저(obtuse; C)
- 설저(cuneate; D)
- 원저(rounded; E)
- 심장저(cordate; F)

(2) **엽서** 葉序; 잎의 배열; Phyllotaxis; Leaf Arrangement

식물의 줄기나 가지에 잎이 나는 자리를 마디(node)라고 하며, 마디와 마디 사이를 절간(internode)이라고 한다. 층층나무에서처럼 절간이 매우 짧을 때는 그 종의 엽서(잎이 나는 차례)를 구분하기가 어려울 수도 있다. 수목에서의 엽서는 보통 호생, 대생, 윤생세 가지로 나누며, 초본의 경우 로제트형(그림4-5)이 추가될 수 있다.

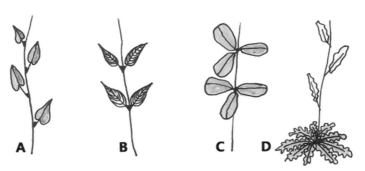

>그림 4-5. **엽서**
A: 호생. B: 대생. C: 윤생. D: 로제트형.

○호생(Alternate; 어긋나기): 그림4-5의 왼쪽 첫 번째 그림(A)에서처럼, 잎이 각 마디마다 하나씩 나서 어긋나기로 되는 엽서. 예) 느티나무, 남천, 무궁화, 층층나무, 아까시나무 등

○대생(Opposite; 마주나기): 그림4-5의 왼쪽에서 두 번째 그림(B)에서 처럼, 잎이 각 마디마다 두 개씩 나서 마주나기로 되는 엽서. 예) 능소화, 사철나무, 이팝나무, 산딸나무 등

○윤생(Whorled; 돌려나기): 그림4-5의 세 번째 그림(C)에서처럼 잎이 각 마디마다 세 개 이상이 나서 돌려나기로 되는 엽서이며 수목에서는 드문 편이고 초본에서 더 많은 편이다. 예) 좀작살나무는 대생이 일반적이지만 간혹 세 개의 잎이 나오는 윤생의 경우도 관찰된다.

○로제트형(Rosette): 그림4-5의 D에서 처럼, 짧은 줄기의 끝에서부터 땅에 붙어서 사방으로 나는 잎차례이다. 수목의 경우보다는 초본식물에서 볼 수 있는 것으로, 개망초류, 냉이 등이 좋은 예가 될 수 있다.

(3) 단엽과 복엽 Simple and Compound Leaves

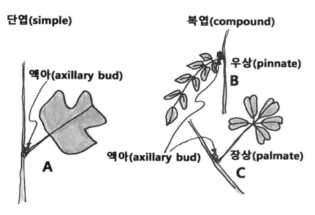

>그림 4-6. 액아와 함께 확인할 수 있는 수목의 단엽(A)과 복엽(B, C).

수목의 단엽과 복엽은 액아(axillary buds)가 어디에 있는지를 보고 결정한다. 액아가 있는 곳에서부터 잎 하나이다. 그림4-6 A에서처럼, 액아가 있고 잎몸이 한 개가 있으므로 단엽이 한 개인 것이다. 물론 버즘나무과의 식물들처럼 눈이 엽병 안에 들어가 있어 (엽병내아; infrapetiolar buds) 눈(buds)이 밖에서 육안으로 보이지 않을 수도 있다. 이 때 눈은 낙엽이 된 후에 또는 물리적으로 엽병을 가지에서 떼어 낼 때 비로소 보인다. B 와 C의 경우는 액아가 있는 곳에서 시작하여 여러 개의 잎몸(여러 개의 소엽들)으로 되어 있으므로 복엽인 것이다. 즉 복엽의 각각의 소엽(leaflets)에는 눈이 없다!

○ **단엽(simple leaf)**: 그림4-6의 A에서처럼, 액아가 위치한 곳에서부터 한 개의 잎몸으로 된 잎을 단엽이라고 한다.

○ **복엽(compound leaf)**: 그림4-6에서 B와 C에서처럼, 액아가 위치한 곳에서부터 여러 개의 작은 잎(소엽; leaflets)으로 이루어진 잎을 복엽이라고 한다. 수목의 복엽은 보통 우상복엽(B)과 장상복엽(C)으로 다시 나누어진다.

　· **우상복엽(羽狀複葉; pinnately compound leaf)**:
　　그림4-6의 B에서처럼, 복엽이 마치 새의 깃털 모양으로 소엽이 배열된다. 따라서 B의 경우는 소엽의 숫자가 홀수이므로 '홀수우상복엽'으로 된 잎이 한 개인 것이다. 황벽나무, 다릅나무, 아까시나무, 능소화 등이 좋은 예가 될 수 있다.

　· **장상복엽(掌狀複葉; palmately compound leaf)**:
　　그림4-6의 C에서처럼, 손바닥 모양으로 소엽이 배열된다. C의 경우에서 소엽 다섯 개로 이뤄진 '장상복엽'이 한 개인 것이다. 장상복엽의 좋은 예로는 으름덩굴, 멀꿀, 칠엽수 등이 있다.

우상복엽은 다시 소엽이 몇 번째 엽축에 달려 있느냐에 따라 1차에서 수차의 우상복엽으로 나눌 수 있다. 또한 소엽의 개수가 홀수 이면 홀수우상복엽(그림4-8), 짝수이면 짝수우상복엽(그림4-7)으로 나눌 수 있다.

예를 들어 그림4-6에 있는 우상복엽(B)은 1차홀수우상복엽이다. 주변에서 흔히 볼 수 있는 나무로서는 등나무, 아까시나무 등이 좋은 예가 될 것이다. 짝수우상복엽의 좋은 예는 콩과(실거리나무아과)의 실거리나무(1차짝수우상복엽), 콩과(미모사아과; 자귀나무아과)의 자귀나무 잎(2차짝수우상복엽)(그림4-7)이며, 남천의 경우에는 3-4차홀수우상복엽(그림4-8)이며 멀구슬나무의 경우에는 2차에서 3차정도의 홀수우상복엽이다. 일반인들은 간혹 소엽을 보고 엽서를 결정하는 오류

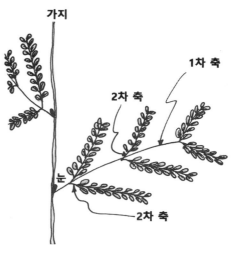

>그림4-7. 수목의 2차짝수우상복엽.
복엽 두 개가 호생하고 있으며, 2차축에 소엽 달렸고 축의 끝에 정소엽이 없어 소엽이 짝수인 것을 볼 수 있다. 예) 자귀나무.

를 범하는 경우가 많은데, 남천의 경우 소엽을 보고 대생하는 것으로 아는 이가 있다. 남천은 호생한다! 그림4-7에서는 잎이 호생하는 것이며, 그림4-8의 경우를 보면 단 한 개의 잎만이 그려져 있으므로 엽서를 알 수 없는 것이다.

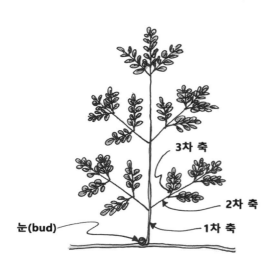

>그림4-8. 3차홀수우상복엽 한 개.
3차축에 소엽이 달렸고 축의 끝에 정소엽이 있으므로 홀수우상복엽이다.

(4) 엽형, 엽연과 엽맥 Leaf Shapes, Margin and Venation

○ **엽형(leaf shapes)**

식물의 잎은 가장 기본적으로는 난형(ovate), 도난형(obovate), 타원형(elliptic), 직사각형 모양으로 길어진 장타원형(oblong)형이 있으며, 조금 더 세분화하면 다음과 같다(그림4-9).

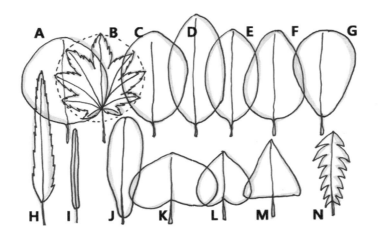

>그림4-9. 식물 잎의 모양(leaf shapes).

- 원형(orbicular; A와 B)
- 광타원형(oval; C)
- 장타원형(oblong; D)
- 타원형(elliptical; E)
- 난형(ovate; F)
- 도난형(obovate; G)
- 피침형(lanceolate; H)
- 선형(linear; I)
- 주걱형(spatulate; J)
- 신장형(reniform; K)
- 심장형(cordate; L)
- 삼각형(deltoid; M)
- 민들레형(N)

위에서 알아본 것은 대부분 피자식물의 엽형을 이르는 것이다. 많은 사람들이 나자식물은 곧 침엽수라고 여기는 경우가 있어 나자식물의 엽형은 모두 침엽(needles)이라고 생각하는 오류를 범하고 있다. 예를 들어, 부채형 잎을 갖은 은행나무가 침엽수일리가 없다! 나자식물의 많은 식물의 잎이 침엽인 것은 맞지만 모두 그런 것은 아니다! 즉, 무언가를 일반화시킨다는 것의 위험이 여기서도 발견된다. 영어의 'conifers'는 종구식물의 생식기관인 'cone'에서 나온 말로서, 종구를 맺는 식물, '종구식물'이란 의미이다. 이것을 '나자식물' 또는 '침엽수'라고 잘못 번역하는 오류로 인해 많은 혼란을 가져왔다. 즉 나자식물이 모두 종구식물은 아니며, 더욱이 나자식물이 모두 침엽수가 아니다! 현존하고 있는 종구식물에는 소철류, 은행나무목, 네타목을 제외한 나머지 나자식물이 속한다. 즉, 소나무과, 측백나무과(낙우송과는 측백나무과로 통합됨), 금송과, 나한송과, 아라우카리아과, 개비자나무과, 주목과의 식물이 종구식물이다. 따라서 나자식물의 엽형은 모두 침형이 아니라,

- 은행나무처럼 부채형,
- 낙우송이나 수송(메타세콰이어)처럼 선형(linear),
- 삼나무 잎이나 향나무의 어린잎처럼 송곳형(subulate),
- 편백과 측백의 잎이나 향나무의 성장한 잎처럼 인형(scale),
- 소나무나 개잎갈나무처럼 침형(needle) 등으로 구분될 수 있다.

송곳형과 침형은 넓은 의미로 침형이라고 할 수도 있겠지만, 선형과 침형은 잘 구분할 필요가 있다. 예를 들어, 잣나무의 엽형은 침형이지만, 구상나무의 엽형은 침형이 아니라 선형이다. 또한 **종구식물의 잎에서는 복엽이란 없다**는 것을 기억해야 한다. 낙우송이나 수송의 잎을 마치 피자식물의 우상복엽으로 여기는 사람들이 있다. 하지만, 일반인이 복엽의 엽축으로 여기고 있는 것이 사실은 잔가지이고 소엽(leaflet)으로 여기고 있는 것이 사실은 선형의 잎(leaf)이다.

○ **엽연(leaf margin)**

식물 잎 가장자리의 특징은 거치가 있는지 없는지가 기본이며, 거치가 있다면 어떤 거치가 있는지에 따라 다양하게 구분할 수 있다(그림4-10).

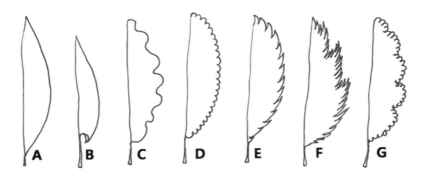

>그림 4-10. 식물 엽연(leaf margin)의 특징.

- 전연(entire; A)
- 파상(undulate; C)
- 예거치(serrate; E)
- 복둔거치(bicrenate; G)

- 반곡(revolute; B)
- 둔거치(crenate; D)
- 복예거치(biserrate; F)

○ **엽맥(leaf venation)**

식물의 잎에는 가장 뚜렷하게 중앙에 나있는 맥을 중앙맥(주맥, midvein) 또는 1차맥(primary vein)이라고 하며, 이 맥으로부터 분지되어 나오는 맥을 2차맥(secondary veins)이라고 한다(그림4-11).

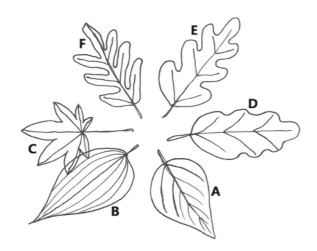

>그림4-11. 식물의 엽맥(leaf venation)과 결각 잎(lobed leaves)의 특징.

- · 우상맥(pinnate; A, D, E, F)
- · 평행맥(parallel; B)
- · 장상맥(palmate; C)
- · 천열(D): 엽연이 1/3정도 결각이 진
- · 중열(E): 엽연이 1/2정도 결각이 진
- · 심열(F): 엽연이 1차맥에 가까이 깊게 결각이 진

(5) 잎 표면의 특징 Leaf Surface Features

잎 표면에 있는 털(모상체(毛狀體), trichomes)의 형과 구조는 수없이 많으며, 식물 동정에 있어서 중요한 형질이 될 수 있다. 다만 이 책에서는 수목에서 주로 발견되는 몇 가지 중요한 특징만 다루기로 하겠다.

○ **평활상(glabrous)**

잎에 어떤 형이든 털이 없는 '매끈한' 경우

○ **유모상(pubescent)**

잎에 가늘고 부드러운 짧은 털이 있는 경우이며, 털의 구체적인 형을 나타내지 않고 일반적으로 잎에 털이 있다고 표현할 때 쓰는 용어이기도 하다.

○ **융모상(villous)**

잎에 직선으로 길고 견사와 비슷한 털이 있는 경우

○ **밀면모상(tomentose)**

잎에 양모형(woolly) 굽은 털이 매트형(matted)으로 나는 경우

○ **조모상(scabrous)**

잎에 거칠고 짧으며 뻣뻣한 '사포 같은' 털이 나는 경우

○ **선모상(glandular)**

잎에 선상(腺狀)의 수많은 털이 있는 경우로 털의 자루가 있거나 없을 수 있다.

○ **성모상(stellate)**

잎에 별모양의 털이 있는 경우이며 각각의 털이 잎 표면과 평행하는 방사형 털들을 가지고 있다.

또한, 잎이 두껍고 가죽 같은 경우에 혁질(coriaceous)이라고 하며, 얇고 유연해서 잘 휘어지는 경우에는 막질(membranous)라고 한다.

(6) 소지 Twig

식물에서 하나의 성장 기간 동안 자란 어린 가지를 소지라고 한다. 전년에 형성이 된 눈이 봄에 분열을 시작하여 다시 새로운 소지가 형성되기 전까지의 짧은 기간을 빼고는 목본식물을 식별하고 동정할 수 있는 많은 형질을 제공한다. 한국과 같은 온대지방에서 자라는 낙엽성 식물을 겨울철에 동정해야 한다면 소지가 유일하거나 또는 가장 좋은 형질을 제공할 것이다.

○ 눈(芽; bud)

수목 소지의 끝(정아)이나 잎의 엽액에 달리는(부아; 액아) 분열조직으로서 보통으로 아린(芽鱗; bud scales)으로 싸여 있어 외부로부터 보호를 받는다. 하지만, 나도밤나무과의 나도밤나무처럼, 아린이 없어(naked buds) 대신 털이 빽빽하게 나서 눈을 보호하는 경우도 있다. 아린은 기왓장이 포개진 것 같은 '복와상' 또는 포개지지 않은 '판상'의 상태로 눈을 덮어 보호한다. 눈은 보통 잎으로, 꽃으로 또는 순(shoot)으로 분화한다.

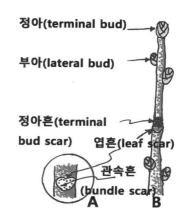

>그림 4-12. 수목의 소지(twig) 특징.

○ 피목(皮目; lenticel)

수목의 줄기나 가지에서 관찰된다. 표피 밑의 코르크가 표피를 뚫고 나온 것으로서 줄기나 가지의 통기작용을 하며, 종에 따라 원추형, 렌즈형, 다이아몬드형 등이 있고, 산재된 작은 점으로 관찰되거나 가로줄로 보이기도 한다(이창복, 2007). 때로 피목의 형태가 동정의 열쇠가 되는 형질로서 역할을 하기도 한다.

○ 엽흔(葉痕; leaf scar)

식물의 가지에 붙어 있던 잎이 낙엽이 되어 그 자리에 흔적을 남기게 되는데 이 자국을 엽흔이라고 한다. 그림4-12의 A에서 보는 것처럼, 엽흔의 안쪽에, 가지에서 엽병을 통과해 잎 속으로 연결되었던 관속조직이 잘라진 흔적이 보이는데 이것을 관속흔(管束痕; bundle scar)이라고 부른다.

○ 정아흔(terminal bud scar)

소지의 정아가 있었던 자리에 흔적이 남는데 이를 이르는 말이다(그림4-12, B).

식물에 있었던 기관 등이 떨어지고 흔적을 남기면 그곳을 그 기관이름 뒤에 '**흔(scar)**'을 붙여 부르게 된다. 예를 들어, **아린흔**, **탁엽흔**, **수술흔**이라면 각각 아린이 있었다가 떨어지고 남긴 흔적, 탁엽이 있었다가 떨어져 버리고 남긴 흔적, 태산목에서처럼 수술이 떨어지고 남긴 흔적인 것이다.

2. 수목 생식기관의 형태 Reproductive Morphology

소나무에는 꽃이 필까? 즉, 수목학의 대상이 되는 모든 종자식물이 자신들의 생식기관으로서 모두 다 '꽃'을 갖지는 않는다!

씨앗을 맺는 식물 즉 종자식물에 대한 일반인들이 알고 있는 잘못된 분기도[1]와 바른 분기도를 비교해 보면 알 수 있듯, 종자식물이 곧 꽃이 피는 현화식물이라고 생각하는 것은 그릇된 것이다(그림4-13).

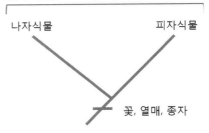

>그림 4-13. 종자식물의 잘못된 분기도(이규배, 2014).

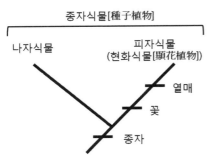

>그림 4-14. 종자식물 바른 분기도(이규배, 2014).

종자를 맺는 나자식물(겉씨식물)과 피자식물(속씨식물)이 모두 생식기관으로 '꽃'을 가지고 있는 것이 아니며, 이 두 식물들이 다 열매를 가지고 있다고 생각하는 것도 바르지 않다. 즉, 겉

---

1 분기도[cladogram; 分岐圖]: 공동파생형질(synapomorphy)에 의해 추측된 분류군간의 계도적인 관계(genealogical relationship)를 분지로 나타낸 수상도(樹狀圖).

씨식물인 잣나무나 소나무에 꽃이 피었다고 말하는 것은 그른 것이며, 은행나무가 열매를 맺는다고 말하는 것 역시 그르다.

종자식물의 바른 분기도는 그림4-14와 같다. 종자식물은 나자식물과 피자식물을 말하는 것이다. 즉, 이 두 식물이 모두 종자(씨앗; seed)를 맺는 식물이라는 말이다. 하지만 그림4-14에서 보다시피 꽃과 열매는 피자식물에만 있다! 나자식물의 배주(胚珠; 밑씨; ovule)가 자방(子房; 씨방; ovary) 안에 들어가 있지 않으니, 즉 자방이 없으니 열매가 있을 수 없는 것이다. 소나무의 솔방울은 성숙한 종구(種毬; cone)이지 열매가 아니다(성은숙, 2018). 열매란 속씨식물(피자식물)에서 나오는 용어로서 자방이 성숙 발달하여 만들어진 것이기 때문이다.

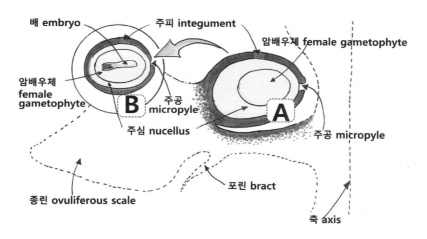

>그림4-15. 겉씨식물(소나무속)의 도생 배주(A)와 씨앗(B)

배주(ovule)란 종자식물에 있는 구조로서, 대포자낭(megasporangium)과 그것을 감싸는 한 개에서 두 개 또는 드물게 세 개의 주피(integments)를 함께 배주라고 한다(그림4-15). 그림4-15에서는 주피가 한 개로 되어 있다. 나자식물이든 피자식물이든 배주가 성숙 발달하면 씨앗(종자)이 된다. 나자식물에서는 자방이 없으므로 은행나무처럼 배주가 공기 중에 나출되거나 소나무속 식물에서처럼 배주가 어린 종구의 종린(種鱗; ovuliferous scale) 위에 놓일 뿐이다. 속씨식물(피자식물)에서는 자방이 있고 그 안에 배주가 들어 있는 것이다.

배주는 그림4-16의 A에서처럼 직생하는 것보다는 오히려 그림4-16의 B와 같이 도생하는 배주가 더 일반적이다. 그림4-16의 A는 직생배주(orthotropous)이며, B는 도생배주(anatropous)를, C는 변곡배주(campylotropous)를 나타내고 있다.

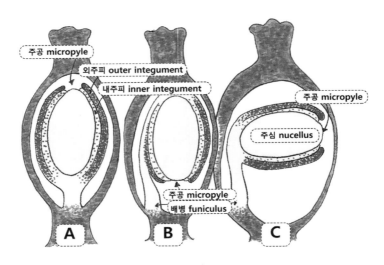

>그림 4-16. 속씨식물의 배주 축의 일반 형

(1) 화분(소포자), 수분, 수정 Pollen, Pollination and Fertilization

① 화분[Pollen; 소포자]

우리가 흔히 꽃가루라고 부르는 화분(花粉; pollen)은 엄밀히 말하면, 정확한 표현은 아니다! 왜냐하면 꽃이 없는 나자식물에도 'pollen'이 있기 때문이다. 꽃이 없으므로 꽃가루는 있을 수 없는 말이다. 이젠 화분이라는 용어가 굳어져 버린 현실 속에 있다. 따라서 좀 더 정확히 표현하면, 이것은 소포자(microspore)라고 표현하는 것이 더 적절할 수 있다(Judd *et al.*, 2008).

화분(소포자; pollen)은 숫배우체(male gametophytes)이다. Pollen 안에는 두 개의 정자(sperms)와 한 개의 관핵(tube nucleus)이 들어 있다. 피자식물 그리고 몇몇 나자식물에서 pollen은 발아구(apertures)를 통해 관핵이 나오면서 관(tube)이 자라고 이 관을 따라 두 개의 정자를 내 보내게 된다. 사진4-1은 주사형전자현미경(Scanning Electron Microscopy, SEM)으로 본 몇 가지 화분립이다. 발아구(aperture)의 모양은 다양하게 나타나며, A에서처럼 구(colpus)와 공(pore)이 발달하기도 하고, B에서처럼 발아구가 돌출되어 있는 화분도 있다(Harley et al., 2005).

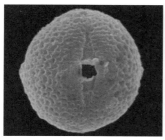
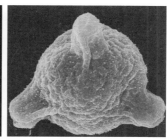

A: 콩과(Fabaceae)
칡(*Pueraria lobata*)의 화분

B: 버세라과(Burseraceae)의
Canarium gracile 화분

>사진 4-1. SEM으로 관찰한 진정쌍자엽식물군 식물의 화분립(pollen grains) 몇 가지 예.

② 화분의 구조[Pollen Structure]

화분학(花粉學, Palynology)이란 화분(pollen)과 포자(spores)를 연구하는 학문이다. 화분과 포자는 크기에 있어서 서로 비슷하기는 하지만, 포자는 배우체 세대(gametophyte generation)의 시작이고, 화분립은 성숙한 소배우체(microgametophytes)라는 점에서 차이가 있다. 화분과 포자의 외층은 'sporopollenin'이라고 부르는 특별한 물질로 이뤄져있고, 다양한 화학물질, 박테리아, 곰팡이 등에 내성을 가지고 있다. 따라서 대부분의 화분은 오랜 시간 동안 퇴적물에 묻혀 있다고 할지라도 그 구조가 무너지지 않고 보존되어 고식물학연구(paleobotanical studies), 식물분류학 등에 중요한 기여를 해오고 있다.

화분립(pollen grains)은 수술의 약(anthers)에서 단립 또는 두 개, 네 개 또는 여러 개로 뭉

처서 나온다, 협죽도과(Apocynaceae)의 *Asclepias*속의 화분괴(pollinia)는 화분이 뭉쳐서 나오는 좋은 예이다. 화분립은 가장 작은 크기로는 직경이 10 ㎛에 불과하며 뽀뽀나무과(Annonaceae)에서처럼 그 직경이 350 ㎛로 큰 경우도 있다. 화분립은 적도면에서 보았을 때 구형(spherical)에서부터 과장구형(perprolate)이나 과단구형(peroblate)처럼 막대형까지 다양한 형태가 있다(Judd *et al.*, 2008)(표4-1). 예를 들어, 한국에서 생육하는 콩과(Fabaceae)의 땅비싸리속(*Indigofera*) 식물의 화분립의 모양은 약장구형(prolate spheroidal) 또는 아장구형(subprolate)으로 대부분 콩과식물의 전형적인 모습을 보여주고 있다(Song and Kim, 1999).

> 표 4-1. 화분립을 적도면에서 본 모양

한국어 용어	국제 용어	극축길이를 적도면 지름으로 나눈 값
과장구형	perprolate	2.00 이상
장구형	prolate	1.34-1.99
아장구형	subprolate	1.15-1.33
약장구형	prolate spheroidal	1.01-1.14
구형	spheroidal; spherical	1.00
약단구형	oblate spheroidal	0.88-0.99
아단구형	suboblate	0.76-0.87
단구형	oblate	0.51-0.75
과단구형	peroblate	0.50 이하

화분립의 부위와 명칭은 화분모세포가 감수분열하여 네 개의 어린 화분이 아직 분리되지 않은 사분자(四分子; pollen tetrad)의 상태에서 시작해야 이해하기 쉽다. 화분 4분자의 중심에서 각각의 화분 중심으로 직선을 그으면 각 화분의 극축(polar axis)이 된다. 화분 4분자의 중심 쪽 극축 끝을 근극(proximal pole)(그림4-17), 바깥 쪽 극축 끝을 원극(distal pole)이라고 한다. 그림4-17은 사분자 화분에서 하나를 그림으로 나타낸 것으로서 원극에서 근극까지의 축을 극축길이라고 하며, 극축의 중앙에 수직이 되는 적도면과 만나는 표면의 선을 적도(equator)라고 한다. 극축 중심을 지나는 적도면의 양끝 사이의 길이를 적도면 지름이라고 한다. 대부분의 단자엽식물과 원시 쌍자엽식물은 원극에 한 개

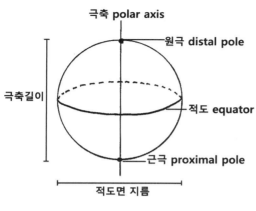

>그림 4-17. 화분립 각 부위와 명칭

의 발아구(aperture)를 가지며, 대부분의 쌍자엽식물(진정쌍자엽식물)은 적도에 3개의 발아구를 갖는다. 진화하여 아주 발달한 식물군에서는 화분 표면 전체에 고루 분포된 여러 개의 발아구가 있다(이유성, 이상태, 1996).

화분립에 있어서 두 가지 중요한 구조적인 특징은 발아구(apertures)와 화분의 외벽(the outer wall)이다.

발아구는 화분벽에 있으며 화분이 발아하여 화분관(pollen tubes)을 내는 곳이다. 발아구의 형에 따라서 화분립은 다음과 같이 나눠진다.

○ **단구형**(monocolpate, **A**): 극상에 하나의 구(colpus)가 있는 화분립
○ **단공형**(monoporate, **B**): 극상에 하나의 공(pore)이 있는 화분립
○ **삼구형**(tricolpate, **C**): 적도상에 길게 적도를 따라 가로로 세 개의 구가 있는 화분립
○ **삼공구형**(tricolporate, **D**): 세 개의 구와 공이 있는 화분립
○ **다구형**(polycolpate, **E**): 여러 개의 구가 있는 화분립
○ **다공구형**(polycolporate, **F**): 여러 개의 구와 공이 있는 화분립

예를 들어 한국에서 생육하는 콩과의 땅비싸리속(*Indigofera*)은 화분의 발아구가 삼공구형으로(Song and Kim, 1999)서 진정쌍자엽식물군에 속하는 전형적인 분류군임을 알 수 있다.

화분외벽(exine)의 구조를 관찰하기 위해서는 투과형 전자현미경(Transmission Electron Microscope, TEM)을 통해서 보아야 가능하다. TEM을 통해 화분외벽 구조로서

기둥(columella)과 지붕(tectum), 표면무늬 요소(sculpture elements) 등을 자세히 관찰할 수 있다.

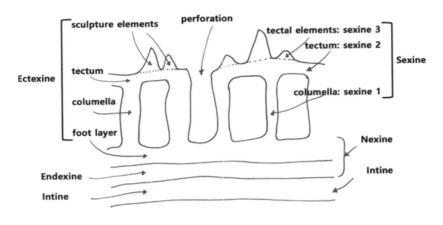

>그림 4-18. 피자식물 화분벽의 일반화시킨 횡단면.

화분외벽의 각 부위와 명칭을 위해 일반화시킨 화분벽의 횡단면을 참고하기 바란다 (그림4-18). 속씨식물(피자식물)에 있어서 전형적인 화분벽은 그림4-18에서 보는 것처럼, 두 가지 방법으로 나눌 수 있다. 먼저 그림의 왼쪽처럼 ectexine, endexine, intine으로 나누거나 그림의 오른쪽처럼 sexine, nexine, intine으로 나눌 수 있다.

③ 수분[Pollination]

식물의 **수분(Pollination)**이란 겉씨식물(나자식물)이라면 소포자(pollen)가 배주 근처에 위치하는 것을 말하고, 속씨식물(피자식물)이라면 심피(carpel)의 주두(stigma)에 화분이 앉는 것을 의미한다. 하지만 수분이 된다고 해서 모두 성공하여 수정(fertilization)이 되는 것은 아니다.

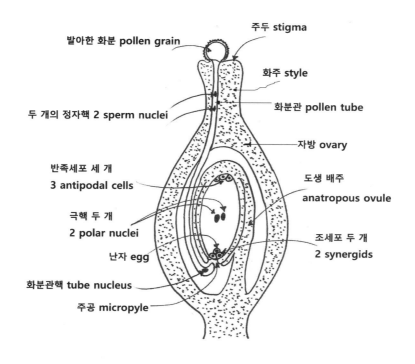

주두 stigma

발아한 화분 pollen grain

화주 style

두 개의 정자핵 2 sperm nuclei

화분관 pollen tube

자방 ovary

반족세포 세 개
3 antipodal cells

도생 배주
anatropous ovule

극핵 두 개
2 polar nuclei

조세포 두 개
2 synergids

난자 egg

화분관핵 tube nucleus

주공 micropyle

>그림 4-19. 도생배주 한 개를 가지고 있는 피자식물의 심피.
주두에 앉은 화분이 발아하여 도생 배주의 주공쪽으로 관이 자랐고,
관을 따라 두 개의 정자가 내려오고 있다.

④ 수정[Fertilization]

수정이란 간단히 말해 pollen의 정자와 배주의 난자가 접합하여 수정란을 형성하는 것을 말한다. 그림4-19에서처럼, 피자식물에서 화분립은 발아구를 통해 발아하여 화분관핵이 먼저 나온다. 화분관핵이 나오면서 화분관이 만들어진다. 화분립에서 두 개의 정자가 나와 화분관을 통해 화분관핵을 뒤따라 배주가 있는 쪽으로 이동한다. 정자 하나(n)는 배주 안에 있는 난자(n)와 만나 수정란(2n)을 형성하고 나머지 하나의 정자(n)는 배주 안의 두 개의 극핵(2n)과 만나 배유(3n)를 형성하게 된다. 이 과정이 피자식물의 전형적인 **수정(fertilization)**이다. 도식화된 그림4-19에서처럼, 피자식물의 경우 이 과정을 거친 후 자방 안에 있는 배주(ovule; 그림4-19에서는 단 하나의 도생배주가 자방에

있다)는 성숙하여 씨앗(종자; seed)이 되고, 배주를 감싸고 있던 자방은 성숙해서 열매(fruit)가 된다. 하지만, 나자식물이라면 배주를 감싸는 자방이 없으므로, 소나무속에서처럼 배주가 암종구(female cone)의 종린(ovuliferous scale)에 놓이거나 소철처럼 배주엽(ovule-bearing leaves)에 달렸다가 씨앗으로 성숙하거나 은행처럼 공기 중에 나출되었던 배주가 그대로 성숙하여 씨앗이 된다. 이렇기 때문에 나자식물에서는 열매라는 구조가 없는 것이다.

(2) **나자식물 부분** Gymnosperm Parts

피자식물에서는 꽃이 생식기관이지만, 나자식물(裸子植物, 겉씨식물)의 생식기관은 꽃이 아니다. 배주가 성숙해서 종자를 만들어 내는 종자식물이지만, 꽃과 열매가 없다는 의미다. 그렇다면 나자식물의 생식기관은 무엇인가?

피자식물에서는 꽃이라는 구조가 있으므로, 개화(꽃이 핌, flowering)하지만, 나자식물에서는 꽃이 없으므로, 개화라는 표현은 부적절하며, 'coning(종구가 나옴)'한다는 것을 염두에 두어야 한다.

한반도에서 생육하는 주요 나자식물의 생식기관은 다음과 같이 간단하게 정리해 볼 수 있다.

① 소철의 생식기관

단성기관으로 자웅이주이다. 즉 소철은 암나무와 수나무가 다른 개체다.

· **배주엽(암생식기관)**

배주엽(ovule-bearing leaves; 대포자엽)이 암나무의 로제트형으로 펼쳐진 잎들 중앙에 모여 있으며(사진4-2 B) 여기에 배주(씨앗)가 있다.

A: 수나무 소포자낭수

B: 암나무 배주엽(대포자엽)
C: 수나무 소포자엽(소포자낭이 있는 배쪽)

>사진4-2. 소철의 배주엽, 소포자낭수, 소포자엽.

· 소포자낭수(숫생식기관)

소철의 수나무에 있으며 **소포자낭수(microsporangiate strobilus)**(사진4-2 A)
의 소포자엽(microsporophylls)(사진4-2 C)의 배쪽(아래쪽, abaxial)에 소포자낭
(microsporangia)이 여러 개 있다. 소포자낭 안에는 소포자(pollen)가 들어 있다.

② 은행나무의 생식기관

단성기관으로, 아주 드물게 자웅동주이지만 보통으로는 자웅이주이다.

· 배주(암생식기관)

봄철에 **배주(ovules)**가 암나무의 단지(spur shoots)에서 나오는 기다란 배주병
(배주가 달리는 자루)에 두 개씩 달린다. 이 배주가 성숙하여 그대로 씨앗이 된

다(사진4-3). 마치 피자식물의 핵과와 비슷한 모양이지만 열매가 아니라 씨앗
이다.

배주병에 달린 두 개의 배주

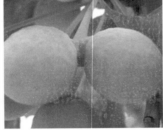
씨앗으로 성숙해 가고 있는
두 개의 배주

성숙한 씨앗 두 개

>사진 4-3. 은행나무 암나무의 배주와 씨앗들.

· **소포자낭수(숫생식기관)**

　수나무에 있으며 역시 봄철에 **소포자낭수**(pollen strobili)가 단지에서 어린잎들과
거의 동시에 나온다(사진4-4).

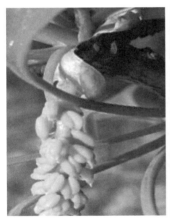
A: 단지에 난 소포자낭수

B: 성숙해 가는 소포자낭

C: 소포자낭이 열리고 소포자가 분
산된 후

>사진 4-4. 은행나무 수나무의 수생식기관 소포자낭수와 소포자낭.

③ 기타 종구식물(Conifers)의 생식기관(Judd *et al.*, 2008)

ㅇ 소나무과(자웅동주)

· 암생식기관

　　종구(種毬; **cone**)가 나선상으로 배열된 종린(種鱗; ovuliferous scales)을 가지고 있으며 각 종린의 등쪽(adaxial)에 2개의 배주가 놓인다. 성숙한 종구가 우리가 흔히 말하는 솔방울이다!

· 수생식기관

　　소포자낭수(**microsporangiate strobilus**)에 나선상으로 좌우대칭의 여러 개의 소포자엽이 있다. 소포자엽의 배쪽(abaxial)에 소포자낭이 두 개가 놓인다(그림8-2).

ㅇ 측백나무과(낙우송과와 통합됨; Judd *et al.*, 2002) (자웅동주 또는 자웅이주)

· 암생식기관

　　종구(**cone**)이며, 종구의 각 종린 당 배주(ovules)가 1-20개 정도가 놓인다.

· 수생식기관

　　소포자낭(microsporangia)이 **소포자엽**의 배쪽에 2-10개가 있다.

ㅇ 주목과(자웅동주)

· 암생식기관

　　은행과 마찬가지로 종구가 없으며, 다른 점이 있다면 **배주**(**ovules**)가 하나씩 달린다. 즉, 비자나무나 주목에 나는 것은 열매가 아니고, 그 자체가 씨앗인 것이다! 주목 종자의 붉은 부분은 열매의 육질이 아니라 가종피이고, 열매가 아닌 종자인 것이다. 비자나무의 씨앗도 마찬가지이다. 열매가 아닌 종자인 것이다. 즉, 주목의 가종피는 종자를 완전히 감싸지 않고, 비자나무는 가종피가 종자를 완전하게 감싼 경우이다.

· 수생식기관

　　소포자낭수에 소포자엽이 2-14개가 있고 각 소포자엽 당 2-9개의 소포자낭(microsporangia)이 있다.

(3) 피자식물 부분 Angiosperm Parts

① 꽃(flower)

피자식물(被子植物, 속씨식물)의 생식 구조는 **꽃**이며, 분화된 순(shoot)으로서 화축 또는 화탁을 가지고 있다. 여기에는 분화된 잎인 화피(perianth), 수술(stamen) 그리고 심피(carpel)가 있다(그림4-21). 꽃은 백악기에 출현하였고, 피자식물은 이 혁명적인 구조를 통해 화분의 양을 많이 내지 않고도 효과적인 방법으로 종족 번식을 해왔다. 나자식물과는 다르게 배주가 자방이라고 하는 구조에 들어가 있다. 그래서 속씨식물 또는 피자식물이라고 한다.

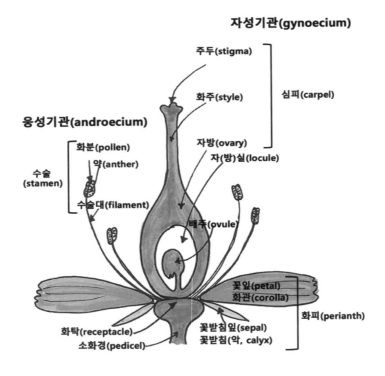

>그림 4-20. 피자식물의 꽃과 각 부위 명칭.

② 꽃공식(Floral Formulas)

화식도라고도 부르는 **꽃공식**은 꽃의 화관의 대칭성, 각 부분의 개수, 측착 또는 합생의 여부, 심피의 위치, 열매의 형 등을 편리하게 기록하는 방법이다(Judd *et al*., 2016).

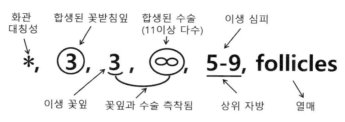

>그림 4-21. 가상식물의 꽃공식

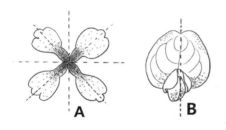

>그림 4-22. 화관의 대칭 양상
A: 방사대칭(*), B: 좌우대칭(×).

그림4-21에 적은 꽃공식을 풀이해보면, 화관의 대칭성이 방사대칭(그림4-22 A)이고, 꽃받침잎 석 장이 합생(connate)(동그라미 표시)되어 있으며, 꽃잎은 석 장으로 이생이며, 수술은 11개 이상으로 많은데, 수술들이 합생이다. 수술의 개수 10개까지는 숫자로 써주고 11개 이상으로 나오면 수학의 '무한대' 기호(∞)를 사용하여 많음을 표시한다. 또한 이 수술들은 꽃잎에 측착(adnate)되어 있다. 다섯 개에서 아홉 개의 심피가 이생되어 꽃받침잎이나 꽃잎보다 위에 위치하는 상위자방인 것을 알 수 있다. 이 식물의 열매형은 골돌과(follicles)이다. 심피가 하위라면 심피의 숫자위에 가로줄을 넣으며, 중위일 때는 줄을 생략하거나, 상위자방에 포함시켜 심피의 숫자밑에 가로줄을 넣을 수 있다. 목련속(*Magnolia*)에서처럼 꽃잎과 꽃받침잎의 구별이 없는 화피편(tepals)으로 된 경우에는 숫자의 양쪽에 '-'를 넣어서 표시한다. 예를 들어 화피편이 6개인 경우라면, '-6-'라고 표시한다. 꽃에 그 부분이 관찰되기는 하지만 기능을 하지 않는 경우라면 오른쪽에 점을 찍어 준다. 예를 들어 네 개의 수술이 있는데, 두 개는 기능을 하고 나머지 두 개는 기능을 하지 않는 헛 수술이라면, '2+2·'로 표시한다. 부분의 숫자가 일정하게 정해져 있지 않으면 최저의 숫자와 최고의 숫자를 적고 그

두 숫자 사이에 '-'를 넣는다. 그림4-21에서처럼, 심피가 5개에서 9개가 있다면 '5-9'로 표시한다. 꽃공식에 영어 낱자 K, C, A, G를 각 숫자 앞에 삽입에서 각각 악(꽃받침잎의 총칭적인 용어; calyx), 화관(꽃잎의 총칭적인 용어; corolla), 웅예기관(수술; androecium), 자예기관(심피; gynoecium)을 나타내고, 화피편(tepal)으로 되어 있으면 화피면 숫자 앞에 T를 넣어 나타낼 수 있으며, 본 교재 꽃공식에서는 영어 낱자를 생략했다.

○ **수술(웅예; stamen)**

수술은 꽃잎 바로 안쪽에 위치하는 웅성배우자(male gamate)를 갖는 화분립(pollen grain)을 생산해 내는 기관이다. 수술을 총칭하여 웅성기(雄性器; 웅예기관; androecium)라고도 하고, 개개의 수술은 웅예(雄蕊; stamen)라고도 부른다. 웅예는 화사(花絲; 수술대; filament)와 약(葯; anther)으로 되어 있으며, 약은 보통 2-4개의 화분낭(pollen sac)으로 되어 있고, 그 안에서 웅성배우자체(male gametophyte)인 화분이 생긴다. 웅예는 모두 발달하여 생식에 관여할 수 있지만 그 중 밤나무속에서 처럼 약이 없거나 목련과나 가래나무속에서처럼 화사가 매우 짧거나 없는 경우도 있다. 화분이 성숙하여 약이 열개(裂開)되는 방향에 따라 외향약(extrorse), 단정약(terminal) 또는 공개(poricidal), 횡개약(latrorse), 내향약(introrse)으로 구분할 수 있다.

수술의 다양성은 간단하게 다음과 같이 정리될 수 있다(이유성과 이상태, 1996).

· 2강웅예(二强雄蕊; didynamous): 수술 네 개 중 두 개의 수술대가 다른 두 개보다 긴 수술(예: 꿀풀과).
· 4강웅예(四强雄蕊); tetradynamous): 수술 여섯 개 중 네 개의 수술대가 다른 두 개보다 긴 수술(예: 십자화과).
· 양체웅예(兩體雄蕊; diadelphous): 수술대가 합생되어 수술이 두 개의 묶음으로 나눠진 경우(예: 콩과(수술 9개 + 수술 1개, 또는 콩과 황단나무(수술 5개 + 수술 5개)).

· 단체웅예(單體雄藥; monadelphous): 수술대가 합생되어 하나의 묶음으로 된 경우 (예: 아욱과).

· 화사웅예(花絲雄藥; filamentherous): 약이 수술대에 달린 전형적인 경우(예: 벚나무속).

· 화판상웅예(花瓣上雄藥; epipetalous): 화관에 수술이 부착된 경우(예: 물푸레나무과).

○ 화관의 대칭 양식(patterns of floral symmetry)

꽃잎 전체를 총칭적으로 부르는 '화관(corolla)'을 보고 꽃의 대칭 특징을 정하는 것으로, 그림4-22의 A는 두 개 이상의 면으로 그 대칭이 여러 개로 될 수 있기 때문에 방사대칭(radial)이며 꽃공식에서는 그림4-21에서처럼 별표(*)로 표시한다. 그림4-22 B의 경우는 콩과의 접형화관처럼 대칭을 이루는 면이 단 한 개로 좌우가 대칭이 되는 경우(bilateral)이고 꽃공식에서는 '×'로 표시한다. 어떤 방향으로든 대칭이 이뤄지지 않는 경우로 비대칭(asymmetrical)이며, 꽃공식의 기호로는 대칭을 의미하는 'symmetry'의 첫 자인 'S'에 위에서 아래로 수직선을 긋는다($).

○ 심피의 위치(insertion types)

심피가 꽃잎과 꽃받침보다 위에나 아래에 있는지 아니면 주변에 있는지 보고 그 위치를 보통 결정한다. 그림4-23의 A와 B는 상위자방(hypogynous; superior ovary)이고, C는 중위자방(perigynous; superior ovary)이다. 중위자방은 상위자방으로 포함시키는 경우가 많다. 그리고 D는 하위자방(epigynous; inferior ovary)을 나타낸다. B, C, D는 화탁이 컵 모양을 이루고 있는데 이를 화탁통(hypanthium; floral cup)이라고 하며, 사과나 배처럼 이과(pome)의 경우 화탁통과 자방이 함께 자라 열매가 된다.

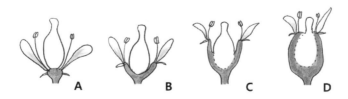

>그림 4-23. 심피가 놓이는 위치

③ 태좌형(Types of Placentation)

태좌(胎座)란 심피 내부의 배주의 배열을 의미하며, 가장 일반적인 태좌는 중축, 측벽, 기저, 정단 태좌이다.

처음에는 원시적 심피 표면에 배주가 흩어져 있었는데, 초기 진화의 단계에서 배주가 가장자리로 국한(그림4-26 A)되어 분포하게 된 것으로 여겨진다.

- ○ 배주가 가장자리로 국한되어 있는 태좌를 **변연태좌(邊緣胎座; marginal placentation)**라고 하고 원시적인 태좌 상태로 여겨진다.
- ○ 이런 심피들이 합생하여 가운데 **중축(中軸; axile) 태좌**를 만든다.
- ○ **측벽(側壁; parietal)태좌**는 중축태좌의 각 자실(子室; locule)을 막고 있는 격벽(隔璧; septa)이 자방 가운데에서 결합을 못해 만들어진 태좌이다. 보통 격벽이 축소되고 결국 제거되어 태좌는 하나의 자방벽에 붙게 된다.
- ○ **독립중앙(獨立中央; free-central)태좌**는 중축태좌에서 격벽이 없어져서 만들어지며, 석죽과에서 이런 예를 찾을 수 있다.
- ○ **기저(基底; basal)태좌**는 독립중앙태좌의 축이 줄어들거나, 측벽태좌의 위쪽 배주가 없어지면서 배주의 수가 하나 또는 수 개로 줄어드는 경우를 말한다.
- ○ **정단(頂端; apical)태좌**는 중축태좌나 측벽태좌에서 태좌가 아래에서 위로 소실이 진행되어 만들어진 것이다(이유성, 이상태. 1996).

④ 화서(Inflorescences)

수목의 꽃은 튤립 같은 초본의 꽃과는 달리 줄기 끝에 단 하나의 꽃만 피는 단정화의 경우가 드물다. 화서에 자잘한 많은 꽃이 피는 경우가 훨씬 많다. 화서란 꽃이 피는 차례, 즉 화축(花軸; floral axis)에 붙는 꽃들의 배열상태를 말하는 것으로, 보통 유한화서와 무한화서로 나눈다. 꽃을 받치고 있는 자루(pedicel)를 화병 또는 소화경(小花梗)이라고 하고, 여러 꽃을 달고 있는 잎 없는 자루를 화경(花梗; peduncle)이라고 부른다.

○ 유한화서(有限花序; determinate)

화축의 맨 위 정점(頂點)에서부터 시작하여 아래쪽으로 꽃이 핀다(그림4-24).

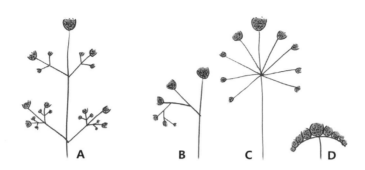

>그림 4–24. 유한화서의 종류.
A: 취산화서, B: 권산상취산화서, C: 산형화서, D: 두상화서

· 취산화서(聚繖花序; cyme)

화축의 중앙에 있는 꽃이 먼저 핀 다음 주위 꽃들이 피는 화서(그림4-24 A). 가장 큰 꽃이 가장 먼저 핀 것을 상징한다.

예) 노박덩굴과의 사철나무

· 권산상취산화서(卷繖狀聚繖花序; helicoid)

화병(소화경)의 일방적 퇴화로 소화경이 한 쪽으로만 말리게 된 화서이다(그림4-24 B).

· 산형화서(傘形花序; umbel)

화축의 동일지점에서 길이가 비슷한 소화경들이 우산의 우산살 모양을 이루는 화서이며, 화경이 갈라지는 지점에는 총포(總苞)가 있다(그림4-24 C).

예) 층층나무과의 산수유

· 두상화서(頭狀花序; head)

소화경이 퇴화하여 줄기의 정점에 많은 꽃들이 밀생(密生)하는 화서이다(그림4-24 D).

예) 부추과의 부추속 식물들

○ 무한화서(無限花序; indeterminate)

화축의 아래쪽에서 시작하여 위쪽 정점(頂點)으로 꽃이 피는 화서이다(그림4-25).

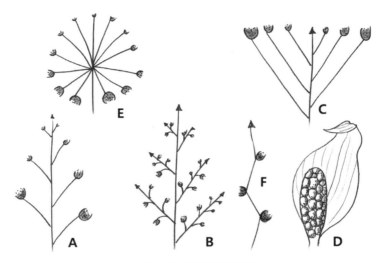

>그림 4–25. 무한화서의 종류.
A:총상화서, B: 원추화서, C: 산방화서, D: 육수화서, E: 산형화서, F: 수상화서

· 총상화서(總狀花序; raceme)

화축이 길게 뻗어 자라고, 소화경이 발달한 화서이다(그림4-25 A).

예) 콩과의 칡, 아까시나무 등

· 원추화서(圓錐花序; panicle)

소화경이 여러 번 분지되어, 복총상화서를 이루어 전체적으로 원뿔 모양을 이루는 화서이다(그림4-25 B).

예) 무환자나무과의 모감주나무, 수국과의 나무수국 등

· 산방화서(繖房花序; corymb)

화축에 붙는 소화경이 한 점에서 시작하지 않고, 가장 바깥쪽의 소화경이 가장 밑에 붙고 그 길이가 가장 길고 안쪽으로 갈수록 소화경의 길이가 짧아져서 위쪽 부분이 거의 평평하게 꽃 피는 화서이다(그림4-25 C).

예) 돌나물과의 기린초, 운향과의 산초나무 등

· **육수화서(肉穗花序; spadix)**

수상화서의 변형인 화서이며, 통통한 육질의 중축에 소화경이 없는 작은 꽃들이 밀생하며, 불염포(佛焰苞; spathe)로 둘러싸인 화서이다(그림4-25 D).

예) 천남성과의 식물 등

· **산형화서(傘形花序; umbel)**

유한화서에서의 산형화서와는 달리 무한화서에서의 산형화서는 꽃이 바깥에서 피기 시작하여 중앙으로 향하여 피는 화서이다(그림4-25 E).

예) 산형과의 미나리 등

· **수상화서(穗狀花序; spike)**

총상화서에서처럼 긴 소화경이 있지 않고, 화축에 소화경이 거의 없이 꽃이 붙어서 개화하는 화서이다(그림4-25 F).

예) 질경이과 질경이속 식물 등

· **유이화서(葇荑花序; ament; catkin)**

화축이 길게 뻗어 포유동물의 꼬리모양이며, 보통 자잘하고 많은 단성화의 꽃이 달린다.

예) 참나무과의 참나무속, 버드나무과, 자작나무과 식물 등

⑤ 열매(Fruits)

열매(과일)란 간단히 말해서 속씨식물의 꽃에 있는 자방이 성숙한 것이다. 물론 여기에, 장미과의 이과열매(사과나 배)처럼, 측착(adnate)되었던 화탁통(hypanthium) 등이

부속 부분으로 있을 수 있다(Judd *et al*, 2008; 2016). 전자를 진과(眞果; true fruit)라고 하고 후자와 같이 화탁, 총포, 악, 화탁통 등 심피 주위의 부분이 함께 발달하여 과피가 된 열매를 가과(假果; false fruit)라고 한다.

열매는 과피(果皮; pericarp)와 씨(種子; seeds)로 구성되어 있으며, 열매의 분류는 자방의 구조, 성숙한 열매의 형태 등이 기준이 된다. 주로 수목에서 볼 수 있는 주요 과일을 살펴보면 다음과 같다(Hardin *et al*., 2001).

○ **단과**(**simple fruit**):
하나의 꽃 안에 있는 하나의 자방 또는 여러 개의 심피가 하나로 합생된 것이 성숙한 열매로서, 건개과(dehiscent dry fruits), 건폐과(indehiscent dry fruits) 그리고 육질과 (fleshy fruits)가 포함된다.

· **건개과**(**dry**, **dehiscent**):
열매가 성숙하면 마르고, 열매의 봉선(縫線)을 따라 벌어져서 씨앗이 나오는 열매로서 삭과, 골돌과, 협과, 분리과 등이 좋은 예가 될 수 있다.

삭과(蒴果; **capsule**): 삭과는 열리는 부분에 따라서, 배(背)봉선이 벌어지는 <u>포배개열</u>(胞背開裂, loculicidal, 예: 붓꽃), 심피실 사이 벽에 따라 벌어지는 <u>포간개열</u> (septicidal, 예: 진달래), 끝이나 구멍이 벌어지는 <u>포공개열</u>(poricidal, 예: 양귀비), 중간의 횡선에 따라 벌어지는 <u>횡선개열</u>(circumscissile, 예: 채송화, 질경이)로 구분할 수 있다.

골돌과(蓇葖果; **follicle**): 이생심피의 각 심피에서 하나의 복봉선(腹縫線, abaxial) 또는 배봉선(背縫線, adaxial)을 따라 벌어지는 열매로서 보통 한 꽃 안에 이웃하고 있는 여러 개의 이생심피가 한덩이의 열매가 되므로 취과상(aggregated)으로 되는 경우가 흔하게 있다. 심피의 <u>배쪽(abaxial)</u>이 벌어지는 즉, 복봉선(腹縫線) 열개의 목련속이 있고, 그 외의 다른 식물들은 심피의 <u>등쪽(adaxial)</u>이 벌어지는 즉, 배봉선(背縫線)이 열개하고 씨가 나온다. 예) 작약, 붓순나무

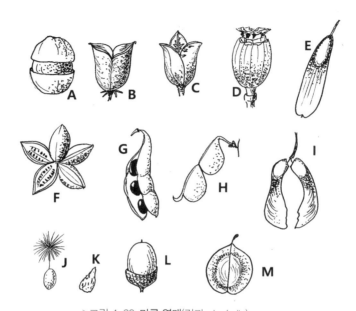

>그림 4–26. **마른 열매**(건과, dry fruits).
A–D: 삭과(A: 횡선개열, B: 포간개열, C: 포배개열, D: 포공개열), E, I, M: 시과(E: 물푸레나무, I: 복자기나무, M: 미선나무), I: 분리과(시과인 동시에 분리과). F: 골돌과(작약과: 취과상 골돌과 다섯 개 중 왼쪽의 두 개의 골돌과가 완전히 벌어진 상태), G: 협과, H: 분리과, J–K: 수과, L: 견과.

협과(莢果; legume): 주로 콩과 식물이 갖는 열매형으로서, 단심피로 되어 있고 심피의 배봉선과 복봉선을 따라 즉 두 개의 봉선을 따라 벌어진다. 예) 콩과 식물

분리과(分離果; loment): 협과의 일종으로 볼 수 있으나, 종자가 들어 있는 열매의 사이사이가 잘록해져서 여러 동강으로 떨어지는 열매이다. 예) 회화나무, 도둑놈의 갈고리, 된장풀

· **건폐과**(dry, indehiscent):

성숙하면 마른 열매가 되지만 열리지 않는 것으로서 시과, 수과, 견과 등이 포함된다.

시과(翅果; samara): 열매에 날개가 달린 건폐과이고, 날개가 없다면 견과나 수과와 비슷하다. 예) 미선나무, 참느릅나무, 단풍나무, 물푸레나무, 두충

분열과(分裂果; schizocarp): 열매의 중축(stylopodium)에 두 개 이상의 분과(mericarp)가 달려 있다가(즉, 두 개 이상의 자방실로 되어 있어서) 성숙하면 각각 떨어져 나가는 열매이다. 시과인 단풍나무의 열매는 두 개의 분과로 되어 있어 분열과에도 속한다. 예) 대극과

수과(瘦果; achene): 열매가 보통 매우 작으며, 한 방에 한 개의 종자가 있고, 날개는 없지만 깃털이 있는 경우가 많아서 멀리까지 분산되는데 유리하다. 예) 버즘나무, 으아리, 국화과

견과(堅果; nut): 참나무과의 대부분의 식물이 갖는 열매로서 보통 한 개의 종자가 들어 있다.

· **육질과**(fleshy):

과피(pericarp)의 분화로 인해서 열매가 육질상태로 만들어진다. 따라서 사람을 포함한 동물들이 음식으로 취하는 경우가 많다. 여기에는 이과, 핵과, 장과, 감과 등이 속한다.

이과(梨果; pome): 열매의 안쪽에 있는 진과는 자방이 성숙해서 된 것이고, 이 진과를 감싸고 있는 육질 부분(사과에서 처럼 보통 식용 부분)은 화탁통이 변한 것이다. 예) 팥배나무, 사과, 배

핵과(核果; **drupe**): 흔히 열매의 가운데 목질화된 내과피로 싸인 종자 또는 핵(pit)이 있다. 예) 살구, 복숭아, 버찌

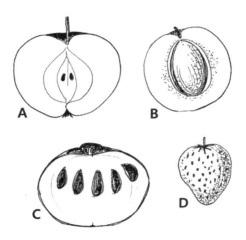

>그림 4–27. **과피가 육질로 분화된 열매**(육질과, fleshy fruits).
A: 이과(사과), B: 핵과(살구), C: 장과(감), D: 취과상 수과(딸기).

장과(漿果; **berry**): 열매 안에 보통 씨앗이 여러 개이지만 한 개 일수도 있다. 종자를 싸는 목질화된 껍질이 특징적이다. 예) 감, 호박, 포도

감과(柑果; **hesperidium**): 넓은 의미에서는 장과에 속하지만, 과육이 내과피에 의해 여러 개의 방으로 이뤄져 있는 특징을 가지고 있다. 예) 귤, 탱자, 자몽

○ **복과**(**compound fruit**):
여러 개의 이생 심피가 성숙할 때 함께 자라서 만들어진 열매로서, 하나의 꽃에서 성숙하는 취과(aggregate)와 여러 개의 꽃에서 함께 성숙하는 다화과(multiple)가 이에 해당된다.

· **취과**(**aggregate**):
　하나의 꽃에서 여러 개의 이생 심피가 함께 자라서 한 덩이로 만들어지는 열매로서

취과상 골돌과(붓순나무, 태산목, 작약, 말오줌때 등), 취과상 시과(튤립나무)가 목
본식물에서 찾을 수 있는 몇 가지 예가 될 수 있다.

>사진 4-5. **취과상(aggregate)의 다양한 열매.**
왼쪽부터 차례로, 복봉선(abaxial)이 벌어지는 골돌과(목련속), 배봉선(adaxial)이 벌어지는 골돌과(말오줌때),
배봉선이 벌어지는 골돌과(모란속), 시과(튤립나무).

· **다화과(집합과; multiple):**

여러 개의 작은 꽃의 각각의 심피가 함께 자라서 한 덩이로 만들어지는 열매로서, 뽕
나무나 닥나무의 다화과상 핵과, 버즘나무의 다화과상 수과, 미국풍나무의 다화과
상 삭과 등이 있다.

>사진 4-6. **다화과상(multiple)의 다양한 열매.**
왼쪽부터 차례로, 다화과상 수과(버즘나무속), 다화과상 삭과(미국풍나무), 다화과상 핵과(닥나무).

제5장

검색표

Keys

　식물 동정의 열쇠가 되는 것을 검색표(key)라고 한다. 즉 분류군을 편리하게 동정할 수 있도록 만들어진 표로서 쌍속형 검색표(묶음형 검색표; bracketed key)와 함입형 검색표(계단형 검색표; indented key)로 주로 구분된다.

　검색표를 작성할 때는 한 번호에 두 가지 형질이 설명되는 것을 피하고 부정적 표현도 피하는 것이 일반적이다. 검색표 내 번호의 숫자는 동정하고자 하는 종의 수보다 하나 적게 사용된다. 만약에 15개의 수종을 동정하고자 한다면 숫자 14까지 사용된다. 같은 번호가 두 번씩 사용되며, 같은 번호에서는 같은 형질의 서로 다른 형질상태를 설명하면 된다. 예를 들어 잎의 모양이 비교하고자 하는 형질(character)이라면, 하나는 타원형 하나는 원형이라는 형질상태(character state)일 수 있으며, 꽃의 색깔이 비교하고자 하는 형질이면 하나는 노란색 하나는 붉은색이라는 형질상태로 구분될 수 있을 것이다. 그룹으로 나눌 때 같은 형질 내 다른 두 형질상태로 나눠지므로 각각의 번호는 두 번씩 사용된다. 검색표에서 사용되는 수준은 종뿐만 아니라, 속, 과, 목 등 다양한 수준에서 작성될 수 있다. 여기서 표5-1과 표5-2에 예로 든 두 개의 검색표는 목련속에 속하는 '종수준'에서의 검색표이고 표5-3은 참나무과에 속한 '속수준'의 검색표이다.

　동정하고자 하는 분류군들이 동일한 분류군들일지라도 사용하는 형질에 따라서 검색표는 다양하게 만들어질 수 있으며, 간단하면서도 객관적이고 명료한 형질을 가지고 제작이 될수록 좋은 검색표이다. 막연히, 길다 또는 짧다, 크다 또는 작다보다는 비교할 수 있는 대상이나 기준이 되는 단위 등이 필요하다. 또한 검색표를 작성 할 때 오른쪽부분이 수직선으로 정렬되어야 함을 유의해야 한다.

　한국에서 생육하고 있는 목련과(Magnoliaceae) 목련속(*Magnolia* L.) 중 여섯 종 즉, 태산목, 함박꽃나무, 일본목련, 자목련, 백목련, 목련의 동정을 위한 계단형 검색표를 예로 들면 표5-1과 같다. 여섯 종을 동정하기 위한 검색표이므로 숫자 5까지 사용되었다.

여섯 종을 처음에 두 그룹(1번 그룹)으로 나누기 위해 잎이 상록성인지 낙엽성인지로
먼저 나누었고,

　　1. 상록성 잎이다. ···태산목
　　1. 낙엽성 잎이다.

　　잎이 상록성인 그룹에는 태산목만이 있으므로, 태산목이라는 답이 결정이 되었고, 잎
이 낙엽성인 그룹에는 나머지 다섯 종이 포함되어 있으므로 이 그룹을 다시 두 그룹(2번
그룹)으로 나눈다. 즉, 1번의 두 번째 그룹 밑에 2번으로 시작하는 그룹을 적어 넣는다.
즉, 잎과 꽃에서 잎이 먼저 나는지 꽃이 먼저 나는지의 특성을 2번으로 시작하는 그룹에
적어 넣는다. 즉,

　　1. 상록성 잎이다. ···태산목
　　1. 낙엽성 잎이다.
　　　2. 잎이 꽃보다 먼저 난다.
　　　2. 꽃이 잎보다 먼저 핀다.

　　2번의 첫 번째 그룹인 잎이 먼저 나오는 종에는 함박꽃과 일본목련 두 종이 있고, 이
두 종(3번 그룹)이 각각 개화할 때 꽃이 밑을 향하면, 함박꽃나무, 꽃이 위를 향하면, 일
본목련이다.

　　1. 상록성 잎이다. ···태산목
　　1. 낙엽성 잎이다.
　　　2. 잎이 꽃보다 먼저 난다.
　　　　3. 꽃이 밑으로 향해 나온다. ·······························함박꽃나무
　　　　3. 꽃이 위로 향해 나온다. ································일본목련

2번의 두 번째 그룹인 꽃이 먼저 나오는 종에는 자목련, 백목련과 목련 세 개의 종이 있고, 이 그룹은 화피편(tepal, 목련속에서는 꽃잎과 꽃받침잎의 구별이 없으므로)의 색깔로 다시 두 그룹(4번 그룹)으로 나눠진다. 즉, 4번 그룹에서 화피편이 자색이면 자목련, 백색 또는 유백색이면 4번의 두 번째 그룹으로 묶어진다.

  1. 상록성 잎이다. ···태산목
  1. 낙엽성 잎이다.
    2. 잎이 꽃보다 먼저 난다.
      3. 꽃이 밑으로 향해 나온다. ···································함박꽃나무
      3. 꽃이 위로 향해 나온다. ······································일본목련
    2. 꽃이 잎보다 먼저 핀다.
       4. 화피편이 자색이다. ··자목련
       4. 화피편이 백색 혹은 유백색이다.

4번의 두 번째 그룹은 백목련과 목련이 포함되어 이 그룹은 마지막 5번 그룹으로 나뉜다. 화피편 밑부분에 붉은 줄이 없는(5번의 첫 번째 종) 백목련과 화피편 밑부분에 연한 붉은 줄이 있는 목련(5번의 두 번째 종)으로 구분됨으로써 검색표가 마무리가 된다. 이를 정리하면 다음과 같다. 계단형에서는 각각의 하위 그룹이 앞 그룹의 바로 밑에 정렬이 되므로 지시번호가 필요 없다.

  1. 상록성 잎이다. ···태산목
  1. 낙엽성 잎이다.
    2. 잎이 꽃보다 먼저 난다.
      3. 꽃이 밑으로 향해 나온다. ···································함박꽃나무
      3. 꽃이 위로 향해 나온다. ······································일본목련
    2. 꽃이 잎보다 먼저 핀다.

4. 화피편이 자색이다. ……………………………………………………자목련

4. 화피편이 백색 혹은 유백색이다.

  5. 위쪽 화피편 6장과 꽃받침잎 같은 화피편 3장이 있고 길이는 같다.

    화피편 밑부분에 붉은 줄이 없다. ……………………………백목련

  5. 위쪽 화피편이 6-9장과 꽃받침잎 같은 화피편 3장이 있고, 전자가

    후자보다 길다. 화피편 밑부분에 연한 붉은 줄이 있다. …………………목련

    표5-1에서 제시된 계단형 검색표는 다시 표5-2와 같이 묶음형으로 형식을 바꾸어 쓸 수 있으며, 사용한 형질과 형질상태 즉, 검색표의 내용은 동일하다. 표5-2에서는 같은 번호끼리 함께 묶어 놓았고, 각각의 종이 판별되면 종 이름을 적고, 아니면 더 세부 하위 그룹으로 가야한다면 지시하는 번호를 반드시 적어야 한다.

>표 5-1. 한국에서 생육하는 목련속의 계단형 검색표(종수준의 검색표)

1. 상록성 잎이다. ……………………………………………… 태산목

1. 낙엽성 잎이다.

  2. 잎이 꽃보다 먼저 난다.

    3. 꽃이 밑으로 향해 나온다. ………………………………… 함박꽃나무

    3. 꽃이 위로 향해 나온다. …………………………………… 일본목련

  2. 꽃이 잎보다 먼저 핀다.

    4. 화피편이 자색이다. ……………………………………… 자목련

    4. 화피편이 백색 혹은 유백색이다.

      5. 위쪽 화피편 6장과 꽃받침잎 같은 화피편 3장이 있고 길이는 같다.

      화피편 밑부분에 붉은 줄이 없다. ……………………… 백목련

      5. 위쪽 화피편이 6-9장과 꽃받침잎 같은 화피편 3장이 있고, 전자가

      후자보다 길다. 화피편 밑부분에 연한 붉은 줄이 있다. …………목련

>표 5-2. 한국에서 생육하는 목련속의 묶음형 검색표(종수준의 검색표)

1. 상록성 잎이다. ·····································태산목
1. 낙엽성 잎이다. ·· 2
  2. 잎이 꽃보다 먼저 난다. ································· 3
  2. 꽃이 잎보다 먼저 핀다. ································· 4
3. 꽃이 밑으로 향해 개화한다. ····················· 함박꽃나무
3. 꽃이 위로 향해 개화한다. ······················· 일본목련
  4. 화피편이 자색이다. ·························· 자목련
  4. 화피편이 백색 혹은 유백색이다. ················· 5
5. 위쪽 화피편 6장과 꽃받침잎 같은 화피편 3장이 있고 길이는 같다.
  화피편 밑부분에 붉은 줄이 없다. ·····················백목련
5. 위쪽 화피편이 6-9장과 꽃받침잎 같은 화피편 3장이 있고, 전자가 후자보다
  길다. 화피편 밑부분에 연한 붉은 줄이 있다. ·························· 목련

위에서는 종수준의 검색표를 알아보았고, '속수준'에서의 검색표를 하나 예로 든다면, 참나무과에 속하는 네 개의 속을 가지고 만든 것이 있다(표5-3).

>표 5-3. 한국의 참나무과의 계단형 검색표(속수준의 검색표)

1. 수꽃이 두상화서이다. ······························· 너도밤나무속
1. 수꽃이 미상화서이다.
  2. 수꽃이 아래로 향하는 미상화서이다. ··························· 참나무속
  2. 수꽃이 위로 향하는 미상화서이다.
    3. 잎이 두 줄 배열이고 낙엽성이다. ························· 밤나무속
    3. 잎이 나선상으로 배열이고 상록성이다. ···················· 모밀잣밤나무속

위에서 검색표 만드는 방법을 간단히 알아보았으니, 이번에는 잎을 이용해서 다양한 식물들을 동정하는 검색표(표5-4와 표5-5)를 만들어보도록 하자. 검색표를 만들기 위해 스스로 형질을 정하고 서로 다른 형질상태를 비교하다보면, 좋은 검색표를 만들 수 있을 뿐만 아니라 각 종의 특징들을 자연스럽게 공부하게 되어 나중에는 스스로 식물을 동정할 수 있는 눈이 만들어진다. 그림5-1에는 다양한 잎과 엽서를 보이는 식물들이 있다.

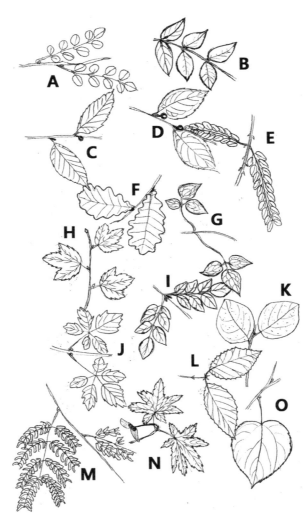

A: 땅비싸리
B: 미선나무
C: 푸조나무
D: 팽나무
E: 실거리나무
F: 떡갈나무
G: 큰꽃으아리
H: 명자순
I: 물푸레나무
J: 좀목형
K: 보리밥나무
L: 덜꿩나무
M: 자귀나무
N: 단풍나무
O: 이나무

>그림 5-1. 15종의 다양한 수목의 잎들.

>표 5-4. 15가지 수종의 계단형(indented) 검색표 만들기 예

1. 복엽이다.
　2. 장상이다.···J
　2. 우상이다.
　　3. 소엽의 수가 세 개다.······························G
　　3. 소엽의 수가 세 개보다 많다.
　　　4. 2차우상복엽이다.·························M
　　　4. 1차우상복엽이다.
　　　　5. 엽서가 호생이다.·····················A
　　　　5. 엽서가 대생이다.
　　　　　6. 짝수우상복엽이다.·········E
　　　　　6. 홀수우상복엽이다.·········I
1. 단엽이다.
　7. 대생이다.
　　8. 잎에 결각이 있다.···························N
　　8. 잎에 결각이 없다.
　　　9. 엽연이 전연이다.·····················B
　　　9. 엽연에 거치가 있다.················L
　7. 호생이다.
　　10. 잎에 결각이 있다.························H
　　10. 잎에 결각이 없다.
　　　11. 엽연이 전연이다.···················K
　　　11. 엽연에 거치가 있다.
　　　　12. 엽연이 파상거치다.············F
　　　　12. 엽연이 예거치이다.
　　　　　13. 심장저이다.··············O
　　　　　13. 예저이다.
　　　　　　14. 2차맥이 엽연까지 있다.········C
　　　　　　14. 2차맥이 엽연까지 가지 않는다.·····D

　표5-4에서 보는 것처럼, 계단형 검색표에서는 지시하는 번호가 따로 필요 없지만, 묶음형 검색표(표5-5)로 고치면 지시하는 번호가 반드시 필요하다.

>표 5–5. 15가지 수종의 묶음형(bracketed) 검색표 만들기 예

1. 복엽이다. ·······································2
1. 단엽이다. ·······································7
　2. 장상이다. ·····································J
　2. 우상이다. ·····································3
3. 소엽의 수가 세 개다. ··························G
3. 소엽의 수가 세 개보다 많다. ··················4
　4. 2차우상복엽이다. ····························M
　4. 1차우상복엽이다. ····························5
5. 엽서가 호생이다. ······························A
5. 엽서가 대생이다. ······························6
　6. 짝수우상복엽이다. ···························E
　6. 홀수우상복엽이다. ···························I
7. 대생이다. ·····································8
7. 호생이다. ·····································10
　8. 잎에 결각이 있다. ···························N
　8. 잎에 결각이 없다. ···························9
9. 엽연이 전연이다. ······························B
9. 엽연에 거치가 있다. ····························L
　10. 잎에 결각이 있다. ··························H
　10. 잎에 결각이 없다. ··························11
11. 엽연이 전연이다. ······························K
11. 엽연에 거치가 있다. ····························12
　12. 엽연이 파상거치다. ·························F
　12. 엽연이 예거치이다. ·························13
13. 심장저이다. ··································O
13. 예저이다. ·····································14
　14. 2차맥이 엽연까지 있다. ·····················C
　14. 2차맥이 엽연까지 가지 않는다. ··············D

제6장

변이

Variation

　수목학에서 연구 대상으로 하고 있는 목본식물은 초본식물과는 다르게 생활사가 매우 길기 때문에 환경의 변화에 따른 표현형 가소성(phenoplasticity)이 아주 높은 편이고, 다유전적 형질(polygenic trait)이 있어 식물 변이에 대한 면밀한 관찰이 필요하다. 한국의 식물을 분류함에 있어 초창기에 나카이(T. Nakai)가 종 처리한 것 중에는 극단적인 변이체에 분류학적인 계급을 부여한 경우가 많았는데, 예를 들어 잎의 크기, 털의 정도 차이를 지나치게 강조한 경향이 있다.

　이 책에서는 동종 내에서의 변이가 있는 종내 변이(intraspecific variation)를 주로 설명한다. 사실 이런 종내 변이는 수목을 동정함에 있어 불명확하거나 당황스럽게 하여 동정을 어렵게 만드는 이유가 되기도 한다. 따라서 한 종에 있어서 여러 다른 많은 개체를 관찰함으로써 한 특정 종이 갖고 있는 변이의 정도를 잘 알고 있어야 수목의 동정이 좀 더 쉬워진다.

>표 6-1. **변이의 유형**(Hardin *et al.*, 2001)

내부적 변이	돌연변이(abnormal; mutational)
	표현형 가소성(phenoplasticity)
	성장 가소성(developmental plasticity)
	염색체의(chromosomal)
	생식의(reproductive)
	종분화의(speciational)
	연속변이의(clinal)
	비적응의(nonadaptive)
	생태형의(ecotypic)
외부적 변이	교배(hybrid)
	유전질 이입의(introgressive)

유성번식에 의해 만들어진 개체들에서 나타나는 일반적인 변이는 돌연변이, 유전적 격리 그리고 유전자의 재조합에 의해서 일어난다. 변이는 크게 내부적(intrinsic)인 변이와 외부적(extrinsic)인 변이로 나눌 수 있다. 전자는 개체나 종 내에서 기인하는 변이이고 후자는 개체나 종 밖에서 즉 다른 종으로부터 기인하는 변이이다.

1. 내부적 요인에 의한 변이 Intrinsic Variation

(1) 돌연변이 abnormal; mutational

돌연변이는 모든 유전적인 변이에 있어서 궁극적인 원인이 된다. 대부분의 경우 그 변이가 소소하거나 눈에 잘 띄지 않는다(Hardin *et al.*, 2001). 나자식물의 종구식물(conifers) 중에 유전적으로 왜성으로 나오는 경우가 돌연변이의 한 예이다. 또한 일반 복숭아와는 달리 과일에 털이 없는 승도(nectarine), 서양산딸나무 중 포(bracts)가 흰 색이 아닌 분홍색으로 나오는 경우, 열매 꼭대기에 작은 두 번째 열매가 들어가 있는 배꼽 오렌지도 모두 돌연변이에 의한 변이다. 주엽나무는 수간에 억센 경침(thorn)이 발달하는 것이 보통인데 경침이 없는 민주엽도 돌연변이에 의한 것으로 알려져 있다. 후대의 자손에게 유전이 된다.

(2) 표현형 가소성 phenotypic plasticity

환경적 요인에 의한 변이(ecophenic variation)로 여겨지며, 같은 유전형을 가진 생물체들이 환경의 조건에 따라 가시적인 특성(표현형, phenotype)이 달라지는 것이다. 이런 변이는 개체 내 또는 개체 간에서 나타난다. 예를 들어, 참나무속(*Quercus*)과 단풍나무속(*Acer*)의 식물들은 햇볕 아래에서 잎의 결각이 심열이 되고 잎의 크기는 작아지고 두

꺼워 진다. 반면 그늘 아래의 잎은 결각이 천열이 되고 잎의 크기는 더 커지고 얇아지는 경향을 보이며, 음지에서는 털이 없어진다. 히코리속(hickories, *Carya*) 식물과 칠엽수속 (*Aesculus*) 식물은 생육지가 마르고 비옥하지 않으면, 수고가 낮고 잎과 견과의 크기가 작아지며 반면에 생육지가 중습지이고 비옥하면 수고가 높고 잎과 견과의 크기가 커진다. 이런 환경적 변이는 형태적인 것뿐만 아니라 해부학적 그리고 생리학적인 형질상태에도 영향을 미친다(Hardin *et al.*, 2001).

표현형 가소성은 환경적인 차이로 얻어진 것으로서 비유전적이다. 즉 후대의 자손에게 유전이 되지 않는다. 하지만 가소성의 정도와 범위는 유전적 조절에 영향을 받는다.

(3) 성장 가소성 developmental plasticity

어린 나무에서 성목으로 성장하고 발달함에 따라 보이는 변이(heteroblastic change; phase change)를 성장 가소성이라고 한다(Hardin *et al.*, 2001). 예를 들어 뽕나무의 어린 나무나 움이 터 활력이 높은 가지에서 잎이 다양한 결각으로 갈라져 변이가 있다. 나자식물에서는 향나무속(*Juniperus*) 식물이 좋은 예가 될 수 있는데 어린 나무의 잎은 송곳형(subulate)이다가 성목의 잎은 인형(scale)으로 된다. 이러한 양상은 환경적인 조건이 바뀐다고 해도 일반적으로 바뀌지 않는다.

(4) 염색체의 chromosomal

염색체의 n 숫자는 감수분열 이후에 발견이 되는 반수체의 숫자이며, 2n(이배체)은 수정란이 형성이 되었을 때의 염색체 숫자이다. 전자는 배우체 세대(gametophyte phase)에서 후자는 포자체 세대(sporophyte phase - 나무(tree)!)의 세포에서 발견이 된다. 나무의 염색체 숫자 변화로 이수성(異數性, aneuploid)과 배수성(polyploid)이 있다.

이수성이란 염색체의 하나 이상이 더해지거나 지워져서, 주어진 n 세트가 증가하거나 줄어든 것을 말한다(Hardin *et al.*, 2001). 예를 들어, 미국풍나무의 경우 n이 15 또는 16

이거나 버드나무속 식물의 경우 n이 19 또는 22이다. 어떤 경우에는 이 이수성이 형태적 차이에도 관련이 있지만, 가시적인 차이를 보이지 않는 경우가 많다.

세포 당 염색체의 수가 한 쌍이면 단상성, 두 쌍이면 이배성이라고 하는데, 배수성이란 3쌍이상인 경우에 부르는 말이다. 배수성은 나자식물에서는 1.5% 정도로 매우 드물게 나타나며, 피자식물에서는 50-70% 정도로 매우 흔하게 나타난다(Hardin *et al.*, 2001).

측백나무과의 레드우드(redwood)의 경우에 6배체(hexaploid)이다. 즉, 2n=6x=66(기본 숫자 x =11)이다. 목련속의 한 종인 cucumber tree (*Magnolia acuminata*)는 2n=4x=76; x=19로서 4배체(tetraploid)이고, 태산목(*M. grandiflora*)은 2n=6x=114; x=19로서 6배체이다. 물푸레나무 일종인 white ash (*Fraxius americana*)의 경우에는 세 수준의 배수성(diploid, tetraploid, hexaploid)을 나타낸다. 즉, 2n=46, 92, 138; x=23이다(Hardin *et al.*, 2001).

염색체 숫자의 차이로 인해 어떤 경우에는 표현형의 차이에 상당한 상관관계를 가지고 있기도 하지만, 많은 경우에는 형태적 특징이 가시적이지 않다. 하지만 화학적 차이에는 영향을 줄 수 있다(Hardin *et al.*, 2001).

(5) **생식의** reproductive

번식 체계에는 기본적으로 세 가지 즉, 타화수분(outbreeding), 자화수분(inbreeding), 무배우번식(apomixis)이 있다(Hardin *et al.*, 2001). 타화수분은 서로 다른 개체가 교배(crossing)되는 것으로, 이론적으로 개체군 내 유전적 변이가 더욱 다양하게 되는 원인이 된다. 타화수분의 촉진은 다양한 꽃의 메커니즘(floral mechanisms), 자가불화합성(self-incompatibility), 자웅동주, 자웅이주 등의 특성에 의해서 이뤄진다. 은행나무(ginkgo), 호랑가시나무속(holly), 물푸레나무속(ash)의 식물처럼 자웅이주인 식물이라면 타화수분에 의해서 식물 번식이 일어난다. 자화수분에서, 양성화인 하나의 꽃에서 일어나는 수분(autogamy)이 있을 수 있고, 한 개체 내 서로 다른 꽃에서 수분이 일어나는 동주타화수분(geitonogamy)이 있을 수 있다. 자화수분은 개체군 내의 변이는 줄어들고 개체군간 차이가 커지도록 유도하게 한다. 무배우번식은 분화된 메커니즘으로서 일반적인 유성번식을 위한 무성번식의 대체(substitution)로 간주될 수 있다. 이로 인해 개체군 내 그리고 개체군 간에 특이한 양상을 야기한다. 무배우번식에는 영양 무배우번식(vegetative apomixis)과 무정생식(agamospermy, true apomixis)이 있다. 전자는 식물의 움이나 영양기관(잎, 뿌리 등)을 이용해 모수와 같은 유전자의 식물체를 번식해내는 것을 말하며, 후자는 진정한 무성번식으로 종자가 형성되는 것을 말한다. 여기에는 감귤류, 오리나무류, 마가목류, 채진목류, 산사나무류가 속한다.

(6) 종분화의 speciational

종이 형성이 되는 가장 일차적인 형이다. 생태형 식물, 연속변이 식물, 또는 양성화인 하나의 꽃에서 수분과 수정이 일어나는 자화수분 식물(autogamous plants)로 이뤄진 개체군에 공간적 또는 생식적 장벽이 일어나 유전적으로 소외되고, 분명하게 다른 개체군이 계속적인 유전적 분기로 종분화가 된다(Hardin *et al.*, 2001).

(7) 비적응의 nonadaptive

식물에 변이가 있음에도 환경적인 조건과 관련된 경우가 아니면 비적응 특질(nonadaptive trait)의 경우일 수 있다. 개체군(population) 전체에 걸쳐 산발적으로 일어나기도 한다(Hardin *et al.*, 2001).

예를 들어, 태산목의 경우 잎 아랫면에 갈색 털이 밀생하는 것이 일반적인데, 그렇지 않고 털이 약간 있고 녹색을 보이는 나무가 있다. 참나무류인 white oak (*Quercus alba*)의 경우에 비적응으로 인한 매우 다양한 엽형을 보인다(그림6-1). 이것은 유전적인 변이다.

>그림6-1. 비적응의 예(참나무류의 다양한 엽형 변이)

(8) 생태형의 ecotypic

생태형(ecotype, ecological race)이란 생태적 조건에 의해 선발됨으로써 나타나는 것으로, 뚜렷이 다른 형태적 또는 생리적 품종 또는 개체군을 의미한다. 이것은 식물이 자라는 국부적 서식지의 요인(factors)에 유전적으로 적응된 것이다(Hardin *et al.*, 2001). 예를 들어 연필향나무(*Juniperus virginiana*)는 해안의 전사구(前砂丘, foredunes)와 강가의 모래언덕에 적응하여 생태형을 보인다.

(9) 연속변이의 clinal

지리적 또는 생태적인 연속적 변화에 상관관계를 보이는 형질 변화를 연속변이라고 한다(Hardin *et al.*, 2001). 예를 들어 위도가 높아짐에 따라 스트로브잣나무(white pine, *Pinus strobus*)의 침엽의 길이가 짧아지고 기공의 숫자가 줄어들며, 수지구의 숫자가 증가하는 연속변이가 발견되었다(Mergen, 1963). 형태적, 생리적, 화학적인 연속변이는 숲 내의 임목에서 일반적으로 일어난다.

2. 외부적 요인에 의한 변이 Extrinsic Variation

(1) 교잡 hybrid

교잡은 부모형(parental types)이 가깝게 연관되고 공간적으로나 생식적으로 소외되지 않았을 때 서로 다른 종간에 교배가 되는 것을 말한다. 잡종 1세대에서는 부모가 가지고 있는 형질상태의 중간형을 보인다(Hardin *et al.*, 2001).

(2) 유전질 유입의 introgressive

역교배(backcross)가 반복적으로 일어나게 되면, 교잡이 잡종 1세대를 넘어 잡종 무리(swarms) 또는 유전질 유입 개체군으로 발전할 수 있다. 유전질의 유입은 장벽을 넘어 이종교배로 넘어가는 것으로 한 종의 유전자들이 다른 종으로 이동하는 것을 말한다(Hardin *et al.*, 2001).

수목에서 일어나는 변이를 인지하고, 이해하고, 활용하는 것은 임학 분야에서 중요하다고 할 수 있다. 예를 들어, 임목 육종 프로그램의 성공은 변이에 관한 지식을 갖고 그것을 적절하게 활용하는 것에 달려 있다. 또한 변이의 이해와 활용은 자연의 생물다양성을 보존하고 보호하는데 더욱 중요한 역할을 하고 있다.

제7장

한국의
산림식물대

Korean Forest Regions

한반도의 식물은 중국 동북3성의 북방계 식물이 백두대간을 타고 분포하며 이런 식물의 남한계선이 되는 집단이 많다. 백두대간은 백두산 장군봉에서 시작해서 남한의 지리산 천왕봉에 이르는 약 1,400 킬로미터에 해당하는 한반도의 거대한 산줄기이다. 한반도 남쪽의 식물은 주로 일본과 중국남부와 연결되어 분포하는 식물이 많다. 19-20세기에 걸쳐서 한반도 내 산림 파괴가 아주 심했었고 이로 인해 자연림 또는 천연림이 거의 남아 있지 않은 경기도, 황해도, 충청남도에 분포하

>그림 7-1. 중국 동북3성과 한반도 일부.

는 일부 식물은 중국 북부와 중부에 분포하는 식물이다. 이런 식물의 분포는 한반도 내의 자생식물과 이들에 대한 변이를 이해하는 데 중요한 부분이 될 것으로 사료된다.

한반도 식물의 구계를 구분하는 근거는 지리적 기원과 다양성 그리고 계통 분화에 영향을 주는 지리적, 지질학적, 기후적 요인 등을 모두 고려해야 한다. 구계는 많은 다른 동식물군이 같은 지역이나 생육하고 있는 곳에서 유사한 고유종 양상을 보이게 될 때 이르는 말로 다음 세 가지의 유형으로 나눠볼 수 있다(장진성 외, 2012).

· 근연종이 동일 대륙이나 해양을 중심으로 중첩되어 나타남
· 근연 관계가 없는 고유종들이 일정 지역에 공통적으로 나타남
· 소수이지만 어느 일정 수의 종이 대륙이나 해양에 불연속 분포

한국의 식물구계를 두 개의 구계 즉, 만주구계(Manchurian Province)와 한일구계(Korean-Japanese Province)로 나누고, 만주구계를 평안북도와 함경남도까지 보기도 하지만(Takhtajan, 1986), 식물구성을 보면 백두대간을 타고 내려오는 지리산까지를 만주

구계의 식물로 볼 수 있고, 한국의 중부지방(강원도는 제외)에서 남부까지는 모두 한일구계로 취급한다(이우철, 2008; 오병윤 외, 2006).

한반도의 식물구계를 나누는 한 가지 예로서 **만주구계, 중국북중부구계, 중국남부/한일구계**로 식물구계를 나눌 수 있다(장진성 외, 2012).

- 과거 북한의 일부 지역에 국한되었던 만주구계를 한반도 전역(백두대간 중심)으로 넓게 고려
- 이전에 한반도 중부와 남부로 양분한 지역을 중국북중부 구계로 봄
- 이전에는 제주도와 울릉도를 독립적으로 생각했으나, 제주도의 경우는 주로 한일구계에 속하는 식물상이 주를 이루며, 울릉도의 식물상은 한반도 지역의 세 개의 식물구계의 집합체로 보아 독립적으로 보기에는 적절하지 않은 점이 있다. 이 '중국남부/한일구계'는 '중국북중부구계에' 속하는 한반도의 남부지역 일부와 겹치는 부분이 있다.

한반도를 세 개의 식물구계로 나눈 후 각 구계에 속하는 대표적인 수종을 보면 다음과 같다(장진성 외, 2012).

1) 만주구계의 대표 수종은 강원도를 중심으로 하여 과거 소백산맥의 덕유산, 민주지산, 지리산 등에 분포한다.

가래나무, 가문비나무, 강계버들, 개회나무, 거제수나무, 고로쇠, 꽃개회나무, 난티나무, 당단풍, 땃두릅, 물박달나무, 물참대, 복장나무, 부게꽃나무, 분비나무, 산돌배나무, 시닥나무, 신갈나무, 신나무, 오갈피나무, 오미자나무, 왕머루, 잣나무, 젓나무, 찰피나무, 철쭉, 청시닥나무, 황벽나무, 회목나무 등

2) 중국북중부구계의 대표 수종은 평안남북도, 황해도, 경기도, 충남지역에 주로 분포한다.

개박달나무, 굴피나무, 누리장나무, 댕댕이덩굴, 병아리꽃나무, 붉나무, 애기고광, 으름덩굴, 장구밥나무, 참빗살나무, 팽나무, 헛개나무 등

3) 중국남부/한일구계의 대표 수종은 일부 제주도와 울릉도에 국한해서 자라는 수종인
   솔송나무, 섬잣나무를 포함해서 다음과 같다.
   개서어나무, 곰솔, 노각나무, 단풍나무, 말발도리속, 목련, 바위수국, 소나무, 잎갈나무, 쥐
   똥나무속, 팽나무, 편백, 흰참꽃 등

   한반도 식물의 구성 비율을 자생종을 중심으로 해서 볼 때 전체 관속식물을 모두 고려
하면 만주구계는 약 30%, 중국북중부구계는 약 20%, 중국남부/한일구계는 약 40% 정도
이며, 이외의 약 10% 정도는 전국적으로 분포하는 경향을 보인다. 한반도 분포면적으로
볼 때 중국남부/한일구계는 한반도의 남부지방에 국한되지만 종수가 가장 높게 나타난
다고 할 수 있다(장진성 외, 2012).

제8장

겉씨식물

Gymnosperms

　　종자식물(seed plants)이란 종자(씨앗)를 맺는 식물을 이르는 말이며, 씨앗(seeds)이란 수정 후에 배주(ovules)가 성숙 발달하여 만들어진 것으로 그 안에는 배(embryo)가 들어 있다. 종자식물은 크게 두 가지 식물 즉, 나자식물(꽃과 열매가 없음)과 피자식물(꽃과 열매가 있음)로 나누어진다. 즉, 피자식물에서의 배주는 자방에 의해 완전히 둘러싸여 있지만, 나자식물의 경우에는 배주가 대포자엽의 표면에 달리거나 공기 중에 나출되므로 씨앗(배주)이 겉에 있기 때문에 겉씨식물이라고 한다.

　　지구상에 현존하는 나자식물은 소철류, 은행나무과, 종구(種毬)식물류(송백류) 그리고 네타목(마황류)으로 구성되어 있다. 나자식물은 겨우 15과에 75-80속, 약 820 종만이 현존하고 있다. 모든 나자식물(네타목 제외)은 피자식물과는 다르게, 목부에 가도관(헛물관; tracheids)만을 갖는다. 또한 나자식물은 피자식물에 비해 생식(reproduction)이 비교적 느린 편이다. 수분과 수정 사이에 길게는 일 년까지의 시간이 필요하고, 씨앗이 성숙하는데도 길게는 3년이 걸리기도 한다. 수정에 있어서는 한 개의 정충만이 참여하는 단수정을 한다. 반면에 피자식물은 중복수정을 하며, 나자식물에 비해 생식이 빠른 편이다(Judd *et al.*, 2008, 2016). 씨앗이 발아하여 식물체로 자라다가 다시 씨앗을 생산하는데 어떤 일년생 초본류의 경우에는 겨우 몇 주밖에 걸리지 않는다.

소철목 Cycadales: Cycads

　　소철목은 고생대 페름기에 지구상에 출현한 분류군으로서, 덜 진화된 고대 식물 그룹이다. 정자가 자동성(motile)이기 때문에 소포자관(pollen tube)이 없는 것과 같은 원시적인 특징들을 가지고 있다. 소철류는 성상이 마치 야자수와 비슷(palmlike)하여 분지되

지 않는 줄기가 크게는 18-20 m까지 자라며, 꼭짓점에서 잎들이 모여 나는 특징을 가지기도 하고, 양치류 식물과 같이(fernlike) 줄기가 땅속에 있고 잎만이 지상 위로 나와 펼쳐지기도 한다. 소철류가 갖는 공동파생형질(synapomorphy) 중 하나로서 바다의 산호(marine coral)의 모습과 닮았다고 해서 붙여진 산호 모양의 뿌리(coralloid roots)가 있다. 이런 뿌리는 씨아노박테리아(cyanobacteria)와 공생하며, 이 박테리아는 콩과의 뿌리혹박테리아가 질소를 고정하는 것처럼, 질소고정을 한다. 이 박테리아는 공기 중에 있는 기체 상태의 질소를 소철류가 사용할 수 있는 상태로 고정시켜서, 소철류가 서식하는 척박한 토양상태에서도 소철류가 성장을 잘 하도록 도와준다.

소철목에는 1속을 가지고 있는 소철과(Cycadaceae; Cycad Family)와 9개의 속을 가지고 있는 자미과(Zamiaceae; Coontie Family)가 포함된다.

두 개의 과는 다음과 같은 차이를 보인다. 먼저 소철과의 소엽은 어릴 때 마치 양치류의 잎에서처럼 소용돌이로 말려있고, 소엽에 2차맥이 없으며, 대포자엽이 잎처럼 생겼으며 줄기 끝에 느슨하게 모여져 있고(사진8-2) 대포자수(strobilus)를 만들지 않는다. 반면에 자미과는 소엽이 어릴 때 납작하거나 접합상으로 되었고, 잎의 주맥이 있거나 없고, 대포자엽이 상당히 축소되어 판상 또는 복와상으로 되었으며, 대포자수를 만든다(Judd *et al.*, 2008).

소철과 Cycadaceae; Cycad Family

소철과는 1속(*Cycas*)으로서 20여 종이 있다. 잎이 우상으로 나오는 복엽이며, 상록성이다. 소엽이 어렸을 때는 마치 양치류의 잎처럼 소용돌이로 말려있으며, 소엽의 중앙에 하나의 주맥이 있고 그 외 2차맥이 없는 것이 특징이다. 배주가 달리는 대포자엽(ovule-bearing leaves)이 잎처럼 생겼으며 줄기 끝에 느슨하게 모여져 있고 자미과처럼 대포자수(strobilus)를 형성하지 않는다. 배주는 대포자엽의 가장자리에 2-8개가 있고, 성숙한 종자는 크고, 약간 납작하며, 밝은 색의 육질로 된 외피 층으로 싸여 있는 것이 특징이다(Judd *et al*., 2008). 사진4-3의 C에서처럼 소포자(pollen)를 내는 소포자낭들은 소포자낭수의 소포자엽의 배쪽(아래쪽, abaxial)에 있다.

소철속의 식물들은 마다가스카(Madagascar), 아프리카, 남동 아시아, 말레이시아, 호주, 폴리네시아에 주로 분포하며, 숲이나 열대 지방의 초원(savannas)에서도 발견된다. 소철과 내의 여러 종들이 화재에 내성을 보이는데, 그 이유는 정단 분열 조직이 지하에 있거나 상록성 잎의 엽저에 의해 보호되기 때문이다.

한국의 제주도나 전남지방에서 생육하는 소철(*Cycas revoluta* Thunb.)은 성상이 야자수형으로서 줄기가 분지되지 않으며, 엽저 부분이 남아 목본성 줄기를 덮고 있고, 살아 있는 잎은 줄기 꼭대기 부분에 모여서 난다.

A: 줄기 끝에 나온 소포자낭수 하단부   B: 소포자엽 윗부분(adaxial)과 수분   C: 소포자엽 아랫부분
                                        매개자 딱정벌레류

>사진 8-1. **소철과 소철의 숫생식기관 구조.**
B에서 소포자낭은 보이지 않는다. C: 소포자엽의 아랫부분(abaxial)에 소포자낭이 달려 있다.

소철은 자웅이주(dioecious)이고 주로 딱정벌레류(사진8-5 B)에 의해 수분이 된다.

A: 암나무 대포자엽   B: 대포자엽 사이로 보이는 소철종자   C: 소철의 종자 확대

>사진 8-2. 소철과(Cycadaceae) 소철속(*Cycas*)의 암생식기관과 종자.

은행나무목 Ginkgoales

은행나무과 Ginkgoaceae; Maidenhair–Tree Family

은행나무(*Ginkgo biloba* L.)의 최초의 화석은 고생대 이첩기 페름기(Permian)의 것으로 알려져 있고 중생대 쥐라기(Jurassic)에 전성기를 이뤘다(이창복, 2007). 화석의 잎과 현재의 잎을 비교했을 때 그 긴 진화적 역사 동안에도 거의 변하지 않았다. 현존하는 은행나무는 1목 1속 1종이지만, 은행나무의 멸종된

>사진 8-3. 밑에서 바라본 은행나무 성상.

근연 분류군들로서 세 개 정도의 과(科)가 있었고 그 안에 여러 종들이 넓게 분포했을 것이라고 여겨진다(Judd *et al.*, 2008). 수고는 보통 30 m로 자라지만 60 m정도까지도 자라는 것으로 알려져 있다. 한국에는 천연기념물 제30호로 지정된 용문사 은행나무가 있으며 수령은 1,100년으로 추정된다. 은행나무의 잎은 부채형이며 봄과 여름에는 녹색이었다가 가을에는 밝은 노란 색으로 된 후 낙엽이 된다. 낙엽이 되면 가지에 엽흔과

더불어 두 개의 관속흔이 남는다. 수관은 약간 비대칭을 이루고 수피는 골이 지는 회색이다. 은행나무에 수지구는 없다.

>사진 8-4. 차상맥을 보이는 은행나무의 잎.

잎은 차상맥(dichotomously veined)으로 독특한 맥을 가지며, 부채 모양의 단엽으로 장지(long shoot)에서는 호생으로 나며, 단지(short shoot)에서는 총생하듯 모여난다. 잎은 학명의 종소명에서처럼 보통 두 개로 결각(bilobed)이 지거나 결각이 지지 않기도 하고 여러 개로 갈라지기도 한다. 이처럼 잎이 넓게 나오는 것은 대부분의 다른 나자식물이 침형, 송곳형, 선형, 인형 등으로 나오는 것과는 다른 특징이다. 즉, 나자식물은 곧 침엽수라는 오류를 범하지 않도록 해야 할 것이다.

은행나무는 아주 드문 경우를 제외하고는 자웅이주이다. 그리고 성염색체를 가지는 드문 식물 분류군 중 하나이다. 암나무는 두 개의 X염색체(XX)를 가지고, 수나무는 XY염색체를 가진다. 은행나무는 소철류와 마찬가지로 정자가 자동성이기 때문에 소포자관(pollen tube)이 나오지 않는 원시적 특징을 지닌다. 사실 은행나무는 현존하고 있는 다른 어떤

>사진 8-5. 은행나무의 단지에 모여 나는 잎.

나자식물과도 가까운 근연을 나타내지 않고 있다. 은행나무는 봄에 바람에 의해서 수분되는데, 수정되기까지는 4-7 개월 정도가 걸린다. 성숙한 종자를 감싸는 육질의 가종피에 육즙이 있고 강한 냄새를 내는 것을 볼 때 그 것을 식용하던 동물이 있었다가 멸종된 것으로 여겨진다(Judd *et al.*, 2008).

봄에 수나무의 단지(short shoots; spur shoots)에서 새 잎이 나올 때 숫생식기관인 소포자낭수(pollen strobili)가 길게 매달린다. 소포자낭수의 가운데 축을 중심으로 하여 여러 개의 소포자낭이 있으며, 소포자낭이 열리고 소포자(pollen)가 나오게 된다. 성숙한 소포자가 나온 후에 소포자낭수는 바닥으로 떨어져 버린다(사진8-6). 은행나무의 소포자 본체에는 소나무속 등에서 발견이 되는 기낭이 달려있지 않다.

은행나무 암나무의 단지에서 봄철에 잎이 나오면서 함께 배주가 달린다. 은행나무는 성숙 발달하여 종자가 되는 배주가 사진8-7에서처럼, 공기 중에 나출되어 있다. 즉, 피자식물의 배주가 자방에 들어가 있는 것과는 상반된다는 것을 알 수 있다. 은행은 배주병(자루)에 두 개의 배주가 달리는 것이 보통이나 간혹 세 개의 배주가 달리기도 한다. 두 개의 배주가 모두 성숙하여 씨앗이 되기도 하고 간혹 그 중 하나만이 성숙하여 씨앗이 되기도 한다. 가을철에 노랗게 익은 은행은 열매가 아닌 종자(씨앗)이라는 것을 염두에 두어야 할 것이다. 열매란 피자식물에서 자방이 성숙 발달하여 만들어진 것이기 때문이다.

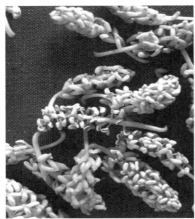  

A: 바닥에 떨어진 소포자낭수들

B: 소포자낭수에 열리기 전의 소포자낭들이 있음.

C: 일부가 열린 소포자낭(소포자가 이미 나가고 비어 있음).

>사진 8-6. 은행나무의 숫생식기관.

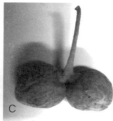

>사진 8-7. **은행나무의 배주와 종자(씨앗).**
A: 암나무 단지에 잎과 함께 달린 배주(배주병에 두 개의 배주가 보임).
B: 두 개의 배주 모두 종자로 성숙해 가는 과정. C: 두 개의 배주가 모두 씨앗으로 성숙한 경우.
D: 두 개의 배주 중 하나만 종자로 성숙하고 있는 경우, E: 배주 한 개만 씨앗으로 성숙한 경우.

종구식물목 Coniferales; Conifers

종구식물목은 지구상에 현존하고 있는 나자식물 중에서 가장 큰 그룹이며 경제적으로도 매우 중요한 분류군이다. 한국인에게 친근한 소나무(*Pinus densiflora*), 잣나무

(P. *koraiensis*), 젓나무(*Abies holophylla*), 구상나무(*A. koreana*), 측백(*Platycladus orientalis*), 향나무(*Juiperus chinensis*) 등이 모두 이 그룹에 속해 있다. 이 그룹에 속하는 식물들은 대부분이 종구(種毬; cones)라는 분화된 구조에 씨앗(seeds)을 내기 때문에 종구식물(conifers)이라고 불린다. 종구는 어린 배주(ovules) 그리고 그 배주가 성숙해서 되는 씨앗(seeds)을 보호하고 수분과 씨앗의 분산을 촉진시키는 역할을 한다. 종구의 구조는 하나의 축에 분화된 짧은 순(shoots), 즉 배주가 달리는 대포자엽(ovulate scales)이 여러 개가 달린다(Judd *et al.*, 2008). 배주가 놓이게 되는 이런 종린(種鱗)은 측백나무과에서는 포린(포; bracts)과 함께 다소 융합되어있다. 소나무과에는 두 개의 배주가, 측백나무과에서는 두 개 이상의 여러 배주가 각각의 종린에 놓인다. 그림8-1에서 보는 소나무과의 포린(bracts)은 곧 떨어져 버리며, 배주의 주공(micropyle)이 암종구의 축(axis)쪽으로 향해있어 즉 배주가 거꾸로(inverted) 되어있는 것(도생배주; 倒生胚珠)을 확인할 수 있다.

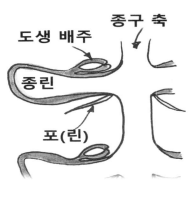
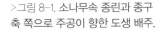

>그림 8-1. 소나무속 종린과 종구 축 쪽으로 주공이 향한 도생 배주.

>사진 8-8. 스트로브잣나무 성숙한 종구(cone).

종구식물 중 소나무과와 측백나무과의 종린은 사진8-8에서처럼 성숙했을 때 대부분 목본성이거나 혁질이다. 측백나무과의 향나무속(*Juiperus*)의 종구는 다소 육즙이 있고 밝은 색을 띄기 때문에 마치 피자식물의 장과(berry) 비슷한 모습을 보인다. 주목과에는 육즙이 있는 가종피(aril)가 완전히 씨앗을 감싸는 비자나무속(*Torreya*) 또는 부분적으로 씨앗을 감싸는 주목속(*Taxus*)이 포함된다. 역시 이들도 열매라고 부르면 그르다.

종구식물은 약 3억 년 전인 석탄기시대로 거슬러 올라가게 된다. 지구상에 현존하고 있는 종구식물의 많은 과들이 중생대 첫 번째 시기인 트라이아스기(Triassic) 또는 쥐라기(Jurassic) 초기에 발달되었으며, 지금은 주로 소나무류, 가문비나무류, 전나무류 등이 북미와 아시아 등의 아한대 숲과 같은 서늘한 지역에만 남아 있다. 다른 종구식물들, 특히 아라우카리아과(Araucariaceae), 측백나무과, 나한송과 등이 남반구의 서늘한 지역에 분포하고 있다(Judd *et al.*, 2008).

종구식물의 수분은 주로 바람에 의해서 이뤄지며, 바람에 날리는 소포자를 붙잡기 위해 수분되는 시기에 배주에서 끈적끈적한 물질(pollination droplet)이 나온다. 소나무과의 대부분의 소포자는 두 개의 기낭(saccae)을 가지고 있다(Song *et al.*, 2012). 이로 인해 바람에 멀리 잘 날리게 되므로 수분하는데 효과적이다. 하지만, 모든 종구식물의 소포자가 기낭을 가지고 있는 것은 아니다. 잎갈나무속(*Larix*), 미송속(*Pseudotsuga*) 식물들은 이런 기낭이 없으며, 솔송속(*Tsuga*) 내에서도 두 종을 제외하고는 기낭이 없다(Judd *et al.*, 2008).

지구상에 현존하고 있는 종구식물에는 7개의 과, 60-65개의 속, 600여 종의 분류군이 남아 있다(Judd *et al.*, 2008).

종구식물목은 소나무과와 그 외의 나머지 분류군으로 크게 나눌 수 있다. 소나무과는 씨앗에 날개가 없거나 날개가 달린다면 정단부에 길게 있고 배주(ovules)가 도생배주인 특징을 가지고 있다. 그 외의 나머지 분류군은 다시 종린이 씨앗과 밀접하게 연관되어 있고 종린 당 배주가 하나가 있는 아라우카리아과(Araucariaceae)와 그 외의 나머지 분류군으로 나뉜다. 마지막 분류군들은 다시 금송과, 주목과, 개비자나무과, 측백나무과(과거의 측백나무과와 낙우송과를 한 과로 통합)로 나뉜다. 금송과는 과거의 낙우송과에서 독립되어 나온 과이다. 측백나무과는 종린 당 배주가 한 개에서 20개 정도가 놓이고 씨앗에는 날개가 없거나 있다면 양쪽에 좁은 날개가 있다. 측백나무과에는 소포자낭이 두 개에서 10개정도가 있다(Judd *et al.*, 2016). 또한 주목과와 개비자나무과(개비자나무속 단일 속으로 구성됨)는 서로 밀접하게 연관된 분류군으로서, 최근의 연구에 의해 개비자나무과를 주목과로 통합해야 한다는 의견이 있다(Ghimire *et al.*, 2018).

소나무과 Pinaceae Adanson; Pine Family

소나무과의 식물은 주로 교목이며, 수피와 잎 등에서 강한 냄새를 낸다. 이는 목재와 잎에 수지구(resin canals)를 가지고 있기 때문이다. 가지는 윤생 또는 대생하며 드물게 호생하기도 한다. 잎은 단엽으로 선형(linear) 또는 침형(needlelike)이며 드물게 좁은 난형(narrowly ovate)으로 나오기도 한다. 소나무속에는 잎이 보통 두 개에서 다섯 개가 속생하며, 소나무과 식물은 대부분 상록성이지만 잎갈나무속(*Larix*)과 *Pseudolarix*속에서처럼 잎이 낙엽성인 식물도 있다.

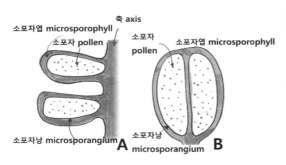

A: 종단면으로 본 소포자낭수 축에 달린 소포자엽 두 개.
B: 소포자엽의 아래쪽에서 본 두 개의 소포자낭 횡단면.

>그림 8-2. 소나무속 소포자낭수와 소포자엽.

A: 소나무의 어린 암종구(성숙하면 솔방울이 됨).
B: 잣나무에 난 여러 개의 소포자낭수.

>사진 8-9. 소나무속 생식기관.

소나무과의 생식기관은 단성이지만, 두 기관이 모두 한 개체에 나오므로 자웅동주이다. 이 중 숫생식기관인 소포자낭수(microsporangiate strobili)는 나선상으로 배열되며,

좌우대칭으로 소포자엽이 축에 달린다(그림8-2 A). 그림8-2의 B에서처럼, 소포자엽의 아래쪽(abaxial surface)에 소포자낭 두 개가 있고 각각의 낭속에 두 개의 기낭(saccae)을 갖는 소포자들이 들어 있다. 소포자엽의 배쪽에 소포자낭이 있다는 것을 이해하기 위해서는 등쪽(위쪽; adaxial)과 배쪽(아래쪽; abaxial)이란 개념을 정확하게 이해할 필요가 있다(그림4-2).

소나무과의 암종구(female cone)는 포린과 종린이 함께 축에 나선상으로 배열되며, 성숙해도 종린편이 떨어 지지 않고 축에 그대로 붙어있는 경우가 대부분이지만(사진 8-10 D), 젓나무속(*Abies*), 개잎갈나무속(*Cedrus*)(사진8-10 A), *Pseudolarix*속의 종린은 성숙했을 때 떨어져 버린다. 포린(bracts)은 종린과 융합되어 있지 않으며, 종린보다 길거나 훨씬 짧을 수도 있다. 종린의 위쪽(adaxial surface) 놓이는 두 개의 배주는 2-3년 걸려서 씨앗으로 성숙한다. 씨앗의 정단부에 긴 날개가 있으며(사진8-11 F) 이는 종구 종린의 조직으로부터 기인되었다. 소나무속의 일부 종에는 잣나무에서처럼 날개가 없거나(사진8-10 C), 줄어든 것도 있다. 소나무과 종자 내의 배(embryo)는 곧고, 떡잎(자엽)은 2-18개 정도가 있다.

소나무과의 식물은, 한국이 포함되는 북반구에 거의 제한되어 분포한다. 동아시아에서너 개의 속이, 주로 북아프리카, 히말라야에는 개잎갈나무속(*Cedrus*)이 분포하며, 나머지 소나무과의 주요 속인 6개의 속은 북반구에 넓게 분포한다. 잣나무의 씨앗(잣)을 비롯하여 소나무속의 종자는 많은 종류의 새와 다람쥐, 청설모 등 설치류의 중요한 식량원이 되고 있다(Judd *et al.*, 2008).

소나무과에는 전세계적으로 10속 220종이 있으며, 이 중 소나무속(*Pinus*)에 100여 종이 있어 가장 큰 속이다. 소나무속 중 우리나라에서 잘 자라는 종으로 소나무, 잣나무 등이 있다. 젓나무속(*Abies*)에는 한국의 젓나무와 구상나무를 비롯해서 40종이 있고, 잎갈나무속(*Larix*)에 10종이, 솔송나무속(*Tsuga*)에 10종, 한국에는 없는 미송속(*Pseudotsuga*) 약 5종이 있다(Judd *et al.*, 2008).

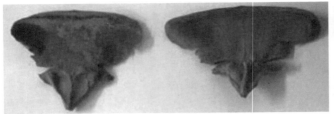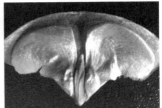

A: 개잎갈나무의 성숙한 종구에서 떨어진 종린
(왼쪽: 씨앗이 놓이는 종린의 등쪽(adaxial), 중앙: 종린의 배쪽(abaxial), 오른쪽: 종린 등쪽에 놓인 종자 두 개)

B: 왼쪽: 버지니아소나무의 종린이 벌어진   C: 잣(잣나무의 종자이며 날개 없음)
　　암종구,

D: 잣나무의 성숙한 암종구   E: 잣나무의 암종구 종린 등쪽
　　　　　　　　　　　　　　　　　　　　　(두 개의 씨앗이 놓였던 자리가 움푹해져 있음)

>사진 8-10. **소나무과의 암종구와 종자.**

소나무과에서 가장 많은 종이 포함된 소나무속만 소나무과(Pinaceae)로, 소나무과의 그 외 다른 나머지 속들을 한 그룹으로 묶어서 젓나무과(Abietaceae)로 해야 한다는 의견이 있으며(Hardin *et al.*, 2001), 가장 최근의 데이터에 의하면 소나무과는 두 개의 아과(소나무아과와 젓나무아과)로 나눠진다. 개잎갈나무속(*Cedrus*)은 젓나무아과의 자매 그룹이며 젓나무아과에는 젓나무속(*Abies*), *Keteleeria*, *Pseudolarix*, 솔송나무속(*Tsuga*)이 속한다. 소나무아과에는 *Cathaya*, 잎갈나무속(*Larix*), 가문비나무속(*Picea*), 소나무속(*Pinus*), 미송속(*Pseudotsuga*)이 속한다(Judd *et al.*, 2016).

한국에서 관찰할 수 있는 소나무과 주요 속에 대한 검색표는 다음과 같이 작성될 수 있다.

>표 8-1. 한국에서 생육하고 있는 소나무과의 속(genus) 수준의 검색표

1. 엽형이 침형이다.
　　2. 두 개 이상의 잎이 속생한다. ························ 소나무속
　　2. 잎이 장지에서는 한 개씩 단지에서는 총생한다. ··············· 개잎갈나무속
1. 엽형이 선형 또는 송곳형이다.
　　3. 잎이 송곳형 잎이며 암종구 길이가 6 cm 이상이다. ············· 가문비나무속
　　3. 선형 잎이다.
　　　　4. 낙엽성이다. ····································· 잎갈나무속
　　　　4. 상록성이다.
　　　　　　5. 잎이 미요두이며, 성숙한 암종구의 종린이 붙어 있다. ·········· 솔송나무속
　　　　　　5. 잎이 뾰족하고 갈라지거나 갈라지지 않으며, 암종구가 곧추 서며
　　　　　　　　종린이 떨어진다. ······························· 젓나무속

○ 젓나무속(*Abies* L.)

젓나무속에는 한국 특산종인 구상나무(*Abies koreana* E. H. Wilson)가 들어있다. 구상나무가 가장 많이 자라고 있는 곳은 제주도의 한라산 표고 1,500 m에서 정상까지 약 2,800 ha 정도이다.

전나무속 식물로는 약 40종이 있으며, 나무의 가지는 윤생하고 수평으로 퍼진다. 수피는 오랫동안 밋밋하다가 성숙하면서 갈라져 터진다. 잎이 떨어진 자리는 밋밋하다. 동아에는 수지가 있는 종이 많다.

전나무속 식물의 잎은 선형(linear)이며 나선상으로 달리고 옆으로 나는 측지에서는 깃처럼 배열된다. 뒷면에 백색으로 된 두 줄의 기공조선이 있다.

자웅동주로서 소포자낭수는 난형 또는 원통형이며 가지의 윗부분에 액생하며, 암종구는 난형 또는 긴 타원형으로 곧추선다. 소나무과의 전형적인 특징으로서 전나무속은 암종구의 종린 당 두 개의 배주가 종린의 등쪽에 놓인다. 성숙한 암종구의 종린은 거꾸로 된 삼각형 모양의 부채꼴이며, 포는 성숙하면 완전히 떨어진다. 종자는 난형 또는 긴 난형으로서 앞면에 큰 지낭(脂囊)이 두 개가 있고 날개는 얇고, 목재에는 수지구가 없고, 배의 자엽은 4-10개 정도이다(이창복, 2007).

한국의 소나무과 전나무아과 전나무속의 대표적인 네 가지 종의 특징을 보면 다음과 같다. 먼저 수피가 거칠고 새 가지에 털이 없는 '전나무'와 '일본전나무'를 한 그룹으로 묶고, 수피가 밋밋하고 새 가지에 털이 있는 '분비나무'와 '구상나무'를 한 그룹으로 묶을 수 있다. 첫 번째 그룹에서 '전나무'는 성숙한 암종구의 길이가 10 cm 이상이며 엽두가 뾰족한 특징이 있으며, 나머지 형질은 '전나무'와 비슷하지만 엽두가 뭉툭하고 새 가지의 엽두가 갈라지면 '일본전나무'이다. 수피가 밋밋하고 새 가지에 털이 있는 두 번째 그룹은 엽두가 약간 갈라진다. 이중 선형 잎이고 암종구가 달리는 가지의 잎의 길이가 15 mm이며 암종구의 포의 끝이 뒤로 젖혀지지 않으면 '분비나무'이고, 나머지 형질은 '분비나무'와 비슷하지만 도피침상 선형 잎이고 암종구가 달리는 가지의 잎 길이가 14 mm 이하이며, 암종구의 포 끝이 뒤로 젖혀지면 한국특산종인 '구상나무'이다.

○ 개잎갈나무(*Cedrus deodara* Loudon)
개잎갈나무보다는 '히말라야시다'라고 일반인에게 더 많이 알려진 수종으로서 히말라야지역의 주요 경제수종이지만 천근성이라 태풍 등에는 약한 편이다. 한국에는 1926-1932년경에 도입된 것으로 여겨지며, 한국에서는 수고가 15 m 정도로 자라고 자생지에서는 높이가 90 m에 달하는 상록교목이다(이창복, 2007).

개잎갈나무의 수간(trunk; stem)은 나자식물의 전형적인 특징으로서 수고의 끝까지 곧게 자라는 편이며 가지는 약간 밑으로 처지면서 옆으로 퍼지기 때문에 전체적인 수관(crown)의 모습은 원추형을 나타낸다. 수피는 회갈색으로 갈라진다. 약 3 cm정도 길이의 바늘형 잎이 장지에서는 하나씩 나고, 단지에서는 여러 개가 속생한다.

이 속의 생식구조는 단성이지만, 두 구조가 한 개체 내에 다 나오는 자웅동주이다. 한국에서는 늦가을인 10월에서 11월 정도에, 잎 길이와 비슷한 길이의 원주형의 소포자낭수에서 소포자가 나오며, 타원형의 암종구는 길이가 10 cm 정도이며 겉이 밋밋하고 종린은 펼친 부채꼴이며 성숙하면 떨어진다. 종린에 두 개씩 놓였던 배주는 성숙해서 정단부에 날개가 달리는 씨앗(사진8-10 A)으로 된다. 이 속은 소포자낭수와 암종구가 모두 곧추서는 특징을 지닌다.

○ 잎갈나무속(*Larix* Mill.)
이 속의 식물로는 10종이 북반구의 한대에서 자라는데, 잎갈나무는 금강산 이북에서 자라고, 일본에서 들어온 한 종(낙엽송)이 용재수로 식재되고 있다. 전자는 종린이 25-40개 정도이고 끝이 곧으며, 후자는 종린이 훨씬 많아 50-60개가 있고 끝이 뒤로 젖혀지는 특징을 가지고 있다.

잎갈나무속은 낙엽이 진다는 점에서 소나무과의 다른 속과 다르며, 유연성이 있는 선형(linear) 잎이 긴 가지에서는 하나씩 나선상으로 나고 단지에서는 총생하여 퍼진다. 기공조선이 양쪽에 있는데, 뒷면에만 있는 것도 있다. 기공조선은 육안 관찰이 용이하지는 않다.

이 속의 식물들도 자웅동주로서 단성 생식구조가 짧은 가지 끝에 달린다. 소포자낭수는 원형이고 노란색이며 어린 암종구도 원형이고 각 종린 당 등쪽에 두 개의 도생배주가 놓이고, 암종구가 성숙하면 곧추서며, 종린이 떨어지지 않는다. 포린 끝이 바깥쪽으로 나타나며, 종자는 정단부에 날개를 달고 있고 당년에 익으며, 배유가 있고 자엽은 6개 정도가 있다(이창복, 2007).

○가문비나무속(*Picea* A. Dietr.)

A: 어린 새 순과 잎

B: 송곳형 잎

C: 곧추 서는 어린 암종구

D: 성숙하고 있는 암종구

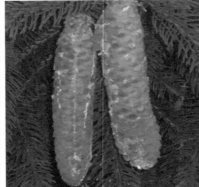
E: 성숙한 암종구에 흘러내린 송진이 보임

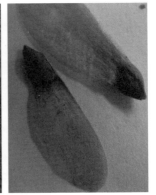
F: 정단부에 날개가 달린 종자

>사진 8-11. 소나무과 독일가문비(*Picea abies*, Norway spruce).

이 속의 나무에는 송곳형(subulate)의 상록 잎이 나선상으로 달리는데 측지에서는 깃처럼 배열되며, 보통 사각형으로서 각 면에 기공조선이 있고, 양쪽에 두 개의 수지구가 있지만 없는 경우도 있다. 상록교목으로 소지에 엽침(葉枕)이 발달하며, 엽침 사이에 홈이 있다. 동아의 인편은 복와상(覆瓦狀)으로 둘러싸고 수지가 있거나 없다.

생식구조는 단성이지만, 이 속(genus)도 역시 두 구조가 한 개체 내에 다 나오는 자웅동주이다. 숫생식구조인 소포자낭수는 전년생 가지의 엽액(葉腋)에 나고 소포자엽에 두 개의 소포자낭이 있으며, 소포자엽은 축에 나선상으로 배열한다. 암생식구조인 암종구는 보통 중부 이하의 가지 끝에 나고, 녹색 또는 자주색의 종린이 종구의 축에 나선상으로 배열된다. 각 종린에 두 개의 도생배주(倒生胚珠)와 한 개의 포린(bract)이 달린다. 암종구는 어릴 때는 곧추서다가 성숙하면 밑으로 처지며, 종린은 떨어지지 않으며, 종린 당 두 개의 씨앗이 있고, 정단부에 날개가 있고, 지낭(脂囊)은 없다(이창복, 2007).

○ 소나무속(*Pinus* L.)

종구식물목 식물 중 100여 종이 속하는 가장 큰 분류군으로서 주로 상록교목이지만, 간혹 관목의 성상을 보이기도 한다. 주로 북반구의 온대나 열대의 산악지방에 널리 분포하고, 목재생산을 포함한 경제수종이 많이 포함되어 있다. 또한 펄프의 재료로 쓰거나 테레핀유와 송진 등을 생산한다.

소나무속의 식물은 침형 잎이 보통 두 개에서 다섯 개 정도가 속생하며, 잎을 횡단했을 때 관속은 소나무아속에서는 주로 두 개가 잣나무아속에서는 주로 한 개가 있다. 그리고 두 개 이상의 수지구가 있다. 소나무(*Pinus densiflora*; 적송; 육송)나 곰솔 (*P. thunbergii*; 해송)과 같이 잎집 당 잎 두 개가 속생하기도 하고, 리기다소나무(*P. rigida*)나 백송(*P. bungeana*)과 같이 잎집 당 잎 세 개가 속생하기도 한다. 잣나무(*P. koraiensis*), 섬잣나무(*P. parviflora*), 스트로브잣나무(*P. strobus*)처럼 한글 향명이 'OO잣나무'라면 잎집 당 바늘 잎 다섯 개가 속생하는 경우이다.

소나무과의 대부분의 속에서처럼 소나무속의 생식구조는 단성이고 이 두 구조가 한 개체 내에 나오는 자웅동주이다. 숫생식구조인 소포자낭수는 새 가지의 밑 부분에 달리며, 소포자엽 당 두 개의 소포자낭이 소포자엽의 밑 부분(abaxial surface)에 있다. 봄철에 소포자를 내며, 소포자는 두 개의 기낭을 가지고 있어 소포자가 바람에 멀리 효과적으로 날리도록 되어 있다. 소나무속은 다른 많은 나자식물과 같이 중생대에 지구상에서 전성기를 이룰 때는 지금처럼 매개자 곤충인 벌이나 나비가 없었고 그들의 도움 없이도 수분하기 위해 엄청난 양의 소포자를 냈을 것이다. 암생식구조인 암종구는 보통 새 가지 끝에 한 개에서 여러 개가 달리며 암종구의 축에 나선형으로 포린이 달리고 그 윗부분에 종린(실편, ovulate scales)이 달린다. 각 종린에는 두 개의 도생배주(倒生胚珠)가 달리고, 포린은 곧 떨어지지만 종린은 암종구가 성숙해도 떨어지지 않는다(Judd *et al.*, 2008).

암종구의 종린에 놓인 두 개의 배주는 씨앗으로 성숙하며, 잣나무에서처럼 씨앗에 날개가 없거나, 있다면 소나무에서처럼 정단부에 하나씩 달리고 씨앗이 성숙하는데 보통 2-3년 정도가 걸린다. 자엽은 3-18개이고 배유가 있다(이창복, 2007).

지구상에서 생육하는 가장 오래된 나무는 소나무과 소나무속에 있으며, 흔히 강털소나무(Great Basin bristlecone pine; *Pinus longaeva*)라고 불리는 나무가 미국 네바다(Nevada)주 Wheeler Peak에 있으며 수령은 5천년으로 알려져 있다.

○ **솔송나무(*Tsuga diversifolia* (Maxim.) Mast.)**
한국의 울릉도에서 자생하고 있는 종이며, 관상용으로서 가치가 높아 내륙 지방에서 많이 식재하는 편이다. 수고가 30 m까지 자라는 상록교목이다. 가지는 수평으로 약간 밑으로 처지게 자라며, 수관은 난원형으로 발달하는 편이다. 소지에 털이 없고 동아는 난원형으로서 끝이 뾰족하고 털이 없다.

솔송나무의 잎은 윤채가 나는 녹색의 선형(linear)으로 길이와 너비가 각각 1-2 cm,

2.5-3 mm 정도이며 엽두가 미요두이다. 잎의 앞면은 음각으로 주맥이 뚜렷하고, 잎의
뒷면은 두 줄의 하얀 기공조선이 선명하여 육안으로 쉽게 관찰되고, 1 mm 정도의 엽병
(petiolate on peg)이 있는 것이 특징이다.

숫생식구조인 소포자낭수는 위를 향하고 암생식구조인 어린 암종구는 밑을 향한다.
보통 5월 정도에 소포자가 나와 수분하며, 암종구는 10월 정도에 성숙한다. 성숙한 암종
구는 타원형 내지는 난형이며, 길이와 지름이 각각 2-2.5 cm, 1.5 cm이며 대가 있다. 종
자는 길이가 4 mm 정도이고 겉에 수지 딱지가 있고 날개가 씨앗의 정단부에 있으며, 생
식구조는 나무의 수령이 20년생부터 나오기 시작하지만, 실한 종자는 수령 30년생 이상
부터 가능한 것으로 알려져 있다(이창복, 2007).

>표 8-2. 한국에 생육하는 소나무과의 주요 종의 학명과 향명
(속명의 알파벳 순서로 정리하였고 속명앞의 *표시는 도입종, 어둔 바탕에 표기된 종은 개명이 된 경우임)

Pinaceae 소나무과
*Abies firma Siebold et Zucc. 일본젓나무
Abies holophylla Maxim. 젓나무 (전나무) Needle fir
Abies koreana E. H. Wilson 구상나무 Korean fir
Abies nephrolepis (Trautv.) Maxim. 분비나무 Khingan fir
*Cedrus deodara Loudon 개잎갈나무
Larix gmelinii (Rupr.) Kuzeneva 잎갈나무 Dahurian larch
*Larix kaempferi (Lamb.) Carrière 일본잎갈나무 (낙엽송)
*Picea abies (L.) H. Karst. 독일가문비 Norway spruce
Picea jezoensis (Siebold et Zucc.) Carrière 가문비나무 Dark-bark spruce
Picea koraiensis Nakai 종비나무 Korean spruce
*Pinus banksiana Lamb. 방크스소나무
*Pinus bungeana Zucc. ex Endl. 백송
Pinus densiflora Siebold et Zucc. 소나무 Korean red pine
Pinus densiflora f. multicaulis Uyeki 반송 Many-stem Korean red pine

Pinus koraiensis Siebold et Zucc. 잣나무 Korean pine

*Pinus palustris Mill. 왕솔나무

Pinus parviflora Siebold et Zucc. 섬잣나무 Ulleungdo white pine

Pinus pumila (Pall.) Regel 눈잣나무 Dwarf Siberian pine

*Pinus rigida Mill. 리기다소나무

*Pinus strobus L. 스트로브잣나무

*Pinus sylvestris L. 구주소나무

Pinus tabulaeformis Hort. ex K. Koch Dendrol. 만주곰솔 Manchurian red pine

*Pinus taeda L. 테에다소나무

Pinus thunbergii Parl. 곰솔 Black pine

Tsuga diversifolia (Maxim.) Mast. 솔송나무 Ulleungdo hemlock

A: 소포자낭수   B: 확대된 소포자낭수

C: 어린 암종구

D: 봄철의 신초

E: 소포자낭수

F: 곧추서는 암종구

G: 성숙한 암종구

>사진 8-12. **소나무과의 소나무속(*Pinus*)과 개잎갈나무속(*Cedrus*).**
A–B: 백송(*Pinus bungeana*), C–D: 곰솔(*P. thunbergii*), E–G: 개잎갈나무(*Cedrus deodara*).

A: 나선상으로 난 잎　　B: 미요두의 선형 잎　　C: 잎 아래　　D: 곧추선 암종구

E: 선형 잎과 곧추선 암종구　　F: 소포자낭수　　G: 미요두 잎과 소포자낭수 확대

H: 단지에서 모여나는 낙엽성 선형 잎　I: 소포자낭수　　J: 어린 암종구　　K: 성숙한 암종구

>사진 8-13. 소나무과의 젓나무속(*Abies*)과 잎갈나무속(*Larix*).
A–D: 구상나무(*Abies koreana*). E: 젓나무(*A. holophylla*). F–G: 일본젓나무(*A. firma*). H–K: 낙엽송(*Larix kaempferi*).

측백나무과 Cupressaceae S. F. Gray; Cypress or Redwood Family

엽저에서 차이를 보이기 때문에 오랫동안 낙우송과(Taxodiaceae)와 측백나무과
(Cupressaceae s. s. 여기서 's. s.'는 라틴어 'sensu stricto'로서 좁은 의미라는 뜻)로 분리
되었었다. 낙우송과는 대부분 나선형이고 선형 잎이며, 측백나무과는 인형 잎이 대생
하거나 선형 잎이 윤생한다. 하지만 낙우송과에 속하던 수송속(Metasequoia)은 잎이
대생하고, 같은 과에 속하던 Athrotaxis속은 인형 잎이다. 독립이 되었던 이 두 과는 지
금은 하나로 통합되어 측백나무과(Cupressaceae s. lat. 여기서 's. lat.'는 라틴어 'sensu
lato'로서 넓은 의미라는 뜻)로 되었다(Hardin et al., 2001; Judd et al., 2002; Judd et
al., 2008).

수령이 가장 높은 나무(강털소나무; Pinus longaeva, 5,000년생)가 소나무과에 있다면,
측백나무과에는 세상에서 가장 수고가 높은 종(Sequoia sempervirens, 수고 112 m, 직경
6.7 m)이 있는데, 흔히 레드우드(redwood)라고 불리는 종이다(Judd et al., 2008).

측백나무과의 성상은 주로 교목이며 때로 관목으로 나타나기도 한다. 측백나무과의
수종은 목재 그리고 잎에서 흔히 향기가 난다. 수간의 수피가 흔히 섬유상이며, 성숙한
고목의 경우 수피가 세로로 길게 벗겨지거나 블록모양을 형성하기도 한다.

이 과의 세 개의 속에서는 잎이 낙엽성이지만 나머지의 속에서는 상록성 잎이며, 단엽
이다. 잎이 나선상이거나 잎 밑 부분이 뒤틀려서 2열 배열처럼 보이며, 한국에서 생육하
는 종들은 대생, 호생, 또는 윤생의 엽서를 가지며, 인형 잎인 경우에는 잎들이 서로 아주
가깝게 들러 붙어있고 잎의 길이는 1 mm이하이다. 선형 잎인 경우에 길게는 3 cm 정도
까지이며, 수지구가 있다. 향나무속(Juniperus)에서처럼 송곳형 잎과 인형 잎이 한 개체
에 다 있어, 잎의 변이가 있는 종들이 있다. 생식구조는 단성이며, 향나무속은 자웅이주
(dioecious)이지만, 나머지 속은 자웅동주(monoecious)이다.

숫생식구조인 소포자낭수(microsporangiate strobili)에는 축을 중심으로 소포자
엽(microsporophylls)이 나선상(spiral) 또는 대생(opposite)으로 달리며, 소포자낭

(microsporangia)은 2-10개가 소포자엽의 아래쪽(abaxial surface)에 있다. 측백나무과의 소포자에는 기낭이 없다. 암생식구조인 암종구는 성숙하는데 일 년에서 삼 년이 걸리며, 암종구의 종린은 방패모양(peltate)이거나 기저 부분이 붙어있고 납작하다. 향나무속에서는 암종구가 육즙이 있는 것이 특징적이다. 종린은 포린과 융합되었고 낙우송속(*Taxodium*)을 제외하고는 성숙했을 때 암종구의 종린이 떨어지지 않는다. 암종구의 종린 한 개 당 배주는 1-20개가 종린의 위쪽(adaxial surface)에 놓이고, 곧추 선다(배주의 주공은 암종구 축에서 떨어진 쪽으로 향한다). 어떤 배주들은 나중에 결국 도생배주형(inverted ovules)으로 되기도 한다. 배주가 성숙해서 종자가 되면, 날개가 없기도 하고 날개가 있다면 좌우에 흔히 두 개 또는 세 개가 있다. 배(embryo)는 곧게 서며, 자엽은 2-15개가 있다.

A: 송곳형(subulate)의 어린 잎   B: 성숙한 인형(scale) 잎

D: 다소 육즙이 있는 성숙한 암종구

> 사진 8-14. 측백나무과(Cupressaceae) 향나무속(*Juniperus*) 잎과 생식구조.
> 잎이 송곳형(A)에서 인형(B)으로 되는 성장가소성을 보이고 있다.

측백나무과의 식물은 온대지역의 따뜻한 곳에서 선선한 곳까지 분포하며, 그 중 3/4에 해당하는 종들이 북반구에 나타난다. 약 16속 정도가 각각 하나의 종을 가지고 있으며, 이들의 분포지역은 좁은 편이다. 이 과에 속하는 종들은 다양한 서식지에서 자란다. 습지에서부터 건조 지역까지 자라고, 산악 지대에서는 해수면에서부터 높은 고도까지 자란다. 낙우송속(*Taxodium*)의 식물들은 흔히 물속에 서서 자라기도 한다. 따라서 뿌리가 숨을 쉴 수 있도록 물가에는 흔히 기근이 나와 있다.

측백나무과에는 29-32속 110-130종이 있다. 향나무속(*Juniperus*)이 68여 종, *Callitropis*속이 18종, *Callitris*속이 15종, *Cupressus*속이 12종, 편백과 화백이 포함된 *Chamaecyparis*속이 7종, 서양측백이 속한 *Thuja*속이 5종, 낙우송이 포함된 *Taxodium*속이 3종, *Sequoia*속이 1종, *Sequoiadendron*속이 1종, 측백속(*Platycladus*)에 한국의 측백 한 종, 수송속(*Metasequoia*)에 수송 한 종이 있다(Judd *et al.*, 2008).

측백나무과에 속한 많은 종들은 나자식물의 교목이 대부분 그런 것처럼, 나무의 수형이 원추형(사진8-20)을 주로 이룬다. 측백나무과의 나무들은 높은 가치의 목재를 생산한다. 특히, 삼나무속(*Cryptomeria*), 편백속, 향나무속, 낙우송속, 서양측백속은 집과 배를 짓고, 판넬(paneling)이나 데크(decking)를 만들거나 나무연필 재료로 그 쓰임새가 높다. 이런 나무들의 목재는 자연적 향기를 내고 좀이 먹는 것을 방지하여 가구재로도 많이 사용되며, 향수 제조에도 사용된다.

>사진 8–15. 측백나무과 낙우송(*Taxodium distichum*)의 원추형 수형.

○ **편백속**(*Chamaecyparis* Spach)

상록교목으로서 수피는 주로 세로로 갈라지며, 가지가 옆으로 자라고 소지가 편평하여, 약간 잎처럼 배열된다. 잎이 성장 가소성을 보여서, 어릴 때 송곳형(subulate)으로 나오다가 자란 후에는 난형 또는 4각형의 인형 잎으로 끝이 뾰족(화백)하거나 뭉뚝(편백)하며 가장자리는 밋밋한 잎이다. 소나무속에서처럼 편백속 식물의 잎 등에도 피톤치드(파이톤사이드; phytoncide)의 주원료인 휘발성 테르펜(terpene)유가 함유되어 있어, 나무 자체가 균이나 곰팡이로부터 스스로를 보호할 뿐만 아니라 인간의 산림욕을 위해 많이 사용된다.

단성 생식구조가 한 개체의 각 다른 가지에 달리는 자웅동주이며, 소포자낭수는 난형 또는 장타원형으로 노랗거나 갈색이며 때로 붉은 색인 것도 있다. 암종구는 둥글며 당년에 성숙하고, 종구의 종린은 6-12개이고 모양은 방패형이며 가운데 돌기가 있다. 약간 편평한 2-5개의 씨앗이 있으며, 날개가 있다. 두 개의 자엽이 있다(이창복, 2007).

편백속 식물은 북미, 일본, 대만에 여섯 종 정도가 있고, 한국에는 일본에서 들어와 널리 식재되고 있는 두 종, 편백(*Chamaecyparis obtusa* (Siebold et Zucc.) Endl.)과 화백(*C. pisifera* (Siebold et Zucc.) Endl.)이 있다. 편백은 인형 잎의 끝이 뭉뚝하고, 잎 뒷면의 기공조선이 관찰이 쉽지 않거나 영어 낱자 'Y'자 형으로 발달된 흰 색의 기공조선이 선명하게 나타나기도 한다. 종구는 1-2 cm로서 화백의 종구보다 큰 편이고 각 종린에 1-5개의 씨앗이 있다. 화백은 인형 잎의 끝이 뾰족하여 까끌까끌한 촉감이며, 잎 뒷면의 기공조선이 영어 낱자 'W' 형 또는 '나비타이' 모양으로 하얗게 잘 관찰된다. 성숙한 암종구의 크기는 7 mm 이하로 편백의 것보다 약간 작은 편이다.

A: 편백의 성숙한 암종구 (방패모양의 종린이 벌어졌음)

B: 편백의 가지 끝에 달린 소포자낭수(잎 뒷면의 Y자형 기공조선이 보임)

C: 화백의 잎 뒷면(W자형 기공조선)

D: 화백의 성숙한 암종구

>사진 8-16. **측백나무과 편백속(Chamaecyparis) 잎과 생식구조.**
A–B: 편백(C. obtusa (Siebold et Zucc.) Endl.), C–D: 화백(C. pisifera (Siebold et Zucc.) Endl.).

○ 삼나무(*Cryptomeria japonica* (Thunb. ex L.f.) D. Don)

한국에서 주로 조경수나 공원수로 식재하고 있는 삼나무는 상록교목으로서 수고가 45 m 이상으로 자라고 지름이 2 m 정도까지 자라며, 잎은 나선상으로 달리는데 다섯줄로 배열된다. 짧은 침처럼 보이는 송곳형(subulate)의 잎으로서 엽저부분이 줄기를 타고 밑으로 다소 흐르고, 엽두 부분은 약간 안으로 굽어 있고 길이는 12-25 mm 로 엽두 부분이 약간 좌우로 편평하고 앞과 뒤에 능선이 생기며, 육안 관찰은 어렵지만, 잎의 양면에 기공이 있다(이창복, 2007).

삼나무의 생식구조는 역시 단성이지만 자웅동주이다. 소포자낭수는 대가 없고 타원형이며 길이는 1 cm 정도이고 소지 끝에 배열되며, 암종구는 다른 소지의 끝에 달린다. 성숙한 암종구는 구형이며, 폭은 16-30 mm 정도이고, 20-30개의 목질상의 종린이 있고 윗부분이 퍼져 쐐기 모양이고 노출된 면의 가운데에 있는 한 개와 윗 가장자리 근처에 3-5개의 편평한 작은 가시가 곧거나 약간 젖혀지기도 한다. 갈색 장타원형의 씨앗은 각 종린 당 두 개에서 여섯 개 정도가 있고 좁은 날개가 양쪽에 있으며, 자엽은 두세 개 정도이다.

이 속에는 일본에서 들어온 삼나무(*Cryptomeria japonica* (Thunb. ex L. f.) D. Don)가 있으며, 양수로서 어릴 때 성장이 빠른 편으로 조림수종으로 많이 식재한 종이다. 소포자가 나오고 수분이 되는 시기는 3월 정도의 봄철이며, 암종구는 10월 정도에 성숙한다.

A: 원추형의 전체 수형   B: 안으로 다소 굽은 송곳형 잎

C: 소지 끝의 소포자낭수   D: 성숙 중인 암종구   E: 성숙한 암종구

> 사진 8-17. 측백나무과 삼나무속(*Cryptomeria*).
A, D, E: *C. japonica* cv. Barrabit's Gold, B-C: 삼나무(*C. japonica*).

○ 넓은잎삼나무(*Cunninghamia lanceolata* (Lamb.) Hook.)

넓은잎삼나무의 원산지는 중국, 대만, 베트남 북부, 라오스 등으로, 중국 젓나무(China fir)라는 영어 향명으로 불린다. 원산지에서는 수고가 50 m 이상 자란다. 상록교목으로서 원추형을 이루며 한국에서는 보통 수고 20 m 이상으로 자라는 종으로 선형(linear)의 잎은 나선상으로 달리지만 2열 배열로 보인다. 엽두는 점첨두이고 잎 뒷면에 두 줄의 흰색 기공조선이 선명하고, 잎의 길이는 5 cm 정도이고, 너비는 가장 넓은 엽저 부분이 3-5 mm 정도이다. 5년 정도 잎은 살아 있지만, 잎이 죽어서 갈색으로 변한 이후에도 상당히 오랫동안 나무에 달려 있다.

생식구조는 역시 단성으로서, 소포자낭수의 소포자낭은 타원형이며 그 길이는 2 mm 정도이고 소지 끝에 10-30개 정도가 배열되며, 암종구는 다른 소지의 끝에 달린다. 성숙한 암종구는 구형이며, 밝은 갈색이고, 폭은 2-3 cm 정도이고, 얇은 목질상의 종린이 있고 뾰족한 윗부분이 밖으로 약간 젖혀진다. 넓은잎삼나무 종린에는 삼나무의 종린과는 달리 가시가 없고, 각 종린 당 3-5개의 씨앗이 있고, 갈색 장타원형의 씨앗은 좁은 날개가 양쪽에 있다.

수간의 바깥쪽 수피는 회색빛이 도는 갈색이고 세로로 불규칙하며, 안쪽의 수피는 붉은 색이 도는 갈색이다.

A: 위에서 본 성숙한 암종구   B: 소포자낭수

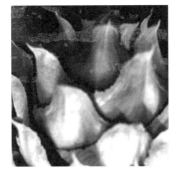  

C: 측면에서 본 종린   D: 측면에 날개 달린 종자   E: 선형 잎

> 사진 8-18. 측백나무과 넓은잎삼나무(*Cunninghamia lanceolata* (Lamb.) Hook.) 잎과 생식구조.

○ 향나무속(*Juniperus* L.)

향나무속은 종구식물 중에서 소나무속 다음으로 큰 속이며 주로 북반구에서 분포하는 분류군이다. 성숙한 암종구는 육즙이 있어 새나 작은 몸집의 포유류가 먹기 때문에, 아마도 새 등에 의해서 멀리까지 이동하게 되어 포르투갈의 아조레스(Azores), 북대서양 서부의 버뮤다 제도(Bermuda) 그리고 대서양 아프리카 서북 해안의 카나리아 제도

(the Canary Islands)까지 분포하게 된 것으로 여겨진다(Judd *et al.*, 2008).

상록상의 교목 또는 관목이며, 수피가 세로로 갈라지는 특징을 보인다.

향나무속의 잎은 성장 가소성(developmental plasticity)에 따른 잎의 변이가 있어서, 주로 어릴 때는 송곳형(subulate) 잎이, 성숙하면 인형(scale)의 잎이 세 개씩 돌려나거나 대생한다. 그러나 노간주나무(*Juniperus rigida* Siebold et Zucc.)는 어릴 때도 성숙목이 되었을 때도 마디마다 세 개의 짧은 침형 잎이 난다. 잎의 단면은 삼각형이고 흰 색 기공조선 한 줄이 있다.

향나무속의 생식구조는 단성이고, 주로 자웅이주이지만 자웅동주도 있다. 숫생식구조인 소포자낭수는 황색으로 장타원형 또는 난형이고, 어린 암종구는 3-8개의 인편(scales)으로 되어 있으며, 각 인편에 한두 개의 배주가 밑에 달린다.

암종구가 성숙하면 육질이며 점차 파란색 또는 적갈색으로 된다. 암종구 당 1-12개의 날개가 없는 종자가 1-3년 정도 걸려 익는다. 종자는 밑에 선명한 태좌(胎座)가 있고, 홈이 있으며, 발아하는데 2년 이상이 걸린다. 떡잎은 보통 2개 인데, 가끔 4-6개로 나오기도 한다(이창복, 2007).

지구 북반구의 한대에서 열대에 걸쳐 거의 70여 종이 자라는데, 한국에는 미국산 연필향나무를 포함해서 7종 정도가 생육한다.

○ **측백나무**(*Platycladus orientalis* (L.) Franco)

측백나무는 오랫동안 서양측백속(*Thuja*)에 속했다가(과거명: *Thuja orientalis* L.) 측백나무속으로(현재명: *Platycladus orientalis* (L.) Franco) 학명이 개명된 종이다(Hardin *et al.*, 2001). 상록교목으로 인형 잎을 가지는 나무로서, 수고는 20 m, 직경은 1 m로 자라며, 수관은 불규칙하게 퍼지고, 수피는 회갈색이고 세로로 갈라진다. 오래된 가지는 붉은 갈색이고 소지는 녹색으로서 편평하며 곧게 선다. 가지가 수직으로 갈피를 지어 퍼지는 특징이 있으나 성목이 되면 이런 특징이 다소 누그러진다.

측백나무 인형의 잎에는 약간의 백색 점이 있으나 육안 관찰이 용이하지 않고, 앞과 뒤의 구분이 어렵다. 크기는 너비와 길이가 각각 2 mm, 2.5 mm 정도이고 가지에 납작하게 배열된다.

자웅동주이며, 생식구조인 소포자낭수와 어린 암종구는 한국에서는 보통 4월 정도의 봄에 나오며, 소포자낭수는 달걀형으로 연한 갈색이며, 작년 가지의 끝에 달린다. 비늘 같은 대에 2-4개 정도의 소포자낭이 있다. 어린 암종구는 원형이고 길이는 2 mm 정도이며 연한 자갈색으로 달린다.

성숙한 암종구는 길이가 1.5-2 cm 정도이며, 8개의 종린이 두 개씩 대생하며, 가장 밑의 한 쌍은 그 크기가 가장 작고 종자가 없다. 각 종린의 끝이 밖으로 젖혀지는 갈고리 모양의 돌기가 있고 갈색으로 되어 벌어진다. 종자는 타원형으로 입체적이며, 날개가 없다는 점에서 서양측백(*Thuja occidentalis* L.; 종자가 납작하고 양쪽에 좁은 날개가 있음)과 다르다.

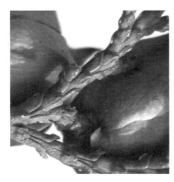  

A: 인형 잎의 배열   B: 가지 끝에 달린 소포자낭수   C: 성숙하고 있는 암종구

D: 가지가 수직으로 갈피를 지어 퍼짐　　E: 성숙한 암종구　　F: 벌어진 암종구와 종자(날개 없음)

>사진 8-19. 측백나무과 측백나무(*Platycladus orientalis* (L.) Franco).

○ **수송**(*Metasequoia glyptostroboides* Hu et W. C. Cheng)

　수송은 중국에서 들어온 종으로서, 수형이 원추형으로 아름다워서 한국에서 가로수로 흔히 식재하는 나무이다. 한국인이 흔히 '메타세콰이아'라고 부르는 수종이다. 영어로는 'dawn-redwood'로 불려진다. 이 종은 상당히 최근에 발견된 것이다(Hardin *et al.*, 2001). 화석으로는 한국의 포항 근처에서 발견된 것을 포함하여 넓게 분포된 것으로 알려졌지만, 1940년대에 중앙 중국에서 실제로 자라고 있는 것이 발견되어(Hu, 1948; Li, 1964), 지금은 전 세계에서 널리 재배하게 되어서 이제 이 종은 한국을 포함하여 북반구의 온대 지역 전체에 걸쳐서 자라고 있다. 원산지에서는 수고가 35 m, 지름이 2 m 정도로 자란다.

　수송은 단엽의 선형 잎(길이와 너비가 각각 10-23 mm와 1.5-2 mm)이 달리는 낙엽교목으로서, 외형상 낙우송(baldcypress; *Taxodium distichum* (L.) Rich.)이나 세콰이아속(*Sequoia*)과 비슷하게 보인다. 수송의 속명인 '*Metasequoia*'에서 '*Meta*'가 '비슷한, -와 닮은'이란 뜻이다. 즉 속명을 풀이하면, '세콰이아와 닮은' 또는 '세콰이아와 비슷한'이라는 뜻이다. 한국에서는 낙우송과 수송이 매우 흡사하여, 일반인들은 그 둘의 동정을 어려워하는 편이다. 수송은 잎도 대생하고 가지도 대생한다. 암종구의 종린이 네 개의 가로 줄로 배열하며, 성숙해도 종린이 떨어지지 않는 점에서 낙우송과 다르다고 할 수 있다.

수송은 단엽(simple leaf)인데도 불구하고 얇은 가지에 두 줄로 잎이 깃처럼 배열되기 때문에, 일반인들이 피자식물에서처럼 우상복엽으로 오인하는 경우가 많다. 사실 수송은 단엽의 선형 잎이 대생하고 있다는 것을 유의해야 하며, 일반인들이 피자식물 우상복엽의 엽축으로 오인하고 있는 부분이 사실은 작은 가지라는 것을 유의해야 한다.

생식구조는 단성이지만, 자웅동주이며, 숫생식구조인 소포자낭수는 밑으로 길게 늘어진다. 암종구는 갈색으로 성숙하고 종구의 자루(종구경)이 종구의 길이보다 보통으로 긴 것이 특징이라고 할 수 있다. 비교수종인 낙우송은 종구경이 거의 없다.

A: 소포자낭수

B: 확대한 소포자낭수

C: 대생하는 가지와 대생하는 선형 잎

D: 대생하는 선형 잎

E: 긴 종구경에 달린 암종구(종린 사이에 씨앗이 보임)

>사진 8-20. 측백나무과 수송(*Metasequoia glyptostroboides* Hu et W. C. Cheng).

○**낙우송**(*Taxodium distichum* (L.) Rich.)

낙우송은 유럽과 아메리카에서 선사시대에는 널리 분포되었지만, 지금은 낙우송속의 세 종 중 하나로서 *T. ascendens* Brong.과 함께 미국 동남부에서 자란다. 나머지 한 종 *T. mucronatum* Ten.은 멕시코에 자라며, 수고와 지름이 각각 47 m, 13 m로 이 속에서 가장 수고가 높으며, 수령 또한 거의 4,000년이 넘는 것으로 알려져 있다(이창복, 2007). 소지가 마치 피자식물의 우상복엽처럼 떨어진다고 하여 '낙우송'이라고 하며, 동아가 달린 끝의 소지는 떨어지지 않는다. 그러나 수송과 마찬가지로, 낙우송 역시 잎은 선형으로 단엽인 것이 공통점이지만, 가지도 호생하고 잎도 호생한다는 점에서 수송과 다르다.

낙우송은 단성 생식구조를 가지며 자웅동주이고, 소포자낭수는 소지 끝에 형성되어 가을부터 밑으로 처지며, 어린 암종구도 소지 끝에 달리며 종린 당 2개의 배주가 달리고, 주공이 배병(funiculus)의 반대쪽 맞은편에 있는 직생배주(直生胚珠; orthotropous)를 이룬다. 암종구는 구형으로 당년에 성숙하고, 안쪽에는 송진 같은 선점이 있다. 종구가 성숙하면, 수송과는 달리 종린이 떨어져 버리는 특징이 있어, 암종구의 틀이 유지되지 않고 무너져 버린다. 자엽은 5-9개이다.

한국에서는 관상수나 가로수로서 많이 식재되고 있으며, 양수로서 습기와 추위에 강한 편이고 낙엽수이기 때문에 가을에 황갈색으로 변하는 잎 색깔이 아름다운 풍치를 더해주기도 한다.

B: 낙우송의 호생하는 잔가지

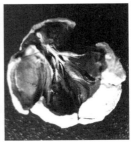

A: 물속에 자라고 있는 낙우송 전체 수형(물가 주변에 흔히 기근이 발달함)

C: 종구경이 없이 달린 암종구(왼쪽). 종린 일부가 떨어진 암종구(오른쪽)

>사진 8–21. 측백나무과 낙우송(*Taxodium distichum* (L.) Rich.).

○ 서양측백속(*Thuja* L.)

서양측백속 식물은 인형 잎을 가지는 상록교목으로서 소지가 편평하며, 중국, 대만, 일본, 북미 등지에 걸쳐 다섯 종이 자란다. 옆에 달리는 잎은 표면과 뒷면에 달리는 잎을 거의 덮고 있는 복와상 배열을 이룬다.

이 속의 식물들은 자웅동주이고, 숫생식구조인 소포자낭수는 가지 밑에서 나오는 소지의 끝에 한 개씩 달리며, 어린 암종구는 가지 끝의 소지에 한 개씩 달리며 4-6쌍의 종린으로 되어 있고 각 종린에는 2-3개의 직생배주가 달린다.

암종구가 성숙하면, 난형이거나 좁은 난형이고, 보통 당년에 성숙한다. 측백(*Platycladus*

orientalis (L.) Franco)과는 다르게 종린이 밖으로 젖혀지지 않으며, 씨앗은 납작하고 양쪽에 날개를 가지고 있다는 점에서 측백과 차이점을 보인다. 종자 내 자엽은 두 개다.

서양측백은 전체 수형이 원추형이라서 관상용으로 많이 식재하고 습한 곳에서 더 잘 자라는 편이다(이창복, 2007).

A: 성숙하고 있는 암종구   B: 성숙해 벌어진 암종구   C: 날개 달린 종자

D: 인형 잎과 소포자낭수 근접   E: 가지 끝에 달린 소포자낭수

>사진 8-22. 측백나무과 서양측백(*Thuja occidentalis*).

>표 8-3. 한국에 생육하는 측백나무과의 주요 종의 학명과 향명
(속명의 알파벳 순서로 정리하였고 속명앞의 *표시는 도입종. 어둔 바탕에 표기된 종은 개명이 된 경우임)

Cupressaceae 측백나무과 Cypress or Redwood Family
Chamaecyparis obtusa (Siebold et Zucc.) Endl. 편백
Chamaecyparis pisifera (Siebold et Zucc.) Endl. 화백
Cryptomeria japonica (Thunb. ex L. f.) D. Don 삼나무
Cunninghamia lanceolata (Lamb.) Hook. 넓은잎삼나무
Metasequoia glyptostroboides Hu et W. C. Cheng 수송
Juniperus chinensis L. 향나무 Chinese juniper
Juniperus chinensis var. *procumbens* (Siebold) Endl. 섬향나무 Procumbens Hinese juniper
Juniperus chinensis var. *sargentii* A. Henry 눈향나무 Dwarf juniper
Juniperus communis L. subsp. *alpina* (Suter) Celak. 곱향나무 Alpine juniper
Juniperus davuricus Pall. 단천향나무 Dahurian juniper
Juniperus rigida Siebold et Zucc. 노간주나무 Needle juniper
Juniperus virginiana L. 연필향나무
Platycladus orientalis (L.) Franco 측백나무 Oriental arborvitae
Taxodium distichum (L.) Rich. 낙우송
Thuja koraiensis Nakai 눈측백 Korean arborvitae
Thuja occidentalis L. 서양측백
Thujopsis dolabrata Sieb. et Zucc. 나한백

금송과 Sciadopityaceae

금송과 식물은 개비자나무과(Cephalotaxaceae)와 더불어 아시아가 원산지이지만, 미국과 캐나다 등지에서도 재배되고 있다(Hardin *et al.*, 2001). 금송(*Sciadopitys verticillata* (Thunb.) Siebold et Zucc.)은 일본에서 도입하여 한국에서도 관상수로서 많이 재배되고 있는 종이다. 금송(Japanese umbrella-pine)은 전통적으로 낙우송과

(Taxodiaceae)에 포함되었던 분류군이었으나, 금송과로 독립되어 변경되었다(Hardin *et al*., 2001; Judd *et al*., 2002; Judd *et al*., 2008).

○ 금송(*Sciadopitys verticillata* (Thunb.) Siebold et Zucc.)

금송은 상록수로서 수고가 12-40 m 정도로 자라며, 수피는 적갈색으로 세로로 얇게 벗겨진다. 잎은 윤채가 나고 녹색으로 약간 도톰한 선형이며, 양면에 홈이 있고 뒷면에는 노란색의 기공조선이 발달되어 있어 '금송'이라는 향명으로 불리게 되었다.

금송의 생식구조는 단성이며, 한국에서는 봄철인 3-4월에 소포자낭수와 암종구 모두 한 개체에 달려서 자웅동주이다. 소포자낭수는 둥근 편이고 암종구는 한두 개 정도가 가지의 끝에 달린다. 암종구는 익년 가을인 10-11월에 성숙하며 곧추서는 특징을 보인다.

A: 금송의 선형 잎

C: 성숙한 금송 암종구

D: 암종구의 측면 근접

E: 암종구의 정단부 근접

B: 금송의 소포자낭수

>사진 8-23. 금송과(Sciadopityaceae) 금송(*Sciadopitys verticillata*).

나한송과 Podocarpaceae; Podocarp Family

나한송과의 식물은 관목 또는 교목상으로 나오며 수고는 60 m까지 자란다. 약간의 수지가 있으며, 잎은 단엽으로 전연(entire)이며 엽형은 매우 다양하지만, 주로 넓은 선형이며 최고 30 cm 정도의 길이에 너비는 5 cm까지 나오며, 인형의 잎으로 나오기도 한다. 잎은 상록성으로 호생하며, 보통 자웅이주이지만 간혹 드물게 자웅동주로 나오기도 한다. 생식구조인 소포자낭수(microsporangiate strobili)는 원통형이며, 많은 소포자엽(microsporophylls)이 나선상으로 달린다. 각 소포자엽에는 두 개의 소포자낭(microsporangia)이 있다. 소포자(pollen)는 보통 두 개의 기낭(saccae)이 달려있는데, 기낭이 없거나 세 개가 있는 경우도 있다. 암종구에는 배주가 달린 종린이 있는데, 종린의 수는 한 개에서 여러 개이며, 종린 당 배주는 한 개가 놓인다. 종린은 다소 축소되어 배주와 융합되어 육질 구조(epimatium; 투피(套皮))로 변형되었고, 성숙한 암종구는 마치 피자식물의 장과처럼 보인다(Judd *et al.*, 2008).

나한송과의 식물은 열대나 아열대에 주로 분포하며 선선한 온대에서는 드물게 나타난다. 구세계(the Old World) 남반구에 특히 많이 분포하며, 북쪽으로는 일본, 중앙아메리카(Central America), 그리고 카리비안(the Caribbean)까지 분포한다. 주로 중습성(中濕性) 지역의 숲 속에서 일반적으로 잘 자란다(Judd *et al.*, 2008).

나한송과의 주요 속으로는 *Podocarpus*, *Dacrydium* 등이 포함된 17속 170여 종이 있으며, 이 중에서 한국에서 주로 식재하는 종으로는 나한송(*Podocarpus macrophyllus* (Thunb.) D. Don)이 있다.

아라우카리아과 Araucariaceae; Norfolk Island Pine Family

아라우카리아과는 지구상에서 오랫동안 살아온 분류군으로서 수고는 65 m, 직경은 6 m까지 자라며 수지가 많고, 전체 수형은 좌우대칭으로 원추상 원통형으로 자란다. 잎은 단엽으로 전연이며 잎의 모양은 송곳형, 인형, 선형, 장타원형, 타원형 등 매우 다양하다. 아라우카리아(*Araucaria*)속의 몇 종은 잎이 상록성으로 엽두가 날카롭게 침형화되었고 나선상으로 나거나 또는 대생한다. 자웅동주 또는 자웅이주로 나타난다.

이 과의 소포자낭수는 원통형이며, 많은 소포자엽이 나선상으로 달리며, 각 소포자엽에는 4-20개의 소포자낭이 있다. 소포자에 기낭은 없다. 소포

>사진 8-24. 원추형으로 자라고 있는 *Araucaria araucana* 전체 성상.

자의 외벽(exine)은 작은 점모양(pitted)으로 된 특징을 보인다. 암종구는 단정으로 나오며, 다소 곧추서는 편이며, 무겁다. 암종구의 종린 하나 당 한 개의 배주가 있고 많은 종린이 나선상으로 달린다. 종린의 모양은 납작하고 모양은 선상(linear) 또는 방패모양이

>사진 8-25. *Araucaria bidwilli* 넓은 잎의 엽두가 날카롭게 침형화된 잎.

고 포린은 종린보다 다소 긴 편이며 종린과 융합되어 있고 씨앗은 날개가 있거나 없다. 종자 내 자엽은 두 개인데, 때로는 깊게 나뉘어져 있어서 네 개로 보이기도 한다(Judd *et al*., 2008).

남반구에 제한적으로 분포하며, 동남 아시아에서 호주, 뉴질랜드(New Zealand)와 남아메리카에 걸쳐서 자란다. 아라우카리아과에 속하는 종들은 열대와 아열대의 우림지역

의 숲에서 주로 자라지만 온대지역에서 자라기도 한다. 아라우카리아과는 뉴칼레도니아(New Caledonia) 지역에서 가장 다양하게 나는데, *Agathis*속에 5종, *Araucaria*속에 13종이 자란다. 이 지역에서의 각 속(genus)은 *rbcL* 분석에 의하면 단계통적인 아(亞)그룹 (monophyletic subgroup)인 것을 알 수 있다. *Araucaria*속의 몇 종은 침엽이 아님에도 불구하고 엽두가 날카롭게 침형화되어 있어 가지를 재생하고, 어린 나무에서 주변의 가지와 잎을 통해 생장하고 있는 어린 순을 지금은 멸종한 초식동물로부터 보호했을 것으로 사료된다(Judd *et al.*, 2008).

이 과는 *Araucaria bidwilli* 등 3속 32종이 주로 남반구에서 자라는 그룹이며 *Agathis*속과 *Araucaria*속의 종들은 좋은 목재 생산을 하여 높은 경제적 가치가 있다. 이 과의 화석들은 쥐라기(Jurassic)의 기록이 있으며, 특히 울레미파인(Wollemi pine; *Wollemia nobilis*)이라고 불리는 종은 호주 시드니의 울레미 국립공원에서 1994년에 David Noble에 의해 발견되었다. 이 종은 이전까지는 1억 5천만 년 전의 화석으로만 알려져 있었던 것으로, 두 개의 개체군이 있는데, 성숙목은 43개체 정도이고 일부는 수령이 500-1000년이며, 이 두 개체군은 서로 1.5 km 정도 떨어져 있다. 세계 희귀 보호 종이며, 지금은 한국을 포함하여 전 세계에서 교육용으로 수목원이나 식물원에 많이 식재하여 전시하고 있다.

A: 가지와 잎   B: 온실 내 전체 수형.

>사진 8-26. 아라우카리아과 울레미파인(*Wollemia nobilis*).

개비자나무과 Cephalotaxaceae; Plum-yew Family

상록관목이거나 상록교목으로 나며 한국에는 관목상으로 나는 개비자나무속 개비자나무(*Cephalotaxus harringtonia*)가 있다. 잎의 모양은 선형이며 줄기에 두 줄로 배열된다. 잎의 뒷면에는 흰색으로 된 두 개의 기공조선이 발달되어 육안 관찰이 매우 용이하다. 개비자나무과는 자웅이주이며 간혹 자웅동주로 나기도 한다. 소포자낭수는 엽액에 모여 나서 둥근 소포자낭수를 형성하고, 암종구는 소지의 밑부분에 달리고 각 종린에 배주가 두 개씩 달린다. 종자는 타원형으로 생겼다(이창복, 2007). 사진8-27에서 보는 것처럼, 씨앗이 육질의 종피로 싸여 있기 때문에 일반인들은 핵과 열매라고 하지만 여전히 개비자나무과의 식물도 나자식물로서 열매가 없다. 씨앗이다.

개비자나무과는 같은 종구식물목에 있는 주목과와 밀접하게 연관된 과로서, 최근 데이터에 의하면 하나의 독립된 과에서 주목과와 하나로 묶어야 한다는 의견이 있다 (Ghimire *et al.*, 2018).

A: 주맥이 돋아져 있는 선형의 잎 앞면

B: 흰 기공조선 두 줄이 관찰되는 잎 뒷면

C: 가지 아래 엽액에 달린 소포자낭수

D: 확대한 소포자낭수

E: 가지에 달려 성숙하고 있는 씨앗

F: 육질의 종의를 가지고 있는 씨앗

>사진 8-27. 개비자나무과 개비자나무(*Cephalotaxus harringtonia*).

○ **개비자나무(*Cephalotaxus harringtonia* (Knight ex J. Forbes) K. Koch)**

한국에서 나는 식물로서 북위 37도 이남에서 주로 자라며, 제주도와 울릉도에서는 발견되지 않았다. 숲 내 그늘진 곳에서 잘 자라는 상록이며, 관목상의 성상을 보이며 수고는 3 m까지 자란다(이창복, 2007).

개비자나무의 가지는 윤생하고 옆으로 퍼지는 편이며, 가지의 수(pith)에 수지구가 있고, 동아의 아린이 떨어지지 않는 특징이 있다. 잎은 호생하지만 곁가지에서는 새의 깃처럼 두 줄로 배열된다. 잎은 4 cm 내외의 길이인데, 종자가 달리는 가지의 잎 길이는 2-2.5 cm로 약간 작은 경향이 있다. 수지구멍은 관속 밑에 한 개가 있다. 잎은 주목과의 비자나무와는 달리 양면의 주맥이 돋아져 있고 뒷면의 두 줄의 백색 기공조선은 주목과 의 비자나무보다 다소 넓은 편이다.

이 나무의 생식구조를 보면 자웅이주이지만 간혹 자웅동주로 나오기도 한다. 한국에 서 봄(4월 정도)에 소포자낭수가 엽액에 달리고 10개의 갈색 인편으로 싸여 있으며, 원형 으로서 지름이 5 mm 정도이고 가지의 아랫면에 배열된다. 암종구는 소지 끝에 두 개씩 달리고 10개 정도의 녹색 포로 싸여 있으며, 길이가 5 mm 정도이고 배주는 각 두 개씩 달 린다. 씨앗은 익년 8-9월 즈음에 달린다. 씨앗은 길이가 17-18 mm 이고, 육질상의 종의 로 싸여 있고 붉게 되며, 단 맛이 난다(이창복, 2007). 여전히 이것은 씨앗(종자)이고 열매 가 아니다.

주목과 Taxaceae; Yew Family

상록 교목 또는 관목으로 나오는 과로서 수지는 없는 편이며, 목재에 수지구가 없다. 잎은 납작한 선형으로 단엽이며 대생하는 한 종을 제외하고는 나선상으로 배열되며, 자 주 뒤틀리기 때문에 이열(2-ranked) 배열로 보인다. 엽연은 전연이며 엽두는 뾰족하다.

소포자낭수에는 4-14개의 소포자엽이 달려있고 소포자엽 당 소포자낭은 2-9개가 있 다. 소포자에는 기낭이 없다. 주목과에서 암종구는 없고 배주가 단정으로 나는 것이 특 징이다. 씨앗의 겉 층은 딱딱한 편이며, 육질이고 화려한 색깔의 가종피가 있다(Judd *et al*., 2008). 주목속(*Taxus*)에서처럼 가종피가 씨앗의 일부분을 감싸기도 하고, 비자나무 속(*Torreya*)에서처럼 가종피가 씨앗을 완전하게 감싸기도 한다. 종자 내 자엽은 주로 두 개이지만 한 개 또는 세 개로 나오기도 한다.

주목과의 종들은 대부분 북반구에서 나며, 과테말라(Guatemala)와 자바(Java)까지 나오며, 뉴칼레도니아(New Caledonia)에만 자생하는 한 종이 있다. 주목과는 축축한 계곡부에서 자라는 경향이 있으며, 잎이 떨어져 계속해서 쌓이게 된다.

주목과에는 5속 20종이 있고 한국에서도 볼 수 있는 식물로는 주목속(*Taxus*)과 비자나무속(*Torreya*)이 대표적이라고 할 수 있다.

주목은 한국에서도 관상수, 정원수로 많이 식재하며, 북아메리카나 유럽에서는 좋은 목재 생산을 위해 심기도 한다.

주목과는 종구가 없이 씨앗이 단정으로 달리는 특성을 가지고 있어서 종구식물 중에서 독특한 분류군이다. 주목과에서 종자를 감싸는 가종피는 씨앗 아래에 있는 축이 성장하여 만들어진 것이다. 주목과는 사실 종구(cone)가 없기 때문에 학자에 따라서는 주목과를 종구식물목에서 제외시키기도 하지만, 배의 발생학(embryology), 목재 해부학, 화학, 잎과 소포자의 형태 등의 측면에서 보았을 때 여전히 다른 종구식물과 한 그룹으로 보는 것이 타당하다고 할 수 있다(Judd *et al.*, 2008).

○ 비자나무(*Torreya nucifera* (L.) Siebold et Zucc.)

비자나무속에는 세 개의 종이 한국을 포함한 아시아와 미국에서 자라는데, 그 중 비자나무는 내장산, 백양산, 경남 남해군 삼동면, 전남 고흥군, 제주도에서 자라고 있고 수고는 20 m 흉고직경은 6 m까지 자라는 상록교목이다. 가지는 대생 또는 윤생하며, 잎은 비틀려서 두 줄로 배열되며, 부드러운 주목의 잎과는 달리 비자나무는 잎이 매우 딱딱하고 끝이 뾰족하다. 선형 잎이며, 잎 윗면이 짙은 녹색으로 윤채가 있고 윗면에서는 주맥을 관찰하기 어렵고 뒷면에서는 관찰할 수 있다. 뒷면에는 비교적 좁은 흰색의 두 줄 기공조선이 발달해 있다. 잎은 6-7년 정도 달려 있으며, 길이 2.5 cm, 너비 3 mm 정도로 난다(이창복, 2007).

비자나무는 자웅이주인데 간혹 자웅동주로 나기도 한다. 소포자낭수는 엽액에 달리고 난상 원형이고 길이는 10 mm 내외이고 10개의 포로 싸여 있고 가지의 뒷면에 달린다. 소포자엽은 여러 개가 소포자낭수에 나선상으로 배열되며, 소포자엽에 소포자낭 세 개 정도가 달린다(Judd *et al.*, 2008). 비자나무는 주목과의 전형적인 특징으로 종구(cone) 없이 배주가 달리며, 배주는 성숙하면 녹색의 종자로 익는다. 씨앗을 달고 있는 대는 없고 씨앗은 타원형이며 길이는 2.5-2.8 cm 정도이고 지름은 2 cm 정도이다. 씨앗은 두께가 3 mm 정도인 종의에 완전하게 감싸져 있다.

>사진 8-27. 주목과(Taxaceae) 비자나무(*Torreya nucifera*) 소포자낭수. 소포자를 내고 있는 시기.

A: 엽액에 달린 소포자낭수

B: 가종피에 완전히 감싸진 씨앗

C: 윤채가 나는 선형 잎 윗면(adaxial)과 뾰족한 엽두

D: 잎 아랫면(abaxial) 다소 좁은 흰 기공조선 두 줄

>사진 8-28. 주목과(Taxaceae) 비자나무(*Torreya nucifera*).

○ 주목(*Taxus cuspidata* Siebold et Zucc.)

한국에는 주목속의 네 가지의 종이 있으며, 그 중 주목(Rigid-branch yew)(국립수목원, 2015)은 높은 산 중턱 이상에서 자라며, 높이는 17 m 이고 흉고직경은 3-5 m로 성장하는 상록교목이다. 가지는 옆으로 퍼지고 큰 가지는 적갈색이다. 동아는 난형이다. 주목의 잎은 불규칙하게 두 줄로 배열되고 선형으로서 길이는 1.5-2.5 cm, 너비는 2-3 mm 정도이다. 엽두는 급첨두이지만 부드럽다. 잎의 윗면은 진한 초록색이고 잎의 뒷면에는 두 줄의 기공조선이 넓게 나오는데 연한 연두색이고 주맥은 앞면과 뒷면 양쪽에서 돋아져 있다. 사진 8-29에서 보는 것처럼 주목의 잎은 페그(peg) 상에 엽병이 있다. 잎은 2년에서 3년간 가지에 달려 있다.

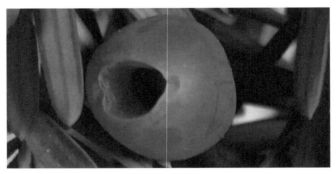

A: 주목의 씨앗(씨앗이 가종피 안으로 함몰되어 있다)

B: 주목의 선형 잎 윗면(adaxial)

C: 주목의 선형 잎 아랫면(abaxial)에 넓은 기공조선 두 줄. Peg 상에 엽병이 관찰됨.

>사진 8-29. 주목과(Taxaceae)의 주목(*Taxus cuspidata*)

주목의 소포자낭수 겉에는 6개의 인편이 있고 그 안에 소포자엽이 8-10개 정도가 나선상으로 배열하며, 소포자낭은 각각 8개 정도가 있다. 배주는 10개 정도의 인편으로 부분적으로 싸여있고, 배주가 성숙하면 가종피가 붉게 익고 씨앗을 부분적으로 감싼다는 점에서 비자나무속과 다르다.

주목은 응달진 곳에서 잘 자라는 편이며, 천근성이고 목재는 치밀한 편이다. 심재는 적색이고 변재는 좁고 수지구가 없고, 고급 가구재를 만들 때 사용한다. 소백산 꼭대기에서 자라는 개체군이 천연기념물 제244호로 지정되어 있고, 한라산과 덕유산 꼭대기 부근에도 개체군이 있다(이창복, 2007).

주목과 주목속 안에 있는 **회솔나무**(*Taxus cuspidata* **Siebold et Zucc. var.** *latifolia* (**Pilg.**) **Nakai**)는 한국 울릉도에서 자생하는 것으로 알려져 있다. 같은 속의 주목과 비교한 차이점은 아래 검색표에서도 보는 것처럼 잎의 너비가 0.3-0.4 cm 정도로서 주목보다 약간 넓으며, 종자가 가종피 밖으로 돌출되어 있어, 가종피 안에 함몰되어 있는 주목과 다르다고 할 수 있다(소순구 외, 2013; 이창복, 2007).

한국에서 생육하는 주목속의 식물들은 다음과 같은 계단형 검색표를 통해 동정할 수 있다.

1. 원줄기가 직립한다.
　2. 엽신 폭 0.2-0.3 cm이다. 종자는 가종피 안에 함몰된다. ·················· 주목
　2. 엽신 폭 0.3-0.4 cm이다. 종자는 가종피 바깥으로 돌출한다. ·············회솔나무
1. 원줄기가 옆으로 퍼진다.
　　3. 원줄기가 하나이고 누운 밑가지에서 뿌리가 나온다. ············· 설악눈주목
　　3. 원줄기가 여러 개로 갈라지고, 높이 자라지 않는다. ·················· 눈주목

>표 8-4. 한국에 생육하는 주목과의 주요 종의 학명과 향명

Taxaceae 주목과 Yew Family
Taxus cuspidata Siebold et Zucc. 주목 Rigid-branch yew
Taxus cuspidata var. *nana* Rehder 설악눈주목 Korean spreading yew
Taxus cuspidata Siebold et Zucc. var. *latifolia* (Pilg.) Nakai 회솔나무 Wide-leaf Ulleungdo yew
Torreya nucifera (L.) Siebold et Zucc. 비자나무 Nut-bearing torreya

네타목 Gnetales

이 그룹은 식물의 진화에서 매우 흥미로운 분류군이다. 씨앗이 자방 안에 들어 있지 않는 종구식물의 특성을 가지고 있어 나자식물이라고 할 수 있는데, 목재의 해부학적인 면에서 피자식물 도관의 특성을 보이고, 생식구조가 꽃과 비슷한 특성을 보인다. 이 목의 대표적인 속으로 세 개의 속이 있다. 대부분 열대지방에서 나는 낙엽성 목본 덩굴인 35종이 들어 있는 *Gnetum* (Gnetaceae)속이 있고, 유일하게 아프리카의 나밉(Namib) 사막에서만 자라는 한 종(*Welwitschia mirabilis*)이 속한 *Welwitschia* (Welwitschiaceae)속이 있고, 북아메리카 등에서 자라고 있는 *Ephedra* (Ephedraceae)속이 있다(Judd *et al.*, 2008). 물론 한국에서 자생하는 네타목 식물은 없다.

마황과 Ephedraceae; Mormon Tea or Joint Fir Family

이 과에 속한 식물은 주로 기어가는 덩굴성이거나 관목상이고 드물게 소교목으로 나타나며 흔히 근경(rhizomes)을 통해 번지는 종들이다. 목재는 다른 나자식물과는 달리 '도관'을 가지고 있고, 가지는 많고 윤생하거나 총생한다. 가지가 주로 녹색이고 광합성

을 한다. 잎은 대생하거나 윤생하고 인형으로 되어 있다. 엽저는 나중에는 떨어지게 되는 엽초(sheath) 안에 융합되어 있다. 수지구는 없으며, 대부분이 자웅이주이다.

오스트레일리아를 제외한 온대 지방에서 자라는 식물들이며, 극한의 건조 지역에서도 생존할 수 있도록 적응하였다. 이 과 내 어느 수종은 안데스(Andes)와 히말라야(Himalayas)의 4,000 m 높이에서도 자라기도 한다(Judd *et al.*, 2008). 이 과에는 1속이 있고, 60여 종(*Ephedra distachya* 등)의 식물이 있다.

제9장

속씨식물

Angiosperms

꽃이 피는 식물인 피자식물(angiosperms)은 배주가 자방 안에 싸여 있어 '속씨식물'이라고도 부르며, 지상식물 대부분을 지배하고 있다. 피자식물은 단계통(monophyly) 그룹으로서, 아마도 현존하고 있는 모든 종자식물을 포함하고 있는 그룹의 자매 그룹에 해당될 것이다(Bowe et al., 2000; Burleigh and Mathews, 2004; Chaw et al., 1997; Soltis et al., 2002, 2005). 피자식물은 약 1억 3천 5백만 년 전 즈음에 해당되는 백악기 초기의 화석을 시작으로 하여 백악기 전체에 걸쳐 굉장히 많은 양의 화석이 남아있다. 피자식물은 아마도 1억 4천만 년 전인 쥐라기(Jurassic) 동안에 기원이 되었으리라 여겨지지만 피자식물로서의 리니지(lineage)는 현존하고 있는 다른 종자식물에서부터 분리되었을 것이라 여겨진다(Judd et al., 2008). 많은 현대의 피자식물 속들(genera)은, 제3기의 시신세(5천만 년 전)까지 진화한 것으로 알려져 있다(Hardin et al., 2001).

피자식물은 보통으로 **단자엽식물(monocots)**이거나 또는 **진정쌍자엽식물(eudicots)**이라는 커다란 두 그룹 중 하나에 속한다. 전자는 자엽이 하나이고 화분립(pollen grains)은 보통 단구형(monosulcate)이다. 후자는 두 개의 자엽이 있고, 화분립은 대부분이 삼구형(tricolpate) 또는 그것의 변형이다.

단자엽식물은 많은 공동파생형질(共同派生形質; synapomorphies)을 가지고 있어 단계통 그룹인 것을 알 수 있다. 이 그룹의 공동파생형질에는, 잎의 맥이 나란히 맥인 것, 삼수형의 꽃(화피편이 각각 세 개씩 두 개의 동심형을 이루고, 수술이 두 개의 동심형을 이루고, 심피가 한 개의 동심형을 이룸), 배(embryos)는 한 개의 자엽으로 이뤄져 있고, 체관 세포(sieve cell) 색소가 여러 개의 쐐기형 단백질 결정체로 되어 있고, 줄기 내에는 관속다발이 산재하고 있고 근계는 주로 막뿌리(수염뿌리)로 되어 있다는 것이 포함된다.

진정쌍자엽식물(삼공구형식물) 또한 단계통을 이루고 있는 그룹이다. 이 그룹의 공동파생형질에는 화분이 삼공구형이라는 것(또는 이 기본 화분형의 변형)이며, 핵, 엽록체 그리고 미토콘드리아 DNA 염기순서가 포함이 된다(Chase et al., 1993; Donoghue and Doyle, 1989; Doyle *et al.*, 1994; Hilu *et al.*, 2003; Hoot *et al.*, 1999; Qiu *et al.*, 2005; Savolainen *et al.*, 2000a, b; Zanis *et al.*, 2003).

목본식물 중에서 교목(trees)은 그들이 자라는 성상(habit)과 2차 목부(secondary xylem)를 가지고 있다는 점에서 쌍자엽식물에만 해당된다. 하지만, 몇 개의 단자엽식물 중에는 모양이나 크기에 있어서 교목처럼 보이는 것도 있다. 예를 들면, 야자수, 대나무, 용설란류, 유카 등이 포함된다. 하지만 이 식물들은 2차 목부를 가지고 있지는 않다 (Hardin *et al.*, 2001).

Cronquist(1981)는 피자식물을 자엽의 숫자를 기준으로 두 개의 강인 쌍자엽식물강 (Magnoliopsida)과 단자엽식물강(Liliopsida)으로 나누고 각 강 내에 아강(subclass)으로 나눈 후 목(order), 과(family)로 나눴다. 한국에서는 단자엽식물 중에서 백합아강 (Liliidae) 백합목(Liliales) 청미래덩굴과(Smilacaceae)에 속하는 청미래덩굴(*Smilax china* L.)과 청가시덩굴(*S. sieboldii* Miq.)을 제외하고는 목본성으로 나오는 식물이 거의 없고, 여기서는 수목학을 기준으로 하므로 쌍자엽식물을 기준으로 실었다(표9-1).

이 책에서는 주요 과(科)들을 최근의 APG IV 분류체계(Judd *et al.*, 2016)를 기준(표 9-2)으로 하였으므로, Cronquist(1981) 분류체계와 비교할 때 유용한 표가 되리라 사료된다. 또한 Cronquist(1981) 분류체계의 과(family)가 APG III 분류체계에서 변경된 분류군도 정리했으며(표9-3), Cronquist(1981) 분류체계의 기존 속(genus)이 APG III(APG, 2009) 분류체계에서 다른 속과 통합된 것도 정리했다(표9-4). 목(目)이나 과 (科)의 우리나라 이름은 이윤경 *et al.*(2015)을 참조하였다.

>표 9-1. 피자식물 쌍자엽식물의 Cronquist 분류체계(Cronquist, 1981)

쌍자엽식물강(Class Magnoliopsida)

아강 1 목련아강(Magnoliidae)

목 1 목련목(Magnoliales)

과					
	1	Winteraceae 윈테라과	6	Magnoliaceae 목련과
	2	Degeneriaceae 디제네리아과	7	Lactoridaceae 락토리스과
	3	Himantandraceae 히만텐드라과	8	Annonaceae 뽀뽀나무과
	4	Eupomatiaceae 유포메시아과	9	Myristacaceae 미리스티카과
	5	Austrobaileyaceae 아스트로베일레아과	10	Canellaceae 카넬라과

목 2 녹나무목(Laurales)

과					
	1	Amborellaceae 암보렐라과	5	Calycanthaceae 받침꽃과
	2	Trimeniaceae 트라이메니아과	6	Idiospermaceae 이디오스퍼마과
	3	Monimiaceae 모니미아과	7	Lauraceae 녹나무과
	4	Gomortegaceae 고모테가과	8	Hernandiaceae 헤르난디아과

목 3 후추목(Piperales)

과					
	1	Chloranthaceae 홀아비꽃대과	3	Piperaceae 후추과
	2	Saururaceae 삼백초과		

목 4 쥐방울덩굴목(Aristolochiales)

과	1	Aristolochiaceae 쥐방울덩굴과

목 5 붓순나무목(Illiciales)

과	1	Illiciaceae 붓순나무과	2	Schisandraceae 오미자과

목 6 수련목(Nymphaeales)

과					
	1	Nelumbonaceae 연과	4	Cabombaceae 어항마름과
	2	Nymphaeaceae 수련과	5	Ceratophyllaceae 붕어마름과
	3	Barclayaceae 바르클라야과		

목 7 미나리아재비목(Ranunculales)

과	1	Ranunculaceae 미나리아재비과	5	Lardizabalaceae 으름덩굴과
	2	Circaeasteraceae 서캐스터과	6	Menispermaceae 새모래덩굴과
	3	Berberidaceae 매자나무과	7	Coriariaceae 코리아리아과
	4	Sargentodoxaceae 사젠토독사과	8	Sabiaceae 나도밤나무과

목 8 양귀비목(Papaverales)

과	1	Papaveraceae 양귀비과	2	Fumariaceae 현호색과

아강 2 조록나무아강(Hamamelidae)

목 1 트로코댄드론목(Trochodendrales)

과	1	Tetracentraceae 테트라센트라과	2	Trochodendraceae 트로코덴드론과

목 2 조록나무목(Hamamelidales)

과	1	Cercidiphyllaceae 계수나무과	4	Hamamelidaceae 조록나무과
	2	Eupteliaceae 읍텔레아과	5	Myrothamnaceae 마이로셈너스과
	3	Platanaceae 버즘나무과		

목 3 굴거리나무목(Daphniphyllales)

과	1	Daphniphyllaceae 굴거리나무과

목 4 디디멜라목(Didymelales)

과	1	Didymelaceae 디디멜라과

목 5 두충목(Eucommiales)

과	1	Eucommiaceae 두충과

목 6 쐐기풀목(Urticales)

과	1	Barbeyaceae 바베야과	4	Moraceae 뽕나무과
	2	Ulmaceae 느릅나무과	5	Cecropiaceae 세크로피아과
	3	Cannabaceae 삼과	6	Urticaceae 쐐기풀과

목 7 레이트네리아목(Leitneriales)

과	1	Leitneriaceae 레이트네리아과

목 8 가래나무목(Juglandales)

| 과 | 1 | Rhoipteleaceae 로이프텔라과 | 2 | Juglandaceae 가래나무과 |

목 9 소귀나무목(Myricales)

| 과 | 1 | Myricaceae 소귀나무과 |

목 10 참나무목(Fagales)

| 과 | 1 | Balanopaceae 발라놉스과 | 3 | Betulaceae 자작나무과 |
| | 2 | Fagaceae 참나무과 |

목 11 카수아리나목(Casuarinales)

| 과 | 1 | Casuarinaceae 카수아리나과 |

아강 3 석죽아강(Caryophyllidae)

목 1 석죽목(Caryophyllales)

과	1	Phytolaccaceae 자리공과	7	Chenopodiaceae 명아주과
	2	Achatocarpaceae 아카토카푸스과	8	Amaranthaceae 비름과
	3	Nyctaginaceae 분꽃과	9	Portulacaceae 쇠비름과
	4	Aizoaceae 번행초과	10	Basellaceae 바셀라과
	5	Didiereaceae 디디에리아과	11	Molluginaceae 석류풀과
	6	Cactaceae 선인장과	12	Caryophyllaceae 석죽과

목 2 마디풀목(Polygonales)

| 과 | 1 | Polygonaceae 마디풀과 |

목 3 갯길경이목(Plumbaginales)

| 과 | 1 | Plumbaginaceae 갯길경이과 |

아강 4 딜레니아아강(Dilleniidae)

목 1 딜레니아목(Dilleniales)

| 과 | 1 | Dilleniaceae 딜레니아과 | 2 | Paeoniaceae 작약과 |

목 2 차나무목(Theales)

과	1	Ochnaceae 금연목과	10	Tetrameristaceae 테트라메리스타과
	2	Sphaerosepalaceae 스페로세팔럼과	11	Pellicieraceae 펠리시에라과
	3	Sarcolaenaceae 사콜라나과	12	Oncothecaceae 온코씨카과
	4	Dipterocarpaceae 딥테로카푸스과	13	Marcgraviaceae 마크그라비아과
	5	Caryocaraceae 케리오카과	14	Quiinaceae 쿠이나과
	6	Theaceae 차나무과	15	Elatinaceae 물별과
	7	Actinidiaceae 다래나무과	16	Paracryphiaceae 패라크리피아과
	8	Scytopetalaceae 스키토페탈과	17	Medusagynaceae 메두사지나과
	9	Pentaphylacaceae 펜타필락스과	18	Clusiaceae 클루시아과

목 3 아욱목(Malvales)

과	1	Elaeocarpaceae 담팔수과	4	Bombacaceae 물밤나무과
	2	Tiliaceae 피나무과	5	Malvaceae 아욱과
	3	Sterculiaceae 벽오동과		

목 4 레시씨스목(Lecythidales)

과	1	Lecythidaceae 레시씨스과

목 5 벌레잡이풀목(Nepenthales)

과	1	Sarraceniaceae 사라시니아과	3	Droseraceae 끈끈이귀개과
	2	Nepenthaceae 벌레잡이풀과		

목 6 제비꽃목(Violales)

과	1	Flacourtiaceae 이나무과	13	Ancistrocladaceae 안시스트로클라다과
	2	Peridiscaceae 페리디스커스과	14	Turneraceae 트르네라과
	3	Bixaceae 빅사과	15	Malesherbiaceae 말레세르비아과
	4	Cistaceae 시스투스과	16	Passifloraceae 시계꽃과
	5	Huaceae 후아과	17	Achariaceae 아차리아과
	6	Lacistemataceae 라시스테마과	18	Caricaceae 파파야과
	7	Scyphostegiaceae 스퀴포스테지과	19	Fouquieriaceae 푸퀴어리아과
	8	Stachyuraceae 스타치우루스과	20	Hoplestigmataceae 호플레스티그마타과
	9	Violaceae 제비꽃과	21	Cucurbitaceae 박과

10	Tamaricaceae 위성류과	22	Datiscaceae 데티스카과
11	Frankeniaceae 프란케니아과	23	Begoniaceae 베고니아과
12	Dioncophyllaceae 디온코필럼과	24	Loasaceae 로사과

목 7 버드나무목(Salicales)

과 1 Salicaceae 버드나무과

목 8 카패리스목(Capparales)

과	1	Tovariaceae 토배리아과	4	Moringaceae 모린가과
	2	Capparaceae 카패리스과	5	Resedaceae 레시다과
	3	Brassicaceae 십자화과		

목 9 배티스목(Batales)

과 1 Gyrostemonaceae 자이로스테몬과   2 Bataceae 배티스과

목 10 진달래목(Ericales)

과	1	Cyrillaceae 사이릴라과	5	Epacridaceae 에파크리스과
	2	Clethraceae 매화오리나무과	6	Ericaceae 진달래과
	3	Grubbiaceae 그루비아과	7	Pyrolaceae 노루발과
	4	Empetraceae 시로미과	8	Monotropaceae 수정난풀과

목 11 돌매화나무목(Diapensiales)

과 1 Diapensiaceae 돌매화나무과

목 12 감나무목(Ebenales)

과	1	Sapotaceae 사포테과	4	Lissocarpaceae 리소카르파과
	2	Ebenaceae 감나무과	5	Symplocaceae 노린재나무과
	3	Styracaceae 때죽나무과		

목 13 앵초목(Primulales)

| 과 | 1 | Theophrastaceae 테오프라스타과 | 3 | Primulaceae 앵초과 |
| | 2 | Myrsinaceae 자금우과 | | |

아강 5 장미아강(Rosidae)

목 1 장미목(Rosales)

과					
	1	Brunelliaceae 브루넬리아과	13	Bruniaceae 브루니아과
	2	Connaraceae 코나루스과	14	Anisophylleaceae 언이소필리과
	3	Eucryphiaceae 유크리피아과	15	Alseuosmiaceae 알슈오스미아과
	4	Cunoniaceae 쿠노니아과	16	Crassulaceae 돌나물과
	5	Davidsoniaceae 다비드소니아과	17	Cephalotaceae 세팔로터스과
	6	Dialypetalanthaceae다이얼리페탈란타과	18	Saxifragaceae 범의귀과
	7	Pittosporaceae 돈나무과	19	Rosaceae 장미과
	8	Byblidaceae 비블리스과	20	Neuradaceae 니우라다과
	9	Hydrangeaceae 수국과	21	Crossosomataceae 크로소소마타과
	10	Columelliaceae 콜루멜리아과	22	Chrysobalanaceae 크리소발라너스과
	11	Grossulariaceae 까마귀밥나무과	23	Surianaceae 수리아나과
	12	Greyiaceae 그레이아과	24	Rhabdodendraceae 랍도덴드론과

목 2 콩목(Fabales)

과				
	1	Mimosaceae 미모사과	3	Fabaceae 콩과
	2	Caesalpiniaceae 실거리나무과		

목 3 프로티아목(Proteales)

과				
	1	Elaeagnaceae 보리수나무과	2	Proteaceae 프로티아과

목 4 포도스테뭄목(Podostemales)

과		
	1	Podostemaceae 포도스테뭄과

목 5 개미탑목(Haloragales)

과				
	1	Haloragaceae 개미탑과	2	Gunneraceae 거네라과

목 6 도금양목(Myrtales)

과				
	1	Sonneratiaceae 소네라티과	7	Myrtaceae 도금양과
	2	Lythraceae 부처꽃과	8	Punicaceae 석류나무과
	3	Penaeaceae 페나이아과	9	Onagraceae 바늘꽃과
	4	Crypteroniaceae 크립터로니아과	10	Oliniaceae 올리니아과

과	5	Thymelaeaceae 팥꽃나무과	11	Melastomataceae 멜라스토마과
	6	Trapaceae 마름과	12	Combretaceae 콤브레텀과

목 7 라이조포라목(Rhizophorales)

과	1	Rhizophoraceae 라이조포라과

목 8 층층나무목(Cornales)

과	1	Alangiaceae 박쥐나무과	3	Cornaceae 층층나무과
	2	Nyssaceae 니사나무과	4	Garryceae 가리아과

목 9 단향목(Santalales)

과	1	Medusandraceae 메두산드라과	6	Misodendraceae 미소덴드론과
	2	Dipentodontaceae 디펜토돈과	7	Loranthaceae 꼬리겨우살이과
	3	Olacaceae 올락스과	8	Viscaceae 겨우살이과
	4	Opiliaceae 오필리아과	9	Eremolepidaceae 에레몰레피다과
	5	Santalaceae 단향과	10	Balanophoraceae 밸라노포라과

목 10 라플레시아목(Rafflesiales)

과	1	Hydnoraceae 히드노라과	3	Rafflesiaceae 라플레시아과
	2	Mitrastemonaceae 미트라스테마과		

목 11 노박덩굴목(Celastrales)

과	1	Geissolomataceae 가이솔로마과	7	Icacinaceae 아이카시나과
	2	Celastraceae 노박덩굴과	8	Aextoxicaceae 액스톡시콘과
	3	Hippocrateaceae 히포크라테아과	9	Cardiopteridaceae 카디옵터리스과
	4	Stackhousiaceae 스택하우스과	10	Corynocarpaceae코라이노카푸스과
	5	Salvadoraceae 샐바도라과	11	Dichapetalaceae 디샤페탈럼과
	6	Aquifoliaceae 감탕나무과		

목 12 대극목(Euphorbiales)

과	1	Buxaceae 회양목과	3	Pandaceae 팬다과
	2	Simmondsiaceae 시몬드시아과	4	Euphorbiaceae 대극과

목 13 갈매나무목(Rhamnales)

과	1	Rhamnaceae 갈매나무과	3	Vitaceae 포도과

과	2	Leeaceae 리아과			

목 14 아마목(Linales)

과	1	Erythroxylaceae 에리쓰록실럼과	4	Hugoniaceae 후고니아과
	2	Humiriaceae 후미리아과	5	Linaceae 아마과
	3	Ixonanthaceae 익소낸쎄스과		

목 15 원지목(Polygalales)

과	1	Malpighiaceae 말피기과	5	Polygalaceae 원지과
	2	Vochysiaceae 보치시아과	6	Xanthophyllaceae 잔토필라과
	3	Trigoniaceae 트라이고니아과	7	Krameriaceae 크라메리아과
	4	Tremandraceae 트레만드라과		

목 16 무환자나무목(Sapindales)

과	1	Staphyleaceae 고추나무과	9	Anacardiaceae 옻나무과
	2	Melianthaceae 멜리안투스과	10	Julianiaceae 줄리아니아과
	3	Bretschneideraceae 브렛슈나이더과	11	Simaroubaceae 소태나무과
	4	Akaniaceae 아카니아과	12	Cneoraceae 크네오룸과
	5	Sapindaceae 무환자나무과	13	Meliaceae 멀구슬나무과
	6	Hippocastanaceae 칠엽수나무과	14	Rutaceae 운향과
	7	Aceraceae 단풍나무과	15	Zygophyllaceae 남가새과
	8	Burseraceae 버세라과		

목 17 쥐손이풀목(Geraniales)

과	1	Oxalidaceae 괭이밥과	4	Tropaeolaceae 한련과
	2	Geraniaceae 쥐손풀이과	5	Balsaminaceae 봉선화과
	3	Limnanthaceae 림난테스과		

목 18 산형목(Apiales)

과	1	Araliaceae 두릅나무과	2	Apiaceae 산형과

아강 6 국화아강(Asteridae)

목 1 용담목(Gentianales)

과	1	Loganiaceae 마전과	4	Saccifoliaceae 싸시폴리아과
	2	Retziaceae 레트지아과	5	Apocynaceae 협죽도과
	3	Gentianaceae 용담과	6	Asclepiadaceae 박주가리과

목 2 가지목(Solanales)

과	1	Duckeodendraceae 둑케오덴드라과	5	Cuscutaceae 새삼과
	2	Nolanaceae 놀라나과	6	Menyanthaceae 조름나물과
	3	Solanaceae 가지과	7	Polemoniaceae 꽃고비과
	4	Convolvulaceae 메꽃과	8	Hydrophyllaceae 히드로필럼과

목 3 꿀풀목(Lamiales)

과	1	Lennoaceae 렌노아과	3	Verbenaceae 마편초과
	2	Boraginaceae 지치과	4	Lamiaceae 꿀풀과

목 4 별이끼목(Callitrichales)

과	1	Hippuridaceae 쇠뜨기말풀과	3	Hydrostachyaceae 하이드로스타치스과
	2	Callitrichaceae 별이끼과		

목 5 질경이목(Plantaginales)

과	1	Plantaginaceae 질경이과

목 6 현삼목(Scrophulariales)

과	1	Buddlejaceae 부들레야과	7	Gesneriaceae 제스네리아과
	2	Oleaceae 물푸레나무과	8	Acanthaceae 쥐꼬리망초과
	3	Scrophulariaceae 현삼과	9	Pedaliaceae 참깨과
	4	Globulariaceae 글로블라리아과	10	Bignoniaceae 능소화과
	5	Myoporaceae 미오포라과	11	Mendonciaceae 멘돈시과
	6	Orobanchaceae 열당과	12	Lentibulariaceae 통발과

목 7 초롱꽃목(Campanulales)

과	1	Pentaphragmataceae 펜타프라그마과	5	Donatiaceae 도나티아과
	2	Sphenocleaceae 스페노클리과	6	Brunoniaceae 브루노니아과

과	3	Campanulaceae 초롱꽃과		7	Goodeniaceae 구데니아과
	4	Stylidiaceae 스타일리듐과			

목 8 꼭두선이목(Rubiales)

과	1	Rubiaceae 꼭두선이과		2	Theligonaceae 텔리곤과

목 9 산토끼꽃목(Dipsacales)

과	1	Caprifoliaceae 인동과		3	Valerianaceae 마타리과
	2	Adoxaceae 연복초과		4	Dipsacaceae 산토끼꽃과

목 10 캘리시라목(Calycerales)

과	1	Calyceraceae 캘리시라과

목 11 국화목(Asterales)

과	1	Asteraceae 국화과

> 표 9-2. 피자식물 쌍자엽식물의 APG IV 분류체계(Judd *et al.*, 2016)

기저식물군(ANA GRADE; Basal Plants)
(암보렐라목, 수련목, 아스트로베일레아목 포함)

암보렐라목(Amborellales)

Amborellaceae 암보렐라과

수련목(Nymphaeales)

Cabombaceae 어항마름과	Nymphaeaceae 수련과
Hydatellaceae 하이데틸라과	

아스트로베일레아목(Austrobaileyales)

Austrobaileyaceae 아스트로베일레아과	Schisandraceae 오미자과 (+Illiciaceae 붓순나무과)

핵심속씨식물군(MESANGIOSPERMAE)
(기저식물을 제외한 모든 속씨식물 포함)

홀아비꽃대목(Chloranthales)

목련군(MAGNOLIIDS; Magnoliidae)

카넬라목(Canellales)

| Canellaceae 카넬라과 | Winteraceae 윈테라과 |

후추목(Piperales)

| Aristolochiaceae 쥐방울덩굴과
(+Hydnoraceae 하이드노라과)
(+Lactoridaceae 락토리스과) | Piperaceae 후추과 |
| Saururaceae 삼백초과 | |

녹나무목(Laurales)

Calycanthaceae 받침꽃과	Monimiaceae 모니미아과
Hernandiaceae 헤르난디아과	Siparunaceae 시파루나과
Lauraceae 녹나무과	

목련목(Magnoliales)

| Annonaceae 뽀뽀나무과 | Magnoliaceae 목련과 |
| Degeneriaceae 디제네리아과 | Myristicaceae 미리스티카과 |

진정쌍자엽식물군(EUDICOTS; Eudicotyledoneae)

기저진정쌍자엽식물군(BASAL TRICOLPATES)

미나리아재비목(Ranunculales)

Berberidaceae 매자나무과	Menispermaceae 새모래덩굴과
Eupteleaceae 읍텔레아과	Papaveraceae 양귀비과 (+Fumariaceae 현호색과)
Lardizabalaceae 으름덩굴과	Ranunculaceae 미나리아재비과 (+Glaucidiaceae 글라우키디아과)

프로티아목(Proteales)

| Nelumbonaceae 연과 | Proteaceae 프로테아과 |
| Platanaceae 버즘나무과 | |

트로코덴드론목(Trochodendrales)

| Trochodendraceae 트로코덴드론과 |

회양목목(Buxales)

| Buxaceae 회양목과 |

핵심진정쌍자엽식물군(CORE EUDICOTS; Gunneridae)
(나머지 모든 진정쌍자엽식물군 포함)

거네라목(Gunnerales)

Gunneraceae 거네라과

오판화식물군(PENTAPETALAE)
(상위장미군과 상위국화군 포함)

Dilleniaceae 딜레니아과(위치 불분명)

상위장미군(SUPERROSIDAE)
(범위귀목과 장미군 포함)

범의귀목(Saxifragales)

Altingiaceae 알틴지아과	Haloragaceae 개미탑과
Cercidiphyllaceae 계수나무과	Hamamelidaceae 조록나무과
Crassulaceae 돌나물과	Iteaceae 이티아과
Daphniphyllaceae 굴거리나무과	Paeoniaceae 작약과
Grossulariaceae 까치밥나무과	Saxifragaceae 범의귀과

장미군(ROSID CLADE; Rosidae)

포도목(Vitales)

Vitaceae 포도과

콩군; 진정장미군 1(Eurosids 1; Fabidae)

남가새목(Zygophyllales)

Krameriaceae 크라메리아과	Zygophyllaceae 남가새과

노박덩굴목(Celastrales)

Celastraceae 노박덩굴과	Parnassiaceae 물매화과

괭이밥목(Oxalidales)

Brunelliaceae 브루넬리아과	Cunoniaceae 쿠노니아과
Cephalotaceae 세팔로터스과	Oxalidaceae 괭이밥과

말피기아목(Malpighiales)

Achariaceae 아차리아과	Phyllanthaceae 여우주머니과

Calophyllaceae 켈로필럼과

Chrysobalanaceae 크리소발라너스과

Clusiaceae 클루시아과

Euphorbiaceae 대극과

Hypericaceae 물레나물과

Malpighiaceae 말피기아과

Passifloraceae 시계꽃과

Picrodendraceae 피크로덴드론과

Podostemaceae 포도스테뭄과

Putranjivaceae 푸트란지바과

Rafflesiaceae 라플레시아과

Rhizophoraceae 라이조포라과

Salicaceae 버드나무과
(+Flacourtiaceae 이나무과 일부분)

Violaceae 제비꽃과

박목(Cucurbitales)

Begoniaceae 베고니아과

Cucurbitaceae 박과

Datiscaceae 데티스카과

콩목(Fabales)

Fabaceae 콩과

Polygalaceae 원지과

Surianaceae 수리에나과

참나무목(Fagales)

Betulaceae 자작나무과

Casuarinaceae 카수아리나과

Fagaceae 참나무과

Juglandaceae 가래나무과

Myricaceae 소귀나무과

Nothofagaceae 노쏘파거스과

Ticodendraceae 티코덴드론과

장미목(Rosales)

Cannabaceae 삼과
(+Celtidaceae 팽나무과)

Elaeagnaceae 보리수나무과

Moraceae 뽕나무과

Rhamnaceae 갈매나무과

Rosaceae 장미과

Ulmaceae 느릅나무과

Urticaceae 쐐기풀과

아욱군; 진정장미군 2(Eurosids 2; Malvidae)

쥐손이풀목(Geraniales)

Geraniaceae 쥐손이풀과

크로소소마타목(Crossosomatales)

Crossosomataceae 크로소소마타과	Staphyleaceae 고추나무과

도금양목(Myrtales)

Combretaceae 콤브레텀과	Myrtaceae 도금양과
Lythraceae 부처꽃과 (+Punicaceae 석류나무과) (+Trapaceae 마름과)	Onagraceae 바늘꽃과
Melastomataceae 멜라스토마과	Vochysiaceae 보치시아과

피크람니아목(Picramniales)

Picramniaceae 피크람니아과	

십자화목(Brassicales)

Bataceae 배티스과	Cleomaceae 풍접초과
Brassicaceae 십자화과	Moringaceae 모린가과
Capparaceae 카패리스과	Resedaceae 레시다과
Caricaceae 파파야과	

아욱목(Malvales)

Cistaceae 시스투스과	Malvaceae 아욱과 (+Bombacaceae 물밤나무과) (+Sterculiaceae 벽오동과) (+Tiliaceae 피나무과)
Dipterocarpaceae 딥테로카푸스과	Thymelaeaceae 팥꽃나무과

무환자나무목(Sapindales)

Anacardiaceae 옻나무과	Rutaceae 운향과
Burseraceae 버세라과	Sapindaceae 무환자나무과 (+Aceraceae 단풍나무과) (+Hippocastanaceae 칠엽수과)
Meliaceae 멀구슬나무과	Simaroubaceae 소태나무과

상위국화군(SUPERASTERIDAE)
(단향목, 석죽목, 국화군 포함)

단향목(Santalales)

Balanophoraceae 밸라노포라과	Olacaceae 올락스과
Loranthaceae 꼬리겨우살이과	Opiliaceae 오필리아과
Misodendraceae 미소덴드론과	Schoepfiaceae 쑈피아과
Santalaceae 단향과	

석죽목(Caryophyllales)

Aizoaceae 번행초과	Nyctaginaceae 분꽃과
Amaranthaceae 비름과 (+Chenopodiaceae 명아주과)	Phytolaccaceae 자리공과
Anacampserotaceae 애나캠세로스과	Plumbaginaceae 갯길경이과
Cactaceae 선인장과	Polygonaceae 마디풀과
Caryophyllaceae 석죽과	Portulacaceae 쇠비름과
Didiereaceae 디디에리아과	Simmondsiaceae 시몬드시아과
Droseraceae 끈끈이귀개과	Talinaceae 텔리늄과
Montiaceae 몬샤과	Tamaricaceae 위성류과
Nepenthaceae 벌레잡이풀과	

국화군(ASTERID CLADE; Asteridae)

층층나무목(Cornales)

| Cornaceae 층층나무과 | Loasaceae 로사과 |
| Hydrangeaceae 수국과 | Nyssaceae 닛사과 |

진달래목(Ericales)

Actinidiaceae 다래나무과	Pentaphylacaceae 펜타필락스과 (+Ternstroemiaceae 후피향나무과)
Balsaminaceae 봉선화과	Polemoniaceae 꽃고비과
Clethraceae 매화오리나무과	Primulaceae 앵초과 (+Theophrastaceae 테오프라스타과) (+Maesaceae 빌레나무과) (+Myrsinaceae 자금우과)
Cyrillaceae 사이릴라과	Sapotaceae 사포테과
Ebenaceae 감나무과	Sarraceniaceae 사라시니아과

Ericaceae 진달래과
(+Empetraceae 시로미과)
(+Monotropaceae 수정난풀과)
(+Pyrolaceae 노루발과)
(+Epacridaceae 에파크리스과)

Styracaceae 때죽나무과

Fouquieriaceae 푸쿼어리아과

Symplocaceae 노린재나무과

Lecythidaceae 레시씨스과

Theaceae 차나무과

핵심국화군(Core Asterids)

꿀풀군; 진정국화군 1(Euasterids 1; Lamiidae)

지치목(Boraginales) (위치 불분명)

Boraginaceae 지치과

Hydrophyllaceae 히드로필럼과

식나무목(가리아목, Garryales)

Eucommiaceae 두충과

Garryaceae 가리아과

용담목(Gentianales)

Apocynaceae 협죽도과
(+Asclepiadaceae 박주가리과)

Loganiaceae 마전과

Gelsemiaceae 겔세미엄과

Rubiaceae 꼭두선이과

Gentianaceae 용담과

꿀풀목(Lamiales)

Acanthaceae 쥐꼬리망초과

Orobanchaceae 열당과
(+Scrophulariaceae 현삼과 기생 종)

Bignoniaceae 능소화과

Paulowniaceae 오동나무과

Calceolariaceae 칼시올라리아과

Phrymaceae 파리풀과
(+*Mimulus*속과 근연종)

Gesneriaceae 제스네리아과

Plantaginaceae 질경이과
(+Callitrichaceae 별이끼과)
(+Scrophulariaceae 현삼과 일부)

Lamiaceae 꿀풀과
(+Verbenaceae 마편초과의 여러 속)

Scrophulariaceae 현삼과
(+Buddlejaceae 부들레아과)
(+Myoporaceae 미오포라과)

Linderniaceae 밭둑외풀과

Tetrachondraceae 테트라콘드라과

Lentibulariaceae 통발과

Verbenaceae 마편초과

Oleaceae 물푸레나무과

가지목(Solanales)

Convolvulaceae 메꽃과
(+Cuscutaceae 새삼과)
Hydroleaceae 하이드롤리아과

Solanaceae 가지과
(+Nolanaceae 놀라나과)

초롱꽃군; 진정국화군 2(Euasterids 2; Campanulidae)

산형목(Apiales)

Apiaceae 산형과
(+Hydrocotylaceae 하이드로코틸라과 일부)

Araliaceae 두릅나무과
(+Hydrocotylaceae 하이드로코틸라과 일부)

Myodocarpaceae 미오도카푸스과

Pittosporaceae 돈나무과

감탕나무목(Aquifoliales)

Aquifoliaceae 감탕나무과

Helwingiaceae 헬윙기아과

Phyllonomaceae 필로노마과

국화목(Asterales)

Asteraceae 국화과

Calyceraceae 캘리시라과

Campanulaceae 초롱꽃과
(+Lobeliaceae 숫잔대과)

Goodeniaceae 구데니아과

Menyanthaceae 조름나물과

Stylidiaceae 스타일리듐과

산토끼꽃목(Dipsacales)

Adoxaceae 연복초과
(+*Sambucus* 딱총나무속
(+*Viburnum* 아왜나무속)

Caprifoliaceae 인동과
(+Diervillaceae 병꽃나무과)
(+Dipsacaceae 산토끼꽃과)
(+Linnaeaceae 린네풀과)
(+Valerianaceae 마타리과)

Sabiaceae 나도밤나무과 (위치 불분명)

Cronquist(1981)		APG III(APG, 2009)
과(family)	속(genus)	과(family)
Aceraceae 단풍나무과	*Acer* 단풍나무속	Sapindaceae 무환자나무과
Alangiaceae 박쥐나무과	*Alangium* 박쥐나무속	Cornaceae 층층나무과
Apiaceae 산형과	*Hydrocotyle* 피막이속	Araliaceae 두릅나무과
Asclepiadaceae 박주가리과	*Cynanchum* 백미꽃속	Apocynaceae 협죽도과
	Marsdenia 나도은조롱속	
	Metaplexis 박주가리속	
	Tylophora 왜박주가리속	
Aucubaceae 식나무과	*Aucuba* 식나무속	Garryaceae 가리아과
Bignoniaceae 능소화과	*Paulownia* 오동나무속	Paulowniaceae 오동나무과
Callirichaceae 별이끼과	*Callitriche* 별이끼속	Plantaginaceae 질경이과
Capparaceae 풍접초과	*Cleome* 풍접초속	Cleomaceae 풍접초과
Caprifoliaceae 인동과	*Parnassia* 물매화속	Celastraceae 노박덩굴과
Celtidaceae 팽나무과	*Aphananthe* 푸조나무속	Cannabaceae 삼과
	Celtis 팽나무속	
Chenopodiaceae 명아주과	*Atriplex* 갯능쟁이속	Amaranthaceae 비름과
	Axyris 나도댑싸리속	
	Beta 근대속	
	Chenopodium 명아주속	
	Corispermum 호모초속	
	Kochia 댑싸리속	
	Salicornia 퉁퉁마디속	
	Salsola 수송나물속	
	Spinacia 시금치속	
	Suaeda 나문재속	

Clusiaceae 물레나물과	Hypericum 물레나물속	Hypericaceae 물레나물과
	Triadenum 물고추나물속	
Diervillaceae 병꽃나무과	Weigela 병꽃나무속	Caprifoliaceae 인동과
Dipsacaceae 산토끼꽃과	Dipsacus 산토끼꽃속	
	Scabiosa 체꽃속	
Empetraceae 시로미과	Empetrum 시로미속	Ericaceae 진달래과
Euphorbiaceae 대극과	Phyllanthus 여우주머니속	Phyllanthaceae 여우주머니과
	Securinega 광대싸리속	
Flacourtiaceae 이나무과	Idesia 이나무속	Salicaceae 버드나무과
	Xylosma 산유자나무속	
Fumariaceae 현호색과	Adlumia 줄꽃주머니속	Papaveraceae 양귀비과
	Corydalis 현호색속	
	Dicentra 금낭화속	
Hippocastanaceae 칠엽수과	Aesculus 칠엽수속	Sapindaceae 무환자나무과
Illiciaceae 붓순나무과	Illicium 붓순나무속	Schisandraceae 오미자과

Cronquist(1981)		APG III(APG, 2009)
과(family)	속(genus)	과(family)
Linnaeaceae 린네풀과	Linnaea 린네풀속	Caprifoliaceae 인동과
	Zabelia 줄댕강나무속	
Monotropaceae 수정난풀과	Monotropa 수정난풀속	Ericaceae 진달래과
	Monotropastrum 나도수정초속	
Myrsinaceae 자금우과	Ardisia 자금우속	Primulaceae 앵초과
Punicaceae 석류나무과	Punica 석류나무속	Lythraceae 부처꽃과
Pyrolaceae 노루발과	Chimaphila 매화노루발속	Ericaceae 진달래과
	Moneses 홀꽃노루발속	
	Orthilia 새끼노루발속	
	Pyrola 노루발속	

	Antirrhinum 금어초속	Plantaginaceae 질경이과
	Centranthera 성주풀속	Orobanchaceae 열당과
	Deinostema 진땅고추풀속	Plantaginaceae 질경이과
	Digitalis 디기탈리스속	
	Dopatrium 등에풀속	
	Euphrasia 좁쌀풀속	Orobanchaceae 열당과
	Gratiola 큰고추풀속	Plantaginaceae 질경이과
Scrophulariaceae 현삼과	*Limnophila* 구와말속	
	Linaria 해란초속	
	Lindernia 밭둑외풀속	Linderniaceae 밭둑외풀과
	Mazus 주름잎속	Phrymaceae 파리풀과
	Melampyrum 꽃며느리밥풀속	Orobanchaceae 열당과
	Microcarpaea 진흙풀속	Phrymaceae 파리풀과
	Mimulus 물꽈리아재비속	
	Omphalotrix 쌀파도풀속	Orobanchaceae 열당과
	Pedicularis 송이풀속	Orobanchaceae 열당과
	Phtheirospermum 나도송이풀속	
	Pseudolysimachion 꼬리풀속	Plantaginaceae 질경이과
Scrophulariaceae 현삼과	*Rehmannia* 지황속	Orobanchaceae 열당과
	Siphonostegia 절국대속	
	Veronica 개불알풀속	Plantaginaceae 질경이과
	Veronicastrum 냉초속	
Sterculiaceae 벽오동과	*Firmiana* 벽오동속	Malvaceae 아욱과
	Melochia 불암초속	
Theaceae 차나무과	*Cleyera* 비쭈기나무속	Pentalphylacaceae 펜타필락스과
	Eurya 사스레피나무속	
	Ternstroemia 후피향나무속	

Tiliaceae 피나무과	*Corchoropsis* 까치깨속	Malvaceae 아욱과
	Corchorus 황마속	
	Grewia 장구밥나무속	
	Tilia 피나무속	
	Triumfetta 고슴도치풀속	
Trapaceae 마름과	*Trapa* 마름속	Lythraceae 부처꽃과
Valerianaceae 마타리과	*Patrinia* 마타리속	Caprifoliaceae 인동과
	Valeriana 쥐오줌풀속	
Verbenaceae 마편초과	*Callicarpa* 작살나무속	Lamiaceae 꿀풀과
	Caryopteris 층꽃나무속	
	Clerodendrum 누리장나무속	
	Vitex 순비기나무속	
Viburnaceae 산분꽃나무과	*Viburnum* 산분꽃나무속	Adoxaceae 연복초과

>표 9–4. Cronquist(1981) 분류체계의 속(genus)이 APG III(APG, 2009) 분류체계에서 다른 속과 통합된 쌍자엽식물(이윤경 *et al*, 2015)

Cronquist(1981)		APG III(APG, 2009)
과(family)	속(genus)	속(genus)
Anacardiaceae 옻나무과	*Toxicodendron* 옻나무속	*Rhus*
Asteraceae 국화과	*Dracopsis* 천인국아재비속	*Rudbeckia*
	Rhaponticum 뻐꾹채속	*Leuzea*
Brassicaceae 십자화과	*Arabidopsis* 애기장대속	*Arabis*
Ericaceae 진달래과	*Ledum* 백산차속	*Rhododendron*
Gentianaceae 용담과	*Anagallidium* 대성쓴풀속	*Swertia*
Moraceae 뽕나무과	*Cudrania* 꾸지뽕나무속	*Maclura*
Papaveraceae 양귀비과	*Coreanomecon* 메미꽃속	*Chelidonium*
Ranunculaceae 미나리아재비과	*Megaleranthis* 모데미풀속	*Eranthis*

Rosaceae 장미과	Pourthiaea 윤노리나무속	Photinia
	Aria 팥배나무속	Sorbus
Solanaceae 가지과	Physaliastrum 가시꽈리속	Leucophysalis
Staphyleaceae 고추나무과	Euscaphis 말오줌때속	Staphylea
Apiaceae 산형과	Libanotis 털기름나물속	Seseli
	Ostericum 묏미나리속	Angelica
Urticaceae 쐐기풀과	Pellionia 펠리온나무속	Elatostema

  속씨식물은 크게 기저식물군(ANA GRADE)과 핵심속씨식물군(MESANGIOSPERMAE)
으로 나눈다. 전자에는 암보렐라목, 수련목, 아스트로베일레아목이 포함되며, 후자에는 기
저식물군을 제외한 나머지 속씨식물 모두가 포함된다(Judd *et al.*, 2016).

기저식물군 ANA GRADE: Basal Plants

암보렐라목 Amborellales

암보렐라과[Amborellaceae Pinchon; Amborella Family]

○ 암보렐라(*Amborella trichopoda* Baill)

  이 식물은 뉴칼레도니아(New Caledonia) 내 숲의 응달진 습윤한 층에서만 자생하는
종이다. 목재에 도관이 없는 관목 또는 소교목상의 분류군으로서, 1목(Amborellales) 1
과(Amborellaceae) 1속(*Amborella*) 1종(*A. trichopoda*)의 식물이다. 잎은 호생하고 2열 배
열이며, 단엽이고 상하로 물결을 이루며, 다소 약간의 예거치를 이룬다. 우상의 엽맥을
이루며, 탁엽은 없다(Judd *et al.*, 2008).

암보렐라속 화서는 유한화서로 엽액에 나온다. 꽃은 방사대칭의 단성화로서 자웅이주이다. 화피편(tepal)은 다섯 개에서 11개이며 다소 떨어져 있는 갈래꽃으로서 복와상을 이룬다. 수술은 많고 수술대(filament)와 약(anther)으로는 분화가 덜 되었다. 수술대가 짧고, 암꽃에 있는 헛수술은 화분을 내지 못한다. 화분립(pollen grain)은 단구형(monoaperturate)이다. 암꽃의 심피는 다섯 개 내지는 여섯 개이며 약간 오목한 화탁(receptacle)에 놓인다. 자방의 위치는 상위이며, 태좌가 측면으로 있고(lateral placentation), 주두(stigma)는 화주(style)의 윗면(adaxial surface) 위로 뻗어 내려온다. 자방에 배주는 한 개가 있으며, 열매는 소핵과가 취과(aggregate)로 익는다(Judd *et al.*, 2016).

암보렐라과의 꽃이 다소 오목한 화탁에 놓이고 열매가 핵과로 달린다는 점에서 전통적으로 녹나무목(Laurales)에 속했었으며, 목재에 도관이 없다는 것, 꽃의 화피편이 갈래로 되었고, 많은 수술이 있으며, 수술이 수술대와 약으로 분화가 되지 않았으며, 주두의 능선이 융합되지 않았다는 점 등에서 덜 진화한 원시적인 종으로 여겨지고 있다(Judd *et al.*, 2016).

아스트로베일레아목 Austrobaileyales

오미자과[Schisandraceae Blume; Star Anise Family]

붓순나무과(Illiciaceae)는 얼마 전까지 독립된 과(科)였다가 최근에 오미자과(Schisandraceae)에 통합되었다(APG, 2009). 오미자과는 관목, 교목, 또는 목본덩굴식물로서, 붓순나무속(*Illicium*)에 44종, 오미자속(*Schisandra*)에 30종, 남오미자속(*Kadsura*)에 16종이 있다. 꽃은 단성화 또는 붓순나무속에서처럼 양성화로 나온다. 자웅이주 또는 자웅동주이며, 화피편(tepals)은 9-30개가 나선상으로 배열하고 바깥쪽의 화피편은 꽃받침잎처럼 보이고 안쪽의 화피편은 꽃잎처럼 보인다. 수술은 다섯 개에서 여러 개이며, 많은 심피는 나선상으로 배열하며 열매는 장과 내지는 골돌과(붓순나무속)로 익으며, 다량의 배유와 작은 배(embryo)가 있다(Judd et al., 2016; 이창복, 2007).

○ **붓순나무(*Illicium religiosum* Sieb. et Zucc.)**

붓순나무속은 아시아의 남동지역, 미국의 남동지역, 쿠바(Cuba), 히스파니올라(Hispaniola), 멕시코 등지에 분포하며(Judd et al., 2016), 한국에서는 붓순나무가 제주도와 완도, 진도에 자란다(이창복, 2007). 이 속은 교목이나 관목상으로 나오며, 잎은 호생하고 나선상으로 달린다. 새 순의 끝에서 모여 나기도 한다. 붓순나무속의 잎은 단엽이고 전연이며, 우상 엽맥이고, 잎몸에 맑은 점들이 있고, 탁엽은 없다.

화서는 유한화서이고, 엽액에 한 개에서 세 개 정도의 꽃이 핀다. 꽃은 양성화로서 방사대칭이고 화탁은 볼록하거나 원추형이다. 화피편은 보통으로 많으며, 갈래로 떨어져 있고, 바깥쪽 화피편은 꽃받침잎처럼 보이고 가장 안쪽의 화피편은 미소(minute)하게 나오기도 하고, 화피편의 배열은 복와상이다. 수술은 보통으로 많으며, 이생이고, 수술대는 짧고 두꺼우며, 약(anthers)과의 분화가 잘 되어있지 않다. 약격 조직(connective tissue)은 약의 화분낭 사이와 정단부 넘어 까지 뻗으며, 화분립은 삼구형이지만 구(colpus)의 위치가 진정쌍자엽식물군의 화분립의 것과 다르게 놓인다. 수술의 기저에 단물(nectar)이 생성된다. 심피는 여섯 개에서 여러 개이며 이생심피이고, 하나의 동심원 상에 놓인다. 자방의 위치는 상위이며, 다소 기저태좌를 보인다. 주두는 화주의 윗면쪽(adaxial surface) 위로 뻗어 내려온다. 심피 당 배주는 한 개다. 열매는 별모양의 취과상 골돌과이다. 각 골돌과 마다 한 개의 매끈하고 딱딱한 종의로 덮인 씨앗이 있다(Judd et al., 2016). 붓순나무의 씨앗은 독성이 있어 먹으면 위험한 것으로 알려져 있다(윤주복, 2006).

붓순나무 꽃공식(floral formula of *Illicium religiosum*)

$$*, \, -\infty-, \, \infty, \, \underline{6-\infty}, \, 골돌과$$

A: 윤채 나는 잎 앞면과 엽서

B: 화서

C: 수술과 심피

D: 정면에서 본 화피편

E: 측면에서 본 화피편

F: 성숙 중인 열매가 있는 덩굴성 성상

G: 소교목 성상

>사진 9-1. **아스트로베일리아목**(Austrobaileyales) **오미자과**(Schisandraceae).
A–C, E, G: 붓순나무(*Illicium religiosum*), D: *I. floridanum*, F: 오미자(*Schisandra chinensis*).

핵심속씨식물군 MESANGIOSPERMAE

핵심속씨식물군(MESANGIOSPERMAE)은 기저식물군(ANA GRADE)을 제외한 모든 속씨식물 분류군이며, 이 그룹은 다시 크게 목련군(MAGNOLIIDS), 단자엽식물군(MONOCOTS), 진정쌍자엽식물군(EUDICOTS)으로 나눠진다(Judd *et al.*, 2016).

목련군 MAGNOLIIDS

녹나무목 Laurales

녹나무과[Lauraceae A. L. de Jussieu; Laurel Family]

녹나무과는 열대와 아열대 지역에 널리 분포되는 분류군으로서, 아시아의 남동지역과 남아메리카의 북쪽지역에 특히 다양한 종이 있다. 50속에 2,500종이 있으며, 이 중에서 한국에는 생강나무속(*Lindera*), 녹나무속(*Cinnamomum*), 후박나무속(*Persea*), 까마귀쪽나무속(*Litsea*), 참식나무속(*Neolitsea*) 등이 생육하고 있다.

교목, 관목, 또는 덩굴성 기생 식물(*Cassytha*속)이며, 향기 나는 테르펜 유사 화합물(terpenoid)인 정유(ethereal oils)를 포함하는 구형 세포가 산재한다. 보통으로 타닌(tannins)을 가지고 있다. 녹나무과 식물의 잎은 호생하며 나선상으로 배열하고 간혹 대생하기도 하지만 2열 배열은 하지 않는다. 단엽으로 드물게 결각이 지기도(lobed) 하며 전연이고 엽맥이 우상이다. 때로 엽저 가장 가까이에 있는 이차맥이 그 위의 다른 이차맥에 비해 돋아지기도 한다. 모든 엽맥이 뚜렷하며, 리그닌화된 조직 때문에 엽맥은 잎의 위(adaxial)와 아래(abaxial) 표면에 연결되었다. 잎몸에는 투명한 점이 산포되어 있고 탁엽은 없다(Judd *et al.*, 2016).

동심원에 배열된 수술들의 위치

>그림 9-1. 녹나무과 수술의 배열.
각 동심원에 검은 점으로 표시된 수술이 세 개씩 배열.

녹나무과의 화서는 유한화서이고, 무한화서로 보이기도 하며 엽액에 꽃이 핀다. 꽃은 양성화 내지는 단성화로 나와 자웅이주가 많고 화관은 방사대칭이다. 화탁은 오목하며, 꽃은 보통 작고, 연한 녹색, 노란색, 또는 흰색으로 핀다. 화피편은 보통 6개이고 갈래로 떨어져 있으며 간혹 약간 화피편이 합생이 되기도 한다. 화피편은 복와상이다. 수술은 보통 3-12개이고, 보통 3-4개의 동심원 배열이며, 각 동심원 마다 세 개의 수술이 있다. 수술대 기저에 선점 또는 냄새를 만들어 내는 부속물이 쌍으로 달려 있다. 가장 안쪽의 동심원에 있는 세 개의 수술은 보통 단물이나 냄새를 만들어 내는 헛수술(staminodes)로 축소되었다. 약(anthers)은 밑에서 위쪽으로 두 개 또는 네 개의 판(flaps)이 열리는 판개형(valvular) 약이다. 약이 열리면 끈적끈적한 화분이 나온다. 화분립은 이형이며 발아구(apertures)가 없고, 화분외벽은 작은 돌기로 되었다. 심피는 단심피, 상위자방이고, 다소 정단태좌(apical placentation)를 이루며, 두상으로 평평하고 결각이 지거나 길쭉해진 주두 한 개를 가지고 있다. 자방 안에 배주는 한 개다. 열매는 핵과이며 드물게 하나의 씨앗이 들어 있는 장과로 나기도 한다. 흔히 육질이거나 목질인 오목한 화탁이 각두(cupule)를 이루고 그 위에 핵과가 놓인다. 종자 안의 배는 크고, 자엽은 육질이며, 배유는 없다(Judd *et al.*, 2016; 이창복, 2007).

녹나무과 꽃공식(floral formula of Lauraceae)

$$*, (6), 3-\infty, \underline{1}, 핵과$$

한국에서 생육하는 녹나무과의 식물들은 먼저 잎이 낙엽성인지 상록성인지 나눠 속(genus)수준에서 동정할 수 있다. 낙엽성 식물 중 핵과(벌어지지 않음)를 맺으면 '생강나무속'이고 열매가 건개과이면 '세손이'이다. 잎이 상록성인 나머지 그룹에서 양성화이면

'녹나무속'과 '후박나무속'이다. 전자이면 엽저에 삼출맥이 있고 화피가 곧 떨어진다. 반면에 후자이면, 잎이 우상맥이고 화피가 오랫동안 달려 있다. 상록성 그룹에 속하면서 단성화로 꽃이 나오면, 다음의 네 가지의 속수준의 계단형 검색표를 통해 분류할 수 있다.

1. 무화경 화서, 수술이 6개이며, 엽저에 삼출맥이 있다. ················ 참식나무속
1. 화서에 화경이 있고 수술이 9개이다.
   2. 수피가 얇은 조각으로 벗겨진다. ······························ 육박나무
   2. 수피가 조각으로 벗겨지지 않고 화서에 화경이 있다.
      3. 가지가 갈색이고, 잎 뒷면에 털이 밀생한다. ············· 까마귀쪽나무
      3. 가지가 녹색이고 잎에 털이 없다. ···························· 월계수나무

○ 녹나무속(*Cinnamomum* Bl.)

녹나무속은 인도와 말레이시아에 100여 종, 호주에 몇 종이 있고, 한국에는 녹나무가 제주도에서 상록교목으로 자란다(이창복, 2007). 잎은 두꺼우며 다소 대생 또는 호생하고 엽저에서 세 개의 맥이 발달한다. 화서는 엽액과 소지 끝에 나며, 원추상, 총상 또는 산형으로 나며 화경이 있다. 수술은 9개 또는 그 이하로 세 개의 동심원에 배열되며, 약은 안으로 향하며, 가장 안쪽 동심원의 수술대 기저에 밀선이 쌍으로 붙어 있다(이창복, 2007).

녹나무속에서 잎의 뒷면 맥액(脈腋)에 오목한 선(腺)이 있으면 '녹나무'이고, 잎의 뒷면 맥액에 선(腺)이 없고 화서에 털이 없고 엽두가 첨두이며 엽저 약간 위에서 삼출맥이면 '생달나무'이다.

○ 후박나무속(*Persea* Mill)

이 속은 약 60종이 아시아의 동남부, 중국, 일본 등에서 자라며, 한국에서는 전북 부안 격포리에 후박나무 자연개체군이 있으며, 상록교목으로서 다소 두꺼운 잎은 호생하고,

전연이며, 엽병이 있으며, 우상 엽맥이다. 원추화서가 엽액에서 나고 꽃은 양성화이다. 화피편은 6개이고 그 크기가 거의 같거나, 바깥쪽 세 개가 약간 작고 끝까지 남으며 통부는 짧은 편이다. 수술은 9개이며 바깥쪽 동심원 두 줄에는 밀선이 없고, 약은 안쪽으로 향하며 네 개의 화분낭이 있다. 가장 안쪽 동심원에 있는 세 개의 수술의 수술대 양쪽에 밀선이 있고, 장과 열매는 타원형 또는 원형으로 밑부분에 뒤로 젖혀진 화피가 붙어 있다(이창복, 2007).

○ **후박나무**(*Persea thunbergii* (Siebold et Zucc.) Kostermans)

한국의 울릉도와 남쪽 섬에서 자라는 상록교목으로서, 수고 20 m까지 자라고 지름은 1 m 정도 된다. 그러나 충남 태안 해안가에 식재한 개체들도 생육지의 위도는 높아도 그곳에서 생성된 바닷가 미세기후의 영향을 받아 양호하게 자라는 편이다.

후박나무는 난형의 겨울눈에 아린(bud scales)이 30개 이상이다. 잎은 호생하지만 소지 끝에서는 모여 달리는 것으로 보인다. 상록 잎은 두껍고 도란상 타원형이며 앞면은 광택이 있고 뒷면은 회녹색이다. 잎의 길이는 7-15 cm, 너비는 3-7 cm 정도에 달한다. 엽병은 2-3 cm 정도이고 굵은 편이다.

A: 길게 옆으로 뻗은 가지와 잎   B: 잎 앞면   C: 겨울 눈

D: 소지 끝에서 모여 나는 잎   E: 잎 뒷면

>사진 9-2. 녹나무과(Lauraceae) 후박나무(*Persea thunbergii*).

후박나무는 원추화서가 엽액에 나고 5-6월에 황록색의 양성화가 핀다. 소화경은 길이가 1 cm이고, 화피편은 길이가 5-7 mm이고, 안쪽에 갈색 털이 있고 세 개씩 두 개의 동심원으로 배열된다. 심피는 한 개가 있고, 수술은 12개가 네 개의 동심원에 세 개씩 배열된다. 가장 안쪽의 수술 세 개는 헛수술이다. 장과 열매는 익년 7월에 흑자색으로 익고 지름은 1.4 cm이며, 과경은 붉다(이창복, 2007). 같은 속의 센달나무(*Persea japonica* (Siebold et Zucc.) Kostermans)는 길쭉한 난형의 겨울눈에 15개 정도의 아린이 있고, 잎은 피침형으로 엽두가 점첨두로 꼬리처럼 길게 된다(윤주복, 2006).

○ **생강나무속**(*Lindera* Thunb.)

생강나무속은 한국을 포함하는 북반구의 온대 그리고 열대에서 60여 종이 자라지만, 대부분은 일본에서 자바까지 자라고 두 개의 수종이 미국에서 자라며, 한국에는 생강나무, 감태나무, 비목나무, 털조장나무, 뇌성목으로 다섯 종이 생육한다(이창복, 2007).

>사진 9-3. 녹나무과 비목나무(*Lindera erythrocarpa*)의 열매.

낙엽 또는 상록의 교목이나 관목의 성상을 보이는 속으로서 자웅이주이며 산형화서이다. 화피는 여섯 개이고 수술은 보통 6개이며 바깥쪽 1-2개의 동심원에 배열되는 수술에는 밀선이 없고 가장 안쪽 동심원에 배열되는 수술의 수술대 양쪽에 밀선이 있다. 약은 안쪽으로 향하고 두 개의 화분낭이 있고 암꽃에 있는 수술은 헛수술이다(이창복, 2007). 열매는 핵과로 익으며 곧추 서는 특징을 보인다.

○ 생강나무(*Lindera obtusiloba* Blume)

낙엽관목으로서 엽서는 호생한다. 엽형은 난형으로 전연이며, 생강나무속 중 다른 종들은 결각이 없는데, 생강나무만이 결각이 없는 것에서부터 세 개 정도까지 결각이 진다. 뒷면에 긴 털이 있고 자웅이주이며, 한국의 전국 각처에서 이른 봄철에 잎보다 노란 꽃이 먼저 나오고 화경이 없는 산형화서를 이룬다. 수꽃에는 9개의 수술이 세 개의 동심원에 배열되고, 암꽃에는 9개의 헛수술이 있다. 맨 안쪽의 동심원에 배열되는 세 개의 수술에 밀선이 쌍(paired glands)으로 달린다(이창복, 2007).

생강나무 꽃공식(floral formula of *Lindera obtusiloba*)
단성화, 자웅이주

암꽃: *, -6- , 9• , <u>1</u>, 핵과

수꽃: *, -6- , 9+선점 쌍

A: 관목상의 전체 성상　　　　　　　　　B: 세 개의 결각을 보이는 잎

>사진 9-4. 녹나무과(Lauraceae) 생강나무(*Lindera obtusiloba*).

원형의 핵과 열매가 맺고 성숙하면 흑색으로 된다. 가지를 자르거나 잎을 비비면 생강 냄새와 비슷한 냄새가 나므로 이 식물을 '생강나무'라는 향명으로 부른다(이창복, 2007).

○ **까마귀쪽속(*Litsea*)**

이 속은 약 250종(Cronquist, 1981)이 열대 아시아와 호주에서 자라고 있고, 아프리카와 미국에도 몇 종이 있으며, 한국에서는 울릉도와 남쪽 섬에 까마귀쪽나무(*Litsea japonica* (Thunb.) Juss.)와 육박나무(*L. coreana* H. Lév.)가 자란다.

○ **까마귀쪽나무(*Litsea japonica* (Thunb.) Juss.)**

수고가 7 m 정도까지 자라는 상록소교목이며, 수피는 짙은 갈색이고 소지가 굵은 편이고 털이 있다. 상록 잎이 호생하며 두꺼운 혁질이다. 잎의 앞 표면은 짙은 녹색이고 뒷면은 갈색의 털이 밀생한다. 엽연은 전연이며 약간 뒤쪽으로 말리는 경향을 보인다.

까마귀쪽나무는 자웅이주이며 10월 즈음에 산형화서로 황백색의 꽃이 핀다. 화피는 6개로 갈라지며, 수술은 수꽃에는 9개가 있고, 암꽃에는 6개가 있다. 열매는 타원형 핵과로 익년 10월에 짙은 자색으로 익는다. 제주도에서는 이를 '구롬비'라고 하여 식용한다(이창복, 2007).

>표 9-5. 한국에 생육하는 녹나무과 주요 종의 학명과 향명
(속명의 알파벳 순서로 정리. 어둔 바탕에 표기된 종은 개명이 된 경우임)

녹나무과 Laurel Family
Cinnamomum camphora (L.) J. Presl 녹나무 Camphor tree
Cinnamomum yabunikkei H. Ohba 생달나무 Japanese camphor tree
Lindera angustifolia Cheng 뇌성목 Willow-leaf spicebush
Lindera erythrocarpa Makino 비목나무 Red-fruit spicebush
Lindera glauca (Siebold et Zucc.) Blume 감태나무(백동백)   Greyblue spicebush
Lindera obtusiloba Blume 생강나무 Blunt-lobe spicebush
Lindera sericea (Siebold et Zucc.) Blume 털조장나무 Hairy spicebush

Litsea coreana H. Lév. 육박나무 Sword-leaf actinodaphne	
Litsea japonica (Thunb.) Juss. 까마귀쪽나무 Yellowish velvety-leaf litsea	
Neolitsea aciculata (Blume) Koidz. 새덕이 Irregular-streak newlitse	
Neolitsea sericea (Blume) Koidz. 참식나무 Sericeous newlitse	
Persea japonica (Siebold et Zucc.) Kostermans 센달나무	
Persea thunbergii (Siebold et Zucc.) Kostermans 후박나무	

목련목 Magnoliales

목련목은 핵, 엽록체, 미토콘드리아의 염기서열의 특징과 잎이 2열로 배열된다는 점, 축소된 섬유질 막공 가장자리, 계층화된 사부(phloem), 잎 주맥 관속 조직의 위쪽 판, 엽육 내 별모양의 보강세포(sclerids) 등에 근거하여 단계통적인(monophyletic) 분류군이다(Judd *et al.*, 2008).

목련목은 가지 마디(node)의 해부학적인 형태에서 볼 때, 줄기에 나는 목부(cauline xylem)가 세 개에서 여러 개(trilacunar to multilacunar)로 나온다는 점에서 녹나무목과 다르게 구분이 된다. 또한 목련목의 잎이 2열 배열이고, 씨앗이 흔히 육질이거나 가종피(arillate)가 있다는 점에서도 녹나무목과 다르다(Judd *et al.*, 2008).

뽀뽀나무과[Annonaceae A. L. de Jussieu; Pawpaw or Annona Family]

이 과는 교목, 관목 또는 목본성 덩굴식물의 성상을 가지며, 수피가 섬유상으로 나오는 것이 두드러지는 특징이다. 도관요소는 단 천공(simple perforations)의 특징을 보인다. 향기 나는 테르펜 유사 화합물(terpenoid)인 정유(ethereal oils)를 포함하는 구형 세포가 산재하여 있다. 모상체는 단순하거나 성모형, 방패모양의 인편형이기도 한다. 잎은 2열 배열이고, 단엽이며, 전연이다. 엽병의 길이는 보통 짧은 편이다. 엽맥은 우상이며, 잎몸에 맑은 점이 있다. 탁엽은 없다(Judd *et al.*, 2008).

유한화서이지만 때때로 하나의 꽃으로 축소되어 소지 정단이나 엽액에 핀다. 꽃은 양성화이며, 화관이 방사대칭형이다. 개화하기 시작하면서 완전히 개화할 때까지 꽃의 크기가 점점 커진다. 화탁은 짧고 납작하거나 약간 구형이다. 꽃받침잎은 보통 세 개로 갈라져 있거나 약간 붙어있기도 한다. 판상 내지는 복와상으로 배열한다. 꽃잎은 보통 6개로서 갈라져 있고 바깥쪽의 세 개는 흔히 좀 더 크고 안쪽의 것과는 다르게 분화되었다. 꽃잎은 판상 내지는 복와상으로 배열한다. 수술은 많으며, 수술의 모양은 방패형이며 수술들이 빽빽하게 모여 나서 전체가 구형 내지는 디스크 모양으로 보인다(Judd et al., 2008).

수술은 이생이며, 하나의 맥이 있다. 수술대는 짧고 두꺼우며 약으로부터 수술대 분화가 잘 되지 않았다. 약격 조직(connective tissue)은 약의 화분낭 사이와 정단부 넘어 까지 뻗으며, 화분립은 다양하며, 일부는 단구형(monosulcate)이지만 대부분은 발아구가 없고 때로는 사립이나 다립으로 나온다. 심피의 숫자는 세 개에서 여러 개이며 보통으로는 이생이고 나선형으로 배열된다. 상위자방이며, 주두가 화주 위로 뻗거나 화주 정단에 달린다. 태좌가 측면으로 있다(lateral placentation). 배주는 심피 당 한 개에서 여러 개가 있고, 열매는 취과상 장과이다. 때로는 장과가 발달하면서 합생되기도 한다(Judd et al., 2016).

뽀뽀나무과 식물은 열대나 아열대 지역의 습윤한 숲에서 잘 자라며, 128속 2,300종이 있다. 주요 속으로는 Guatteria속(250종), Xylopia속(150종), Annona속(110종), 뽀뽀나무속(Asimina) 등이 들어 있다(Judd et al., 2016). 한국에서는 뽀뽀나무(Asimina triloba)가 정원수 등으로 식재되고 있다.

A: 호생하는 엽서(짧은 엽병이 보임)　　B: 성숙하고 있는 장과상 열매

C: 식재된 나무의 전체 수형

>사진 9-5. 뽀뽀나무과(Annonaceae) 뽀뽀나무(*Asimina triloba*).

목련과[Magnoliaceae A. L. de Jussieu; Magnolia Family]

목련과는 교목 또는 관목의 성상을 가지며, 가지에 있는 마디(node)의 해부학적 형태에서 볼 때, 줄기에 나는 목부(cauline xylem)가 여러 개 (multilacunar)로 나온다. 모상체는 단모 또는 성모로 나온다. 엽서는 호생이며, 나선상 또는 2열로 배열한다. 단엽이며, 대부분이 전연이며 결각이 없는데(목련속) 때로 결각(튤립나무속)이 지기도 한다. 잎몸(blade)에는 투명한 선점이 있다. 정아를 둘러싸는 탁엽이 있다. 화서는 소지 끝에 하나씩 나는 단정화이다. 하지만 때때로 단지에서 액생하는 것으로 보이기도 한다(Judd *et al.*, 2016).

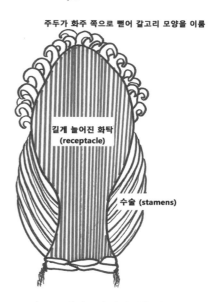

>그림 9-2. 태산목의 길게 뻗은 화탁.

목련과의 꽃은 보통 양성화이며, 화관이 방사대칭이고, 화탁이 세로로 길게 뻗는 것이 특징이다. 화피편은 6개에서 다수로 나오며, 갈래로 떨어져 있다. 가끔 바깥의 화피편 석장이 분화되어 다소 꽃받침잎 처럼 보이기도 한다. 화피편은 복와상으로 배열한다.

목련과의 수술은 다수이며, 이생하고, 세 개의 맥이 있다. 수술대는 짧고 두꺼운 편이고, 수술대가 약으로부터 잘 분화되지 않았다. 약격 조직(connective tissue)은 약의 화분낭 사이와 정단부 넘어 까지 뻗으며, 화분립은 단구형(monosulcate)으로 나온다.

목련과의 식물은 다수의 심피가 길게 뻗은 화탁 위에 이생하며, 상위자방이다. 태좌가 측면으로 있다(lateral placentation). 주두는 흔히 화주의 윗면으로 뻗어 갈고리 모양을 이루지만 때로는 정단에 축소되기도 한다. 배주는 심피 당 보통 두 개씩 있고 때로 서너 개가 있기도 한다. 선점은 없다. 열매는 목련속의 경우 취과상 골돌과들이 서로 바싹 밀어붙여진 상태로 성숙한다. 골돌과가 성숙하면서 골돌과의 **배쪽(abaxial)의 봉선(복봉선(腹縫線))**을 따라 열리고 씨앗이 나온다. 골돌과의 배쪽이 열리는 경우는 목련속의 특징이며, 그 외의 식물들이 골돌과 열매를 맺으면 등쪽(adaxial)의 봉선을 따라 열리고 씨앗이 나온다. 튤립나무속의 경우 취과상 시과로 나온다. 씨앗은 튤립나무속을 제외하고는 붉은 색에서 주황색의 종의를 가지고 있고, 보통 가르다란 실에 매달린다(Judd *et al.*, 2016).

목련과는 온대에서 열대에 걸쳐 분포하며, 목련속(*Magnolia*)의 218여 종과 튤립나무속(*Liriodendron*)의 2 종이 있다.

○ 태산목(*Magnolia grandiflora* L.)
태산목은 북미에서 들어온 종으로서 한국의 남부 지방에서 공원이나 정원 등에 관상수로 심는다. 호생하는 상록잎은 두껍고 윗면은 윤채가 나고 뒷면은 갈색 털이 밀생한다. 상록교목으로서 5-7월에 소지 끝에 한 개씩 양성화가 개화하며 화피편은 흰색이고 향기가 강하다. 화피편의 수는 6-9개 정도인데, 다수로 나오기도 한다. 수술과 심피가 모두 많고 이생이며, 상위자방이고, 10-11월에 취과상 골돌과로 결실한다. 골돌과는 짧은 털이 밀생하고 **배쪽(abaxial surface)**의 봉선이 열리고 주황색 씨앗이 나온다.

태산목 꽃공식(floral formula of *Magnolia grandiflora*)

*, -6-9- , ∞ , ∞, 취과상 골돌과

A: 양성화

B: 화피편 안쪽 중앙에 심피군, 수술은 떨어지고 수술 흔을 남김

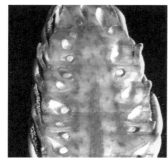

C: 심피 종단면(중앙에 길게 늘어 진 화탁에 여러 개의 심피가 있고 심피 안에 배주가 보임)

D: 취과상 골돌과 심피 배쪽이 열 리고 종자가 나옴

E: 골돌과가 열리고 종자에 매달 린 흰 실이 보임

>사진 9–6. **목련과(Magnoliaceae) 목련속(*Magnolia*).**
A–B: 태산목(*M. grandiflora*), C: 일목련(*M. hypoleuca*),D: 태산목 재배종 리틀젬(*M. grandiflora* cv. Little Gem),
E: 목련속의 골돌과.

○ **튤립나무(*Liriodendron tulipifera* L.)**

튤립나무 역시 북미에서 들어온 종으로서 낙엽교목이며 한국 각지에서 식재하는 관상 수이다. 피자식물임에도 불구하고 수형이 마치 나자식물의 수형처럼 원추형으로 되는 경우가 흔하다. 수고는 보통 50 m에 달한다. 잎이 호생하는 엽서이며 털이 없고, 탁엽은 새 눈을 둘러싸는 특징이 있다. 양성화가 소지 끝의 정단에 한 개씩 5-6월에 개화하고,

튤립나무 꽃공식(floral formula of *Liriodendron tulipifera*)

*, -9- , ∞ , ∞ , 취과상 시과

A: 어린 잎에서 평두 특징이 뚜렷   B: 잎이 성장하면 다양하게 결각이 짐

C: 방사대칭 화관을 보이는 꽃(화   D: 심피군   E: 취과상 시과(시과가 성숙 후 떨   F: 떨어진 시과들
피편 기부에 주황색 무늬)   어지는 모습)

>사진 9-7. 목련과(Magnoliaceae) 튤립나무(*Liriodendron tulipifera*).
D: 화피편과 수술이 떨어진 후 심피가 남아서 시과로 성숙 중

　화피편은 모두 9개이며, 바깥쪽 화피편 세 개가 꽃받침잎 처럼 보인다. 수술과 심피는 모두 여러 개이며, 모두 이생이고 상위자방이다. 열매는 취과상 시과로 익는다. 꽃 모양이 백합을 닮았다고 하여 백합목 또는 목백합이라고 부르기도 한다. 이 종은 학명의 종소명(*tulipifera*)이 '튤립을 달고 있는'의 의미를 담고 있는 나무로서 정식 향명은 '튤립나무'

이다. 또한 이 나무는 버드나무과의 사시나무속(*Populus*) 식물처럼 속성수이기 때문에 원산지에서는 'yellow popular'라는 향명으로 부른다.

>표 9–6. 한국에 생육하는 목련과 주요 종의 학명과 향명
(속명의 알파벳 순서로 정리. 어둔 바탕에 표기된 종은 개명이 된 경우임. 학명 앞에 *표시가 있는 것은 도입종)

Magnoliaceae 목련과 Magnolia Family
Liriodendron tulipifera L. 튤립나무
Magnolia grandiflora L. 태산목
Magnolia heptapeta (Buc'hoz) Dandy 백목련
Magnolia hypoleuca Siebold et Zucc. 일본목련
Magnolia kobus A. DC. 목련 Mokryeon (Kobus magnolia)
Magnolia quinquepeta (Buc'hoz) Dandy 자목련
Magnolia sieboldii K. Koch 함박꽃나무 Korean mountain magnolia

단자엽식물군 MONOCOTS

단자엽식물은, 성상이 초본이고, 엽저가 줄기를 감싸는 형이며, 잎이 평행 맥이고, 떡잎(자엽)이 한 개이고, 체관 세포 색소체가 여러 개의 쐐기 모양 단백질 결정체로 되어 있으며, 줄기에 관다발이 산재하고, 수염뿌리 근계를 가지며, 오류식 3수로 된 꽃을 가진다는 것을 볼 때 단계통(monophyletic) 그룹이다. 단자엽식물은 전형적으로 단구형 화분을 가지며, 아마도 조상격인 피자식물의 특징이 잔재한 것으로 여겨진다. 단자엽식물 엽연에는 선점을 가지는 거치가 없고, 진정쌍자엽식물군의 자매군인 붕어마름과에서 볼 수 있는 특징인 다소 침형화된 예거치가 단자엽식물에서는 나타나지 않는다(Judd *et al.*, 2016).

이 단계통적 그룹에는 창포목(Acorales), 택사목(Alismatales), 비짜루목(Asparagales), 페트로세비아목(Petrosaviales), 마목(Dioscoreales), 팬디너스목(Pandanales), 백합목(Liliales)이 있으며, 닭의장풀아군 안에는 야자목(Arecales), 닭의장풀목(Commelinales), 벼목(Poales), 생강목(Zingiberales)이 있다(APG, 2009).

이 책에서는 대상을 수목으로 하고 있기 때문에 단자엽식물은 생략하고, 목본성 덩굴의 성상을 보이는 백합목의 청미래덩굴과에 대해서만 언급하기로 한다.

백합목 Liliales

청미래덩굴과[Smilacaceae Ventenat; Catbrier Family]

청미래덩굴과는 덩굴성으로 나오지만 간혹 곧추서는 초본성 식물도 있다. 보통 두꺼운 괴경(tuberlike)모양의 근경(rhizomes)이 땅 밑에 있다. 여기에는 스테로이드 사포닌(steroidal saponins)이 들어 있다. 줄기 등에 피침(prickles)이 보통 발달한다.

청미래덩굴과 식물의 잎은 호생하며 나선상으로 달린다. 단엽이며 엽연의 특징으로는 전연이거나 예거치가 침형화되기도 한다. 잎몸과 엽병이 분화되었고, 장상의 엽맥을 가진다. 엽병 기부에 덩굴손 쌍이 발달된다.

이 과의 화서는 유한화서이며, 산형이다. 소지 정단 또는 엽액에 개화한다. 꽃은 단성화로서 자웅이주이다. 화관은 방사대칭이고, 크기가 작고 꽃색깔이 연두색인 것이 많아 눈에 잘 띄지 않는다.

청미래덩굴 꽃공식(floral formula of *Smilax china*)

암꽃: *, ⊂6⊃, 0, ③, 장과

수꽃: *, ⊂6⊃, 6, 0

화피편은 6개(바깥쪽 동심원에 세 개, 안쪽 동심원에 세 개)로서 갈래로 되거나 약간 합생되기도 한다. 복와상으로 배열한다. 수술은 보통 6개이고, 수술대가 이생이거나 약간 합생되기도 한다. 약(Anther)은 두 개의 실(2 locules)이 합류되어 단실(unilocular)로 되었다. 화분립은 단구형이거나 발아구가 없기도 한다. 화분외벽은 작은 돌기로 이뤄졌다. 심피는 세 개가 합생되었고 상위자방이며, 약간 길쭉한 주두가 세 개다. 하나의 자실당 배주는 1-2개가 있으며, 배주는 도생(anatropous)이거나 직생(orthotropous)이다. 화피편과 수술의 기부에서 단물이 생성된다. 열매는 1-3개의 씨앗이 들어 있는 장과이다 (Judd *et al.*, 2016).

청미래덩굴과는 열대에서 온대까지 넓게 분포하며, 이 과에는 하나의 속(*Smilax*)이 있고 310여 종이 있다(Judd *et al.*, 2016). 한국에는 청미래덩굴(*S. china* L.; East Asian greenbrier)과 청가시덩굴(*S. sieboldii* Miq.; Siebold's greenbrier)이 단자엽식물이면서 목본성인 식물의 대표식물로서 산과 들에 흔히 자라고 있다.

A: 청가시덩굴 호생엽서   B: 청미래덩굴 호생엽서   C: 수꽃의 산형화서

D: 수꽃(약간 넓은 바깥쪽 화피편 석 장과 좁은 안쪽 화피편 석 장)

E: 암꽃의 산형화서

F: 암꽃(주두가 세 개로 갈라진 상위 자방의 심피가 보임)

G: 발달된 덩굴손과 열매

H: 붉게 익은 장과

>사진 9–8. 청미래덩굴과(Smilacaceae).
A: 청가시덩굴(*Smilax sieboldii*), B–H: 청미래덩굴(*S. china*).

진정쌍자엽식물군 EUDICOTS

진정쌍자엽식물군은 식물의 큰 그룹으로서, 화분립(pollen grain)이 삼구형(tricolpate)이거나 이 화분형에서 기인된 상태라는 점에서 그리고 DNA 뉴클리오타이드(nucleotide) 염기서열 특징에 근거하여 볼 때 단계통(monophyletic) 분류군이다

(Chase *et al.*, 1993; Hilu *et al.*, 2003; Hoot *et al.*, 1999; Judd and Olmstead, 2004; Kim *et al.*, 2004; Savolainen *et al.*, 2000a, b; Soltis *et al.*, 2005; Zanis *et al.*, 2003). 이 그룹은 또한 원형의 꽃을 가지고 있다는 점에서도 특징적이다. 즉, 꽃의 각 부분들이 원으로 배열되고 각 원에 배열된 부분들은 어긋나있다. 비록 상동 공동파생형질(homoplasious synapomorphy)일지라도 분화된 바깥 부분의 화피편(악; calyx)과 안쪽 부분의 화피편(화관; corolla)이 존재한다는 것은 추가적인 것일 것이다. 수술의 수술대(filaments)는 가늘고 길며, 잘 분화된 약(anthers)을 가지고 있다. 이 그룹의 대부분은 녹말립(starch grain; S-type)의 체관 요소 색소를 가지고 있다(Judd *et al.*, 2016).

기저진정쌍자엽식물군 BASAL TRICOLPATES

미나리아재비목 Ranunculales

미나리아재비목은 7과에 3,490종으로 구성되어 있으며, 주요 과로는 새모래덩굴과(Menispermaceae), 매자나무과(Berberidaceae), 미나리아재비과(Ranunculaceae), 양귀비과(Papaveraceae) 등이 속한다(Judd *et al.*, 2016).

매자나무과[Berberidaceae A.L. de Jussieu; Barberry Family]

매자나무과는 낙엽 또는 상록관목이거나 초본성 식물이며, 줄기 내 관다발이 간혹 산재하기도 한다. 잎은 단엽 또는 복엽이다. 엽서는 호생이며 나선상으로 배열한다. 엽연은 전연이거나 예거치 또는 침형화된 예거치가 있다. 탁엽은 종에 따라 있는 것과 없는 것이 있다.

이 분류군의 화서는 다양하며, 꽃은 양성화로 화관이 방사대칭이며, 주로 화피편이 3수이다. 꽃잎과 꽃받침잎이 동일하게 6개(간혹 4개)씩이다. 수술은 네 개에서 다수로 나오는데 대부분은 6개이고 보통 수술이 꽃잎과 마주보고 있다. 약은 2실로 되어 있고 덮개가 아래에서 위로 열리는 판개형(valvular)이고, 화분이 나온다. 화분립은 삼구형이거나 이것의 변형이다. 심피는 한 개이고 상위자방이며, 측면 또는 기부태좌를 갖는다. 배주는 여러 개가 있지만 때로 축소되어 한 개가 있기도 한다. 보통으로 장과로 열매를 맺으며, 때로는 열개(裂開; dehiscent)하기도 하며 씨앗은 보통 가종피로 싸여있다(Judd *et al.*, 2008; 이창복, 2007).

매자나무과는 북반구의 온대 지역과 남아메리카의 안데스(Andes)에 특히 널리 분포하며, 15속 650종이 있으며, 당매자나무, 매자나무, 매발톱나무 등이 속한 매자나무속(*Berberis*; 600종)이 큰 속 중 하나이며, 남천속(*Nandina*)도 이과 안에 있다(Judd *et al.*, 2008). 한국에서 생육하고 있는 세 속은 매자나무속, 중국남천속, 남천속이다. 가지에 가시가 있고 단엽이면 매자나무속이며, 가지에 가시가 없고 복엽이면 중국남천속과 남천속이다. 이 중 1회우상복엽이고 소엽에 톱니가 있으면 중국남천속이며, 잎이 3-4회 우상복엽이고(사진9-9 B), 소엽이 전연이면 남천이다.

○ **남천(*Nandina domestica* Thunb.)**
이 종은 중국에서 들어온 반상록관목으로서 잎은 보통 3회 이상의 우상복엽으로 나오고, 소엽병은 없고, 엽병에 관절이 있다. 줄기에 가지가 없이 바로 잎이 나는 경우가 많다. 소엽은 전연이다. 엽서는 호생한다. 원추화서가 소지 정단에 달리며, 화피편은 3수이며, 약은 세로로 터지고 화분이 나온다. 열매는 붉은 장과로 익어 반상록의 잎과 조화를 이뤄 관상수로 많이 심는다.

남천 꽃공식(floral formula of *Nandina domestica*)
$$*, 6, 6, 6, \underline{1}, 장과$$

A: 원추화서를 낸 관목 성상

B: 4차홀수우상복엽 한 개

C: 화서의 일부

D: 꽃(꽃잎 위쪽으로 6개의 수술과 한 개의 심피가 보임)

E: 붉게 익는 장과와 전연의 소엽 일부

>사진 9-9. 매자나무과(Berberidaceae) 남천(*Nandina domestica*).

으름덩굴과[Lardizabalaceae Decaisne; Lardizabala Family]

으름덩굴과는 대부분이 덩굴식물(lianas)이며, 잎의 대부분이 장상복엽이며 간혹 우상복엽이 있기도 한다. 소엽은 3-5개로 되어 있다. 자웅동주 또는 자웅이주이며, 꽃은 보통 단성화인데 간혹 양성화이며, 화피편은 3수이다. 심피는 3-6개가 이생하고, 상위자방이다. 심피 당 배주는 여러 개이며, 배주의 주피는 두 개다. 수꽃의 수술은 여섯 개에서부터 다수로 나온다. 열매는 골돌과 또는 장과로 나오며, 골돌과의 경우 성숙하면 심피의 등쪽(adaxial surface)이 열린다. 종자는 밋밋하고 풍부한 배유와 작은 배가 있다. 분포지는 히말라야, 일본, 칠레 등이며, 한국에는 낙엽성이며 장상복엽의 소엽두가 오목하며 꽃받침잎(화피편)이 세 개이고 골돌과로 열매가 맺는 으름덩굴(*Akebia quinata* (houtt.) Decne.; Five-leaf chocolate vine)과 종내 변이 또는 품종으로 여겨지는 소엽의 수가 8개인 여덟잎으름(*A. quinata* f. *polyphylla* (Nakai) Hiyama; Eight-leaf chocolate vine)이 있으며(김태영과 김진석, 2018), 상록성이며 장상복엽의 소엽두가 뾰족하며 꽃받침잎(화피편)이 6개이고 장과로 열매를 맺는 멀꿀(*Stauntonia hexaphylla* (Thunb.) Decne.; Stauntonia vine)이 자라고 있다.

○ 으름덩굴(*Akebia quinata* (Houtt.) Decne.)

으름덩굴은 향명에서도 나타난 것처럼 낙엽성 목본덩굴식물이며, 길이는 보통 5-6 m 정도로 자란다. 호생하는 장상복엽에는 도난형이고 엽두가 오목한 전연의 소엽이 5개가 있다. 오래된 가지에서는 잎이 모여 나는 경향이 있다. 봄철(보통 4-5월)에 엽액에 짧은 소화경 끝에 자주색의 수꽃이 여러 개가 나서 늘어지며, 같은 화서에 나오는 암꽃은 수꽃의 수보다 적게 나오지만 그 크기는 훨씬 크게 나온다. 수꽃과 암꽃 모두 꽃받침잎이 세 개씩이며, 꽃잎은 없다. 수꽃에서 발견되는 심피는 세 개 정도인데, 그 크기와 기능이 축소되어 헛심피이고, 암꽃에 있는 심피는 5-6개가 나오며 이생하고 상위자방이다. 가을철(9-10월)에 열매는 골돌과로 나오며 성숙하면 등쪽(adaxial surface)이 갈라지고, 속살은 식용가능하다(Judd *et al*., 2008; 윤주복, 2006). 작은 많은 씨앗을 가지고 있다.

으름덩굴 꽃공식(floral formula of *Akebia quinata*)
단성화, 자웅동주

암꽃: *, 3 , 0 , 0 , <u>5-6</u>, 골돌과

수꽃: *, 3 , 0 , 6 , <u>3</u>·

A: 멀꿀의 장상복엽(소엽두가 예두)

B: 흰으름덩굴의 장상복엽(소엽두가 미요두)

C: 흰으름덩굴의 암꽃

D: 흰으름덩굴의 수꽃

E: 으름덩굴의 수꽃

F: 으름덩굴의 암꽃

G: 으름덩굴의 골돌과

>사진 9–10. **으름덩굴과**(Lardizabalaceae).
A: 멀꿀(*Stauntonia hexaphylla*), B–D: 흰으름덩굴(*Akebia quinata* cv. Alba), E–G: 으름덩굴(*A. quinata*).

새모래덩굴과[Menispermaceae A. L. de Jussieu; Moonseed Family]

새모래덩굴과는 초본성 덩굴 또는 목본성 덩굴식물이며, 드물게 관목이나 소교목으로 나기도 한다. 어린 줄기에는 관다발이 원형으로 배열되며, 오래된 줄기는 흔히 이상이기생장(異常二期生長; anomalous secondary growth; 목부와 사부의 연속적 나이테)이 있고 납작해지는 특징을 가지고 있다(Judd *et al.*, 2008).

이 과에 속하는 식물의 잎은 호생하며 나선형으로 배열되고 보통 단엽에 전연이다. 간혹 결각이 지거나 장상복엽으로 나기도 한다. 보통 잎의 맥은 장상맥이다. 흔히 엽병의 윗부분(엽저 근처)과 아랫부분이 비후되어 엽침(葉枕; pulvinus)이 발달한다. 엽형은 방패형 모양이고, 탁엽은 없다(Judd *et al.*, 2016).

새모래덩굴과의 화서는 보통 유한화서로서 엽액에 난다. 꽃은 단성화로서 주로 자웅이주이다. 화관은 방사대칭이며, 3수로 된 화피를 갖는다. 꽃받침잎은 6개가 갈래로 떨어져 있고, 복와상 내지는 판상을 이룬다. 꽃잎은 6개로 갈래로 떨어져 있거나 합생하며 복와상이다. 수술은 세 개, 여섯 개 또는 여러 개이고 암꽃에서는 헛수술로 된다. 수술대는 합생이거나 이생이고, 화분립은 항상 삼구형(tricolpate), 삼공구형(tricolporate) 또는 다양한 공형(porate)이다. 심피는 한 개이거나 3-6개로 나오기도 하고 다수로 나오기도 하며 이생이고 흔히 자방병(gynophore) 위에 놓인다. 상위자방이며, 태좌는 측면에 놓인다. 주두는 매우 짧은 화주 위에 다양하게 나온다. 배주는 두 개이지만 하나는 퇴화된다. 선점은 없다. 열매는 취과상 핵과이며, 씨앗은 곡선으로 약간 휘고 배 역시 흔히 곡선으로 휘는 특징을 보인다(Judd *et al.*, 2016).

이 분류군은 거의 열대 전역에 걸쳐 분포되며, 몇 종은 온대 지역에서도 난다. 열대우림지역의 낮은 숲에서 주로 분포한다(Judd *et al.*, 2008). 여기에는 71속 450종이 있으며, 한국에는 댕댕이덩굴(*Cocculus orbiculatus* (L.) DC.; Queen coralbead), 새모래덩굴(*Menispermum dauricum* DC.; Asian moonseed), 방기(*Sinomenium acutum*

(Thunb.) Rehder et E. H. Wilson; Orientvine), 함박이(*Stephania japonica* (Thunb.) Miers; Snake vine) 등이 있다.

　한국의 새모래덩굴과 식물은 방패형 잎이면 '새모래덩굴' 또는 '함박이'이고 방패형 잎이 아니면 '방기' 또는 '댕댕이덩굴'이다. 앞 그룹에서 헛수술이 있고 수술 12개에서 20여 개가 이생(離生)하면 '새모래덩굴'이고, 헛수술이 없고 수술 6개가 합생(合生)하면 '함박이'이다. 방패형 잎이 아닌 그룹에서 수술이 9-12개이고 주두가 갈라지면 '방기'이고, 수술이 9개 이하이고 주두가 갈라지지 않으면 '댕댕이덩굴'이다.

○ 댕댕이덩굴(*Cocculus orbiculatus* (L.) DC.)

　댕댕이덩굴은 낙엽성 목본덩굴식물이며, 한국의 산기슭이나 길가에 흔히 자라는 편이다. 줄기와 잎에 털이 있으며, 단엽이 호생하며, 세 개의 얕은 결각이 있다. 엽저에서 3-5개의 잎맥이 뚜렷하여 장상맥이며, 전연이다. 엽병은 1-3 cm 정도이다. 자웅이주이고 엽액에 원추화서의 꽃이 핀다. 연노란색의 자잘한 꽃이며 화피편은 3수이다. 둥근 핵과가 검은색으로 익는다(윤주복, 2006).

A: 핵과　　　　　　　　B: 잎과 열매　　　　　　　C: 장상맥의 전연 잎

D: 덩굴성상   E: 원추화서

>사진 9-11. 새모래덩굴과(Menispermaceae) 댕댕이덩굴(*Cocculus orbiculatus*).

미나리아재비과[Ranunculaceae A. L. de Jussieu; Buttercup Family]

미나리아재비과의 대부분이 초본성이며, 관목 또는 덩굴로 나오기도 한다. 줄기의 관 다발은 동심원 여러 개로 나오며 때로는 산재하기도 한다.

미나리아재비과 식물의 잎은 보통 호생이며 나선상으로 난다. 하지만 가끔 대생으로 나 오기도 한다. 잎은 단엽이며, 때로 결각이 지기도 하며 복엽이 나올 때도 있다. 엽연은 보 통 예거치, 둔거치이며 엽맥은 우상인데 가끔 장상으로 되기도 한다. 탁엽은 보통 없다.

큰꽃으아리 꽃공식(floral formula of *Clematis patens*)

$$*, -5-8-, \infty, \underline{\infty}, 수과$$

꽃은 유한화서로 나지만, 때로 무한화서 또는 하나의 단정화로 축소되어 보이기도 한 다. 꽃은 보통 양성화이며, 화관은 방사대칭 또는 좌우대칭이다. 화탁은 짧거나 길게 나 온다. 화피편은 보통 3수성이고, 화피편의 수는 4개에서 다수로 나오며 갈래로 떨어져 있고 복와상으로 배열한다. 화피는 악(calyx)과 화관(corolla)으로 분화되어, 꽃받침잎은 보통 5개, 갈래로 되어 복와상으로 배열하고 나중에는 떨어진다. 꽃잎은 보통 5개, 갈래 로 되어 복와상으로 배열하고 기부에서 단물을 생성한다. 또는 꽃잎이 축소되어 작은 선 점으로 되기도 한다. 이것은 아마도 헛수술에서 기인한 것으로 여겨진다. 수술은 다수 이며, 수술대는 이생이고 약은 세로로 열려 화분이 나온다. 화분립은 삼구형 또는 변형된 형이다. 심피는 보통 5개에서 다수이며, 가끔씩 한 개로 축소되기도 한다. 보통 심피는 이생이며, 상위자방이다. 주두는 약간 오목하거나 길게 뻗어 나온다. 열매는 보통 취과상 골돌과이거나 수과이다. 가끔씩 장과로 열매가 나오기도 한다(Judd *et al.*, 2016).

이 과에는 62속 2,525종이 있으며, 주요 속(genera)으로 미나리아재비속(*Ranunculus*; 400종), 투구꽃속(*Aconitum*; 250종), 으아리속(*Clematis*; 250종) 등이 있으며(Judd *et al.*, 2016), 목본성 덩굴식물인 으아리속이 한국에서 여러 종이 자라고 있다.

>표 9–7. 한국에 생육하는 미나리아재과 주요 종의 학명과 향명
(종소명의 알파벳 순서로 정리. 어둔 바탕에 표기된 종은 개명이 된 경우임. 학명 앞 *표시는 도입종을 의미한다.)

Ranunculaceae 미나리아재비과 Buttercup Family
Clematis alpina var. *ochotensis* (Pall.) S. Watson 자주종덩굴 Purple alpine clematis
Clematis apiifolia DC. 사위질빵 Three-leaf clematis
Clematis brachyura Maxim. 외대으아리 Unifloral clematis
Clematis brevicaudata DC. 좀사위질빵 Short plumous clematis
*Clematis florida Thunb. 위령선
Clematis fusca Turcz. 검은종덩굴 Stanavoi clematis
Clematis fusca var. *coreana* Nakai 요강나물 Black-flower Korean clematis
Clematis heracleifolia var. *tubulosa* Kuntze 자주조희풀 Purple Hyacinth-flower clematis
Clematis heracleifolia DC. 병조희풀 Hyacinth-flower clematis
Clematis hexapetala Pall. 좁은잎사위질빵 Six-petal clematis
Clematis koreana Kom. 세잎종덩굴 Korean clematis
Clematis patens Morr. et Decne. 큰꽃으아리 Big-flower clematis
Clematis serratifolia Rehder 개버무리 Hermitgold clematis
Clematis terniflora DC. 참으아리 Sweet-autumn clematis
Clematis terniflora var. *mandshurica* (Rupr.) Ohwi 으아리 Manchurian clematis
Clematis trichotoma Nakai 할미밀망 Three-flower Korean clematis

프로티아목 Proteales

버즘나무과[Platanaceae T. Lestiboudois; Sycamore Family]

버즘나무과의 식물은 낙엽 또는 상록교목이며, 한국에서는 낙엽교목만이 있다. 버즘나무과 식물의 가지에 있는 마디(node)의 해부학적 형태에서 볼 때, 줄기에 나는 목부(cauline xylem)가 여러 개(multilacunar)로 나오는 특징을 보인다(Judd *et al.*, 2008).

수피는 큰 크기로 떨어져 군데군데 조각무늬가 남고 매끈해진다. 털은 분지된다. 잎은 호생하고 2열 배열 또는 나선상으로 배열 한다. 잎은 단엽이며 보통 장상으로 결각이 지고 장상맥을 가진다. 엽연에 굵게 거치가 생기기도 한다. 버즘나무과 식물은 엽병의 기부가 확장되어 액아를 감싸서 엽병내아(infrapetiolar bud)라는 특징을 가지고 있다(Judd *et al.*, 2016). 탁엽이 있으며 보통 커서 눈에 잘 띄는 편이다(Judd *et al.*, 2008). 정아(頂芽)는 없고 측아(側芽)는 비스듬히 퍼져 있고, 진이 있으며 한 개의 아린으로 감싸져 있다. 버즘나무과에서 한국에서 가장 흔히 볼 수 있는 양버즘나무 꽃공식은 다음과 같다.

양버즘나무 꽃공식(floral formula of *Platanus occidentalis*)
단성화, 자웅동주

암꽃: *, 3-8 , 3-8 , 3-8 , <u>5-9</u>, 다화과상 수과

수꽃: *, 3-8 , 3-8 , 3-8 , 0

화서는 무한화서로서, 두상형의 총상화서이거나 하나의 두상형으로 축소되기도 한다. 화서는 늘어지며 엽액에 난다. 꽃은 단성화가 각각 두상형으로 나오지만 한 개체 내에 암꽃과 수꽃이 나므로 자웅동주이다. 화관은 방사대칭이다. 매우 작게 축소되었고 개개의 꽃은 눈에 잘 띄지 않는다. 꽃받침잎은 3-7개로 이생이거나 약간 합생되기도 하고, 작아서 관찰이 어려울 수 있다. 꽃잎은 3-7개이며, 이생이고 매우 작다. 보통 암꽃에서는 꽃잎이 없다. 수술은 3-7개로, 수술대가 매우 짧다. 약과 약격은 방패형 부속부분까지 길게 뻗는다. 화분립은 삼공구형이다. 심피는 보통 5-9개로 이생이며, 상위자방이다. 정단태좌를 갖는다. 주두는 길게 뻗어서, 뒤쪽으로 휜 화주의 위쪽 면(adaxial surface) 쪽으로 나와 있다. 심피 당 배주는 두 개가 있지만 그 중 하나는 퇴화된다. 배주는 주공이 배병(funiculus)의 반대쪽 맞은편에 있는 즉, 곧추서는 형태인 직생배주(orthotropous)이다. 선점은 없다. 열매는 다소 선형인 수과이며 긴 털이 달렸으며, 다화과상으로 나온다(Judd *et al.*, 2008).

버즘나무과 식물은 북미, 남중앙 유럽, 서아시아, 인도차이나 지역의 열대와 온대 지역에서 나타나며 흔히 강이나 시냇가에 나타난다. 전 세계적으로 버즘나무과 내 버즘나무속(*Platanus*) 1속이며, 7종이 있고(Judd *et al.*, 2016) 한국에는 석 종이 생육한다.

한국으로 도입되어 생육하고 있는 버즘나무속 식물들은 다음 검색표와 같이 동정할 수 있다.

1. 다화과상 수과가 3개 또는 그 이상, 잎의 중앙열편 길이가 너비보다 길다. ·········버즘나무
1. 다화과상 수과가 1-2개 또는 3개
   2. 다화과상 수과 2개 또는 여러 개, 잎 중앙열편 길이가 너비와 동일. ··단풍버즘나무
   2. 다화과상 수과 보통 1개, 잎 중앙열편 길이가 너비보다 짧다. ·········양버즘나무

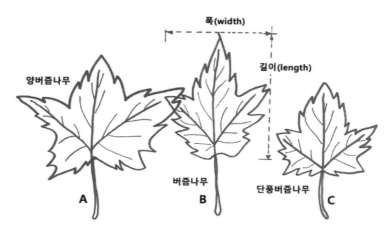

>그림 9-3. 버즘나무속(*Platanus*) 석 종의 잎 열편의 개략적인 비교.
A: 너비가 중앙열편의 길이보다 길다. B: 중앙열편의 길이가 너비보다 길다. C: 너비와 중앙열편 길이가 비슷하다.

A: 결각 잎과 열매로 성숙 중인 두상화서

B: 탁엽

C: 벗겨지는 수피

D: 다화과상 수과

E: 다화과에서 떨어져 나오는 수과들

F(위): 수과.
G(아래): 엽병내아

>사진 9-12. 버즘나무과(Platanaceae) 양버즘나무(*Platanus occidentalis*).
G: 오른쪽은 액아, 왼쪽은 가지에서 제거한 엽병 기부.

>표 9-8. 한국에 생육하는 버즘나무과 주요 종의 학명과 향명
(어둔 바탕에 표기된 종은 개명이 된 경우임. 학명 앞 *표시는 도입종을 의미함)

Platanaceae 버즘나무과 Sycamore / Plane Tree Family
Platanus × hispanica Münchh. 단풍버즘나무 London plane, hybrid plane
Platanus occidentalis L. 양버즘나무 American sycamore, occidental plane
Platanus orientalis L. 버즘나무 Oriental plane

회양목목 Buxales

회양목과[Buxaceae Dumortier; Boxwood Family]

회양목과의 식물은 화피편이 네 개이고, 세 개의 심피가 합생되었으며, 상위자방이고 주두가 세 개로 갈라졌다. 도생배주(anatropous; 주공이 배주병(funiculus) 쪽으로 향함)가 두 개씩 들어 있다. 종자에는 검은색의 배꼽점(씨혹; caruncle)이 있다. 이 과에는 6속 30종정도가 온대 및 아열대에 분포한다(이창복, 2007). 회양목속(*Buxus*)에는 20여 종이 있는데, 한국에서 생육하고 있는 회양목(*Buxus microphylla* Siebold et Zucc.)은 상록관목으로서 단엽인 두꺼운 잎이 대생하며 전연이다. 엽병에 털이 있고 겨울에는 잎이 붉게 되기도 한다. 단성화이며 엽액에 나고 주로 가운데에 암꽃이 있고 암꽃 주변에 수꽃이 둘러싸는 경향이 있다. 자웅동주이다. 삭과 열매가 세 개로 터져 갈라지면서 검은 씨앗이 튀어 나온다.

회양목 꽃공식(floral formula of *Buxus microcphylla*)
단성화, 자웅동주

암꽃: *, -4- , 0 ,③, 삭과

수꽃: *, -4- , 4 , 0

천연기념물로 지정된 회양목(천연기념물 제264호)이 경기도 화성군 태안면 송산리 용주사에 있다(이창복, 2007).

A: 엽액의 화서(중앙에 암꽃, 주변에 수꽃들)

B: 주변의 수꽃이 시들고 중앙 암꽃이 삭과로 성숙 중

C: 성숙해서 세 개로 갈라진 삭과

D: 대생하는 엽서와 액생하는 삭과

E: 윤채가 나는 검은 씨앗

>사진 9-13. 회양목과(Buxaceae) 회양목(*Buxus microphylla*).

핵심진정쌍자엽식물군 CORE EUDICOTS

핵심진정쌍자엽식물군(Core Tricolpate)의 단계통성(monophyly)은 *rbcL*, *atpB*, *matK* 그리고 18S 염기서열에 기준하고 있다(Chase *et al*., 1993; Hilu *et al*., 2003; Hoot *et al*., 1999; Judd and Olmstead, 2004; Soltis *et al*., 1998, 2000; Zanis *et al*., 2003). 이 그룹에는 딜레니아목(Dilleniales), 거네라목(Gunnerales), 범의귀목(Saxifragales), 포도목(Vitales)이 포함되며(APG, 2009).

오화판식물군 PENTAPETALAE

오화판식물군(Pentapetalae)은 두 개의 큰 식물 분기로 나눠질 수 있는데, 하나는 상위장미군(범위귀목 + 장미군) 다른 하나는 상위국화군(석죽목 + 단향목 + 국화군)이다(Judd *et al.*, 2016).

상위장미군 SUPERROSIDAE

범의귀목 Saxifragales

알틴지아과[Altingiaceae Horan; Sweet Gum Family]

알틴지아과는 관목 또는 교목의 성상을 갖는 식물이며, 향이 나는 수지 화합물의 분비관(secretory canals)이 수피, 목재, 잎에 있다. 이리도이드(iridoids) 성분이 있으며 타닌도 흔히 있다(Judd *et al.*, 2008).

이 과의 잎은 호생이며 나선상으로 달리고, 단엽이며, 흔히 장상으로 결각이 진다. 엽연은 전연이기도 하고 예거치로 나오기도 한다. 엽맥은 우상맥 또는 장상맥이며, 엽병의 기부에 탁엽이 있다(Judd *et al.*, 2008).

미국풍나무 꽃공식(floral formula of *Liquidambar styraciflua*)
단성화, 자웅동주

암꽃: *, -∞- , 0 , ②, 다화과상 삭과

수꽃: *, - 0 - ,∞, 0

이 과의 화서는 무한화서로서, 공형으로 수꽃이 밀집한 정단의 총상화서로 수꽃이 피고, 긴 화경의 공형 화서에 암꽃이 핀다. 꽃은 단성화이지만 자웅동주이고, 화관은 방사대칭이며, 개개의 꽃은 아주 작아 눈에 띄지 않는다. 화피편이 없는데, 암꽃에서 다수의 작은 열편이나 긴 포에 의해 꽃들이 둘러싸여 있다. 수술은 다수이며, 약은 길쭉하고, 긴 틈(slits)으로 열린다. 화분립은 다공형이다. 심피는 두 개이고 다소 합생되었으며, 자방은 중위자방이다. 화주는 갈라져 있고, 다소 휘며 붙어 있다. 주두는 두 개이며 화주 위쪽 면 위로 길게 뻗는다. 배주는 자실 당 서너 개가 있고 선점은 없다. 열매는 포간개열(septicidal; 각각의 방 사이의 격벽을 따라 갈라짐)하는 삭과인데, 이웃하는 열매들과 합쳐져서 공형의 다화과상 열매가 된다. 삭과가 열리고 나오는 씨앗에는 날개가 달렸다(Judd *et al.*, 2016).

알틴지아과 식물은 1속 15종이 온대에서 열대에 걸쳐 분포하며(Judd *et al.*, 2016), 한국에는 도입해서 식재하고 있는 풍나무속(*Liquidambar*)의 두 종인 대만풍나무(*L. formosana* Hance)와 원산지에서는 'American sweetgum'이라고 불리는 미국풍나무(*L. styraciflua* L.)가 있다.

A: 가지에 발달한 콜크층

B: 다화과상 삭과

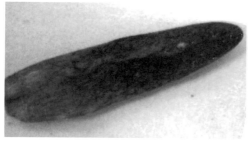

C: 날개가 달린 씨앗

D: 두 개로 벌어지는 삭과

E: 5–7개로 결각진 잎

>사진 9–14. **알틴지아과**(Altingiaceae) **미국풍나무**(*Liquidambar styraciflua*).

계수나무과[Cercidiphyllaceae Engler; Katsura-tree Family]

계수나무과 식물은 낙엽성 교목으로 장지(long shoots)와 단지(short shoots)가 있으며, 마디(node)의 해부학적 형태에서 볼 때, 줄기에 나는 목부(cauline xylem)가 세 개(trilacunar)이고, 타닌을 함유하는 특징을 가지고 있다(Cronquist, 1981).

이 과에 속한 식물의 잎은 낙엽성 단엽이며 엽맥은 장상 또는 우상맥이다(이창복, 2007; Cronquist, 1981). 장지에 나는 잎은 타원형이고 십자 대생하며, 단지에 나는 잎은 심장형이고 호생한다. 잎의 기공은 불규칙형(anomocytic)이고, 탁엽은 떨어져버린다(Cronquist, 1981).

계수나무과의 꽃은 풍매화(anemophilous)이고 단성화이다. 자웅이주 또는 자웅동주로 나오기도 한다. 차축지형(sympodial) 단지의 정단에 화서가 있고, 잎과 함께 또는 잎이 나오기 전에 개화한다. 수꽃은 매우 짧고 밀생한 총상화서에 서너 개가 나오며, 바깥쪽의 네 개는 네 개의 결각이 있는 포에 끼어 있고, 안쪽에 있는 것들은 포가 없다. 모든 수꽃에는 화피가 없다. 수술의 수는 8-13이며, 가늘고 긴 수술대가 있고 약은 길고 4개의 소포자낭으로 되어 있으며, 약이 열개할 때는 꽃의 중앙이나 바깥으로 향하지 않고, 좌우 측면으로 즉, 이웃하고 있는 약쪽으로 향하여 약이 열리는 횡개약(latrorse)이다. 약격(connective)은 짧게 나와 있다. 화분립은 중간 크기로 다소 구형이며, 화분외벽의 특징을 보면 지붕이 있고(tectate), 삼구형이며, 구(colpi)가 잘 발달되지 않았다. 암꽃의 화서는 압축되어서 위화들(pseudanthia)을 형성하며, 각각의 위화는 2-6개(주로 4개)의 작은 꽃받침잎 같은 포가 있고 각각의 포는 암꽃을 끼고 있다. 각각의 꽃은 심피 한 개를 가지고 있다. 배주는 다수이며, 두 줄로 배열된다. 열매는 각 암꽃에서 하나씩 열리는 골돌과이며, 각각의 씨앗은 납작하고 날개가 달렸으며, 하배축이 잘 발달된 두 개의 자엽을 갖는 배(embryo)가 있고 종의(seed coat)는 타닌을 함유하고 있으며, 2n=38이다 (Cronquist, 1981).

계수나무 꽃공식(floral formula of *Cercidiphyllum japonicum*)
단성화, 자웅동주 또는 자웅이주

암꽃: *, - 0 -, 0, <u>1</u>, 골돌과
수꽃: *, - 0 -, 8-∞, 0

1과 1속(계수나무속; *Cercidiphyllum*)이고 두 종이 있으며, 중국과 일본에서 자생한다. 중생대 백악기부터 화석이 나오고(이창복, 2007), 신생대 제3기에 해당하는 마이오세(Miocene)의 화분 화석이 있고(Cronquist, 1981), 한국에는 일본에서 들어온 계수나무(*Cercidiphyllum japonicum* Siebold et Zucc. ex J. J. Hoffm. et J. H. Schult. bis)가 관상수로 식재되고 있다.

A: 심장저 원형 잎과 액상에 열린 골돌과

B: 대생하는 단지와 액아

C: 성숙 중인 골돌과

D: 열개하기 전의 골돌과(화주가 보임)

E: 가을철의 전체 성상

F: 여름철의 녹색 잎과 가지

>사진 9–15. **계수나무과**(Cercidiphyllaceae) **계수나무**(*Cercidiphyllum japonicum*).

돌나물과[Crassulaceae J. St. Hilaire; Stonecrop Family]

돌나물과 식물은 다즙이고 초본이거나 관목상으로 나오며, 줄기는 흔히 피층(corti-cal) 또는 목수(木髓; medullary)에 관다발을 갖는다. 다육식물대사(crassulacean acid metabolism; CAM: 밤에 기공을 열고 탄소고정을 한 결과 액포(液胞)에 있는 말산의 양이 밤에는 증가하고 낮에는 감소하는 식물대사의 형식)가 특징적이다. 이 과의 식물은 보통 털이 없고 엷은 청록색이다(Judd *et al.*, 2008).

돌나물과 식물의 잎은 호생이며 나선형으로 배열하거나, 대생 또는 윤생한다. 때로는 기부의 잎이 로제트형으로 나오기도 한다. 단엽이며 드물게 우상 복엽이기도 하다. 전연, 예거치, 둔거치 등의 엽연이며, 다즙이다. 엽맥은 우상맥인데 흔히 뚜렷하지 않으며, 탁엽은 없다(Judd *et al.*, 2008).

섬기린초 꽃공식(floral formula of *Sedum takesimense*)
*, ⑤, 5 , 10 , 5 , 골돌과

돌나물과의 화서는 유한화서이고 때로 단정화로 축소되기도 한다. 줄기의 정단부 또는 엽액에 꽃이 핀다. 꽃은 양성화이며, 화관이 방사대칭이고, 화탁통(hypanthium)은 없다. 꽃받침잎은 4-5개이고 이생하거나 또는 합생한다. 꽃잎은 4-5개이고 이생하기도 하고 합생하기도 한다. 합생하면 다소 통부가 있는 화관이 된다. 복와상으로 배열한다. 수술은 4-10개이며 수술대는 이생하거나 다소 합생하기도 한다. 수술은 화관에 측착(adnate)되기도 한다. 약은 정단의 공에서 열리고(공개; poricidal, 단정약; terminal), 화분립은 삼공구형이다. 심피는 보통 4-5개로 이생이며 기부에서 약간 합생하기도 한다. 상위자방이며 태좌는 측면(lateral)으로 되어 있다. 심피가 합생된 경우에는 기부의 액상에 태좌가 있다. 주두는 조그맣다. 인형의 선점이 각 심피 사이에 끼어 있다. 심피 당 배주의 수는 적게 또는 많이 있고, 대포자낭벽은 얇거나 두껍다. 열매는 주로 취과상 골돌과로 나오며, 드물게 삭과가 나오기도 한다(Judd *et al.*, 2008).

돌나물과의 식물은 열대에서 북쪽 지방까지 널리 분포하며, 건조한 식생에서 흔히 잘 자라고, 34속 1,500여 종이 있고 주요 속으로는 기린초속(*Sedum* 450종), 크라슐라속 (*Crassula* 300종)등이 있고(Judd *et al.*, 2016), 한국에는 울릉도에서 자생하는 섬기린초 (*Sedum takesimense* Nakai) 등이 있다.

>사진 9–16. 돌나물과(Crassulaceae) 섬기린초(*Sedum takesimense*).
A: 거치가 있는 다육 잎과 화서. B: 꽃(이생심피, 노란 화관). C: 성상.

굴거리나무과[Daphniphyllaceae Muell.-Arg. in A. DC.]

굴거리나무과의 식물은 교목 또는 관목상이며 잎은 호생하지만 가지의 끝에서 가깝게 뭉쳐져 있어서 마치 윤생하는 것처럼 보이기도 한다.

잎은 혁질 단엽이고, 전연이며, 우상 엽맥이고, 기공(氣孔)은 평행형(平行型; paracytic)이며, 엽병에는 세 개의 관다발 자국이 있는 것이 특징이다(Cronquist, 1981).

굴거리나무과 꽃공식(floral formula of Daphniphyllaceae)
단성화, 자웅이주

암꽃: $, 2-6(0), 0 , 0 , (2-4), 핵과

수꽃: $, 2-6(0), 0 , 5-12 , 0

굴거리나무과의 꽃은 엽액에 총상화서로 달리고, 작고 눈에 잘 띄지 않는 단성화(자웅이주)가 나온다. 상위자방(hypogynous)이고 꽃잎이 없으며, 소화경이 낙엽지는 포에 끼어있다. 꽃받침잎은 2-6개이고, 다소 복와상으로 배열되며, 드물게 없기도 한다. 수술은 5-12개이며 수술대(화사)는 짧고 이생이며, 목련속(*Magnolia*)에서 나타나는 특징처럼 약(葯)의 밑 부분이 화사 끝에 붙어 저착(底着; basifixed)의 특징을 보인다. 이웃하는 약(葯)쪽으로 향하여 열개하는 횡개약(橫開葯; latrorse)이며, 화분립은 삼공구형이다. 암꽃은 때로 몇 개의 헛수술을 가지고 있으며 2개 또는 4개까지의 심피가 합생하고, 심피의 개수만큼의 자실이 있다. 화주는 기부에서만 합생되었고 갈래로 되어 있다. 화주는 짧고 넓으며 두 개로 갈라지거나 휘며 또는 소용돌이 모양으로 말리기도 한다. 주두는 마르고 작은 돌기로 이뤄졌다(papillate). 각 자실마다 두 개의 배주가 있다. 열매는 하나의 씨앗을 가지는 핵과이다. 2n=32이다(Cronquist, 1981).

굴거리나무과는 하나의 속(굴거리나무속; *Daphniphyllum*)만이 있으며 약 35종이 동아시아와 말레이 군도(Malay Archipelago)에서 대부분이 자생한다(이창복, 2007; Cronquist, 1981).

한국에서는 좀굴거리(*Daphniphyllum teijsmannii* Zoll. ex Teijsm. & Binn.)와 굴거리나무(*D. macropodum* Miq.)가 있고, 후자는 내장산과 백양산까지 분포하며, 내장산에서 자라는 것 중 천연기념물 제91호로 지정된 굴거리나무가 있다(이창복, 2007).

A: 전연의 혁질 잎   B: 성상   C: 검게 익은 핵과상 열매

D: 엽액의 수꽃화서   E: 짧은 화사 끝에 약의 끝부분이 붙은   F: 엽액에 난 암꽃의 화서
저착

>사진 9-17. 굴거리나무과(Daphniphyllaceae) 굴거리나무(*Daphniphyllum macropodum*).

까치밥나무과 [Grossulariaceae A. P. de Candolle in Lamarck & de Candolle; Currant Family]

까치밥나무과는 목본성 식물로 관목(또는 아관목)이거나 때로 교목으로 나타나며, 다즙식물이 아니다(Judd *et al.*, 2008).

잎은 폴리오스마(*Polyosma*)속에서는 대생하지만, 다른 속에서는 주로 호생하며, 매우 깊게 결각이 져서 거의 복엽처럼 되기도 한다. 엽맥은 우상맥 또는 장상맥이고, 흔히 거치의 끝이 선점화된다. 기공(氣孔)은 평행형(paracytic) 또는 불규칙형(anomocytic)이다. 엽병의 해부학적 특징은 복잡하며, 탁엽은 없는 경우가 대부분이지만 *Brexia*속, *Itea*속, *Phyllonoma*속, *Pterostemon*속에서는 탁엽이 있다. 이런 탁엽은 작고 쉽게 낙엽이 된다. 까치밥나무속(*Ribes*)의 일부 종에서는 탁엽이 잘 발달되어 기부가 엽병에 측착되는 특징을 가지고 있다(Cronquist, 1981).

명자순 꽃공식(floral formula of *Ribes maximowiczianum*)
단성화, 자웅이주

암꽃: *, 5 , 5 , 5• ,$\overline{②}$, 장과

수꽃: *, 5 , 5 , 5, 0

까치밥나무과의 꽃은 주로 소지의 정단이나 엽액에 나며, 포가 있거나 없는 총상화서(racemes)로 나며, 드물게 원추화서(panicles), 산형화서(umbels) 또는 위쪽 엽액에 단정화로 나기도 한다. 꽃은 완전화로 나오며 단성화(자웅이주)로는 잘 나오지 않는다. 중위자방(perigynous) 또는 흔히 하위자방(epigynous)이며 화탁통(hypanthium)이 컵받침 모양이거나 통 모양으로 된다. 3-9개 보통 5개의 꽃받침잎이 있고 꽃잎은 꽃받침잎의 수와 같으며, 꽃받침잎과 꽃잎은 어긋난다. 약은 네 개의 소포자낭으로 되어 있으며, 화분립엔 두 개의 핵이 들어 있다. 화분립은 2-5공구형으로 나오지만 주로 3공구형이고, 구(colpus)는 없이 공으로만 되어(porate) 있기도 한다. 까치밥나무속에서는 공의 수가 11개까지 나온다. 심피는 2-7개 까지가 합생되는데 주로 2-3개가 합생된다(Cronquist, 1981). 태좌형은 측벽(側壁; parietal)태좌이다. 열매는 장과이다(Judd *et al.*, 2008).

까치밥나무과를 넓게 정의해 보면 25속 350여 종이 포함된다(Cronquist, 1981). 한국에서 주로 나오는 까치밥나무속(*Ribes*)은 낙엽관목으로서 때로는 가시가 있으며 잎은 호생하고 대가 있으며, 장상으로 갈라진다. 꽃은 양성화 또는 자웅이주의 단성화로 나오기도 한다. 화서는 총상으로 달리거나 엽액에 한 개가 나오기도 한다. 하위자방이며, 두 개의 화주가 다소 붙어있고, 열매는 장과이고 많은 씨앗이 들어 있다. 까치밥나무속은 북반구의 온대와 남아메리카의 안데스에서 150종이 자라는데 한국에는 10종이 자란다(이창복, 2007).

한국의 까치밥나무속(*Ribes*)은 낙엽관목으로서 가시가 있거나 없다. '줄기에 가시가 있는' 종으로 석 종이 있는데, 이 중 액상에 꽃이 하나씩 나고 잎에 털이 밀생하면 '바늘까치밥나무'이다. 총상화서인 나머지 두 종에서 가시가 줄기에 밀생하면 '까막바늘까치밥나무'이고 가시가 마디에 두 개씩 돋으면 '가시까치밥나무'이다. 반면에 '줄기에 가시가 없는' 나머지 일곱 종들 중에서 '꽃이 엽액에 속생'하면, '까마귀밥나무'이고 그 외의 나머지 여섯 종은 총상화서로 꽃이 나온다. 이 중에서 줄기가 옆으로 누어 자라면 '눈까치밥나무'이고, 나머지 다섯 종은 줄기가 곧추서는 특징이 있다. 다음 계단형 검색표를 통해 나머지 줄기가 곧추서는 종들의 형질상태의 다양성을 볼 수 있다.

> 1. 잎에 지점(脂點) 있고, 꽃받침통 위가 좁고, 꽃받침잎이 선다. ·········· 까막까치밥나무
> 1. 잎에 지점 없다.
>   2. 양성화이다.
>   3. 가지에 털이 없고 화서에 털 밀생, 포는 떨어 지지 않음. ··············까치밥나무
>   3. 화서에 약간 털이 있고, 꽃받침통이 깔대기형, 잎 뒷면 백색 털. ··· 넓은잎까치밥나무
>   2. 단성화이다.
>   4. 잎 표면 전체에 털이 있다. ·· 명자순
>   4. 잎 표면에 털이 없고, 뒷면 맥 위에 선모(腺毛),
>   암꽃 화서 길이 5 cm 정도. ·· 꼬리까치밥나무

> 표 9–9. 한국에 생육하는 까치밥나무과 까치밥나무속의 주요 종의 학명과 향명
(종소명의 알파벳 순서로 정리. 어둔 바탕에 표기된 종은 개명이 된 경우임)

Grossulariaceae 까치밥나무과

Ribes burejense Fr. Schm. 바늘까치밥나무 Stinky black currant
Ribes diacanthum Pall. 가시까치밥나무 Siberian currant
Ribes fasciculatum Siebold et Zucc. 까마귀밥나무 Winter-berry currant
Ribes horridum Rupr. ex Maxim. 까막바늘까치밥나무 Thorny currant
Ribes komarovii Pojark. 꼬리까치밥나무 Komarov's currant
Ribes komarovii var. *breviracemum* (Nakai) T.B. Lee 꼬리까치밥나무 Komarov's currant
Ribes latifolium Jancz. 넓은잎까치밥나무 Broad-leaf currant
Ribes mandshuricum (Maxim.) Kom. 까치밥나무 Manchurian currant
Ribes maximowiczianum Kom. 명자순 Common Korean currant
Ribes triste Pallas 눈까치밥나무 Swamp red currant
Ribes ussuriense Jancz. 까막까치밥나무 Korean black currant

조록나무과[Hamamelidaceae R. Brown; Witch Hazel Family]

조록나무과는 관목 또는 교목으로 나오는 식물이며, 주로 타닌 성분을 가지고 있다. 식물의 모상체는 성모(stellate)이다(Judd *et al.*, 2008).

조록나무과 식물의 잎은 호생하며 흔히 2열 배열하고, 단엽이며, 전연이거나 예거치 엽연을 갖는다. 엽맥은 우상맥 또는 장상맥이며, 탁엽이 있으며 엽병 기부의 가지에 난다(Judd *et al*., 2008).

꽃은 무한화서이며, 흔히 수상화서, 총상화서 또는 두상화서를 이뤄서 가지의 정단이나 엽액에 난다. 꽃은 양성화 또는 단성화로 나오지만 여전히 자웅동주이다. 화관은 보통 방사대칭이며, 화려한 꽃도 있지만 눈에 잘 띄지 않는 경우도 있다. 꽃받침잎은 보통 4-5개이며 갈라져 있거나 합생되기도 한다. 꽃잎도 보통 4-5개이고, 갈라져 있고, 복와상 또는 판상으로 배열하고, 어린 고사리의 잎처럼 눈 안에 말려져 있다. 때로는 꽃잎이 없는 경우도 있다. 수술은 4개 또는 5개이고 헛수술과 호생하거나 다수로 나오기도 한다. 약은 보통 두 개의 판이 열리는 판개(瓣開; valvular)형이다. 화분립은 삼구형 또는 삼공구형이다. 심피는 두 개이며, 합생이 되어 있고 자방은 중위자방 내지는 하위자방이다. 중축태좌(axile placentation)이다. 화주는 갈라져 있으며, 다소 휘어지고 열매가 성숙한 후에도 보통 떨어지지 않고 남아있다. 주두는 두 개이며 화주의 위쪽 면으로 길게 뻗거나 두상(capitate)으로 되어 있다. 배주는 자실 당 한 개에서 여러 개가 있다.

히어리 꽃공식(floral formula of *Corylopsis gotoana var. coreana*

*, 5 , 5 , 5 ,②, 삭과

풍년화 꽃공식(floral formula of *Hamamelis japonica*)

*,④, 4 , 4 ,②, 삭과

헛수술이나 꽃잎 안쪽 기부에서 때로 단물(nectar)이 생성되기도 한다. 열매는 포배개열(loculicidal; 등쪽 봉선을 따라서 갈라짐)이나 포간개열(septicidal; 각각의 방 사이의 격벽을 따라 갈라짐)하는 목본성 내지는 혁질상의 삭과이다. 외과피(exocarp)는 목본성이고 내과피(endocarp)는 골질성(bony)이다. 씨앗은 두껍고 딱딱한 종피(testa)로 된 특징을 보인다(Judd *et al*., 2016).

조록나무과는 열대에서 온대 지역까지 25속 80종이 분포하며, 주요 속으로는 히어리속(*Corylopsis* 20종), 조록나무속(*Distylium* 15종), 풍년화속(*Hamamelis*) 등이 있다.

>표 9-10. 한국에 생육하는 조록나무과 주요 종의 학명과 향명
(속명의 알파벳 순서로 정리. 어둔 바탕에 표기된 종은 개명이 된 경우임. 학명 앞 *표시는 도입종)

Hamamelidaceae 조록나무과 Witch Hazel Family
Corylopsis gotoana Makino var. *coreana* (Uyeki) Yamazaki 히어리 Korean winter hazel
Distylium racemosum Siebold et Zucc. 조록나무 Evergreen witch hazel
*Hamamelis japonica Siebold et Zucc. 풍년화 witch hazel

A: 두 개로 갈라진 화주가 보이는 히어리 꽃   B: 히어리 총상화서

C: 성숙해 벌어진 히어리 삭과

D: 합생된 심피(두 개의 긴 화주가 보임)

E: 성숙하여 벌어진 조록나무 삭과

F: 조록나무의 호생하는 엽서와 삭과

>사진 9-18. **조록나무과**(Hamamelidaceae).
A–D: 히어리(*Corylopsis gotoana* var. *coreana*), E–F: 조록나무(*Distylium racemosum*)

작약과[Paeoniaceae Rudolphi; Peony Family]

작약과의 작약속(*Paeonia*)은 전통적으로 미나리아재비과 안에 잘못 분류되었다가 작약과로 분류되었다. 이 과는 다년생 초본 또는 아관목 또는 관목으로 나오며, 마디(node)의 해부학적 형태에서 볼 때, 줄기에 나는 목부(cauline xylem)가 세 개(trilacunar)로 나오거나 다섯 개(pentalacunar)로 나오는 특징을 보인다(Cronquist, 1981).

작약과 식물의 잎은 크고, 호생하며, 삼출(ternate) 또는 삼출상 우상으로 두 번 또는 그 이상으로 복엽으로 되기도 하고 잎이 깊게 갈라진다. 잎의 기공은 불규칙형이며 (Cronquist, 1981), 소화경 내에서 내외 관속흔이 달린다는 점에서 목련과와 동일하다.

작약과 꽃공식(floral formula of Paeoniaceae)

*, 3-7 , 5-8(13) , ∞ , 3-5(15) , 골돌과

작약과의 화피는 꽃받침잎과 꽃잎으로 구별이 있다. 3-7개(주로 5개)의 꽃받침잎이 있고 혁질상이며 떨어지지 않고 남아있다. 꽃잎은 보통 5-8개이며 13개까지 나오기도 한다. 이 분류군은 수술이 많으며 다섯 개의 수술군으로 나눠지는 경향이 있고, 안쪽부터 성숙한다. 약은 네 개의 소포자낭으로 되어 있고 세로로 갈라진다. 화분립에는 두 개의 핵이 있고, 삼공구형이다. 심피는 3-5개 또는 15개까지 나오는 이생심피로 되어 있으며 기부가 화반으로 싸여 있다. 젖은 주두는 짧은 화주 위에 달려 있고 길게 뻗거나 휜다. 심피 당 배주는 여러 개이며, 주피는 결국 두 개의 층으로 분화된다(Cronquist, 1981). 열매는 취과상 골돌과이고, 하나의 속(*Paeonia*)에 33종정도가 분포한다. 한국에서 생육하고 있는 종들 중에는 중국에서 도입한 모란(*Paeonia suffruticosa* Andrews)만이 목본식물로 분류된다(이창복, 2007).

A: 꽃(다수의 수술과 이생 심피)

B: 성숙 중인 취과상 골돌과

C: 성숙하여 골돌과의 배(背; adaxial)봉선이 갈라짐   D: 골돌과가 성숙하여 배봉선이 갈라지고 씨앗이 보임

>사진 9-19. 작약과(Paeoniaceae).

장미군 ROSID CLADE

장미군의 포도목은 장미군 내 그 외의 나머지 다른 분류군(콩군 + 아욱군)의 자매그룹이 되고 있다(Judd *et al.*, 2016). 장미군(Rosids)의 단계통성은 *rbcL*, *atpB*, *matK*, 18S rDNA 염기서열 분석에 근거를 두고 있다(Judd and Olmstead, 2004; Solits *et al.*, 2005).

콩군(Fabids; 진정장미군 1; Eurosids 1)에는 남가새목(Zygophyllales), 노박덩굴목(Celastrales), 괭이밥목(Oxalidales), 말피기아목(Malpighiales), 박목(Cucurbitales), 콩목(Fabales), 참나무목(Fagales), 장미목(Rosales)이 포함되며, 아욱군(Malvids; 진정장미군 2; Eurosids 2)에는 쥐손이풀목(Geraniales), 도금양목(Myrtales), 피크람니아목(Picramniales), 허티아목(Huerteales), 십자화목(Brassicales), 아욱목(Malvales), 무환자나무목(Sapindales)이 포함된다. 이 중에는 질소고정 박테리아와 공생하는 분류군으로서 콩목, 장미목, 박목, 참나무목이 있다(Judd *et al.*, 2016).

포도목 Vitales

포도과[Vitaceae A. L. de Jussieu; Grape Family]

포도과는 보통 목본성 덩굴식물이며, 잎은 호생하고 나선상 또는 2열 배열로 난다. 덩굴손 또는 분화된 화서가 잎과 대생하여 난다. 이 덩굴손을 통해 물체를 감고 올라간다. 덩굴손이 없는 관목상 식물도 있다. 줄기에는 다소 불거진 마디가 있다. 잎은 단엽이거나 장상 또는 우상 복엽이며, 엽맥도 장상 또는 우상맥이다. 탁엽이 있다(Judd *et al.*, 2008).

포도과의 화서는 유한화서이며, 정단에 주로 나지만, 잎과 마주보면서 나는 것으로 보인다. 그 이유는 마주보는 잎의 엽액으로부터 액상 가지가 발달하기 때문이다. 포도과의 꽃은 양성화 또는 단성화로서 잡성이주(polygamodioecious) 또는 자웅동주로 된다. 화관이 방사대칭이다. 꽃받침잎은 보통 4-6개이고 다소 합생되어 있으며, 크기가 작다. 꽃잎은 보통 4-6개로 갈래꽃이다. 투껑(cap)이 떨어지면서 개화하며, 판상이다. 수술은 보통 4-6개이고 꽃잎과 대생한다. 때로 수술이 합생하기도 한다. 화분립은 삼공구형이며, 심피는 두 개이며 합생되었다. 상위자방이며, 두 개 또는 네 개(2차 분리를 통해)의 자실이 있다. 중축태좌이며, 주두는 보통 두상이며 자실 당 두 개의 배주가 있다. 선점 디스크가 나와 있고, 자방과 수술 사이에 동그란 반지형을 형성한다. 열매는 장과이며, 씨앗은 네 개가 들어 있다. 씨앗에 제조(raphe)가 있는 것이 특징적이다. 배주가 배벽에 부착되어 있는 곳이 종자에서 선상으로 융기되어 있는 부분을 제조라고 한다(Judd *et al.*, 2016).

머루 꽃공식(floral formula of *Vitis coignetiae*)

암꽃: *, ⑤, ⑤, 5•, ②, 장과

수꽃: *, ⑤, ⑤, 5, ②•

포도과 식물은 14속 725종이 넓게 분포하고 있으며 특히 열대와 아열대 지역에 매우 다양한 종이 난다. 주요 속으로는 *Cissus*속(300여 종), 머루속(*Vitis* 60종), *Leea*속(24종), 개머루속(*Ampelopsis* 20종), 담쟁이덩굴속(*Parthenocissus* 15종) 등이 있다(Judd *et al.*, 2016).

한국에서 생육하고 있는 머루속의 종들은 먼저 잎의 길이가 긴 것(15 cm 이상)과 짧은 것(10 cm 이하)으로 나눠 동정할 수 있다. 잎이 길이가 긴 그룹에서 '왕머루'의 경우에는 잎 뒷면에 잔털이 있거나 없고 잎 뒷면이 녹색이다. 반면에 잎 뒷면 색깔이 회색이면서 갈모(褐毛)가 있으면 '머루'이고, 솜에서 일어나는 잔털 모양의 면모(綿毛)가 있으면 '포도'이다. 잎의 길이가 짧은 경우에 잎이 5개 정도로 갈라지면 '까마귀머루'이고, 잎이 보통 갈라지지 않고 삼각형 또는 난형이면 '새머루'이다.

> 표 9–11. 한국에 생육하는 포도과 주요 종의 학명과 향명
(속명의 알파벳 순서로 정리. 어둔 바탕에 표기된 종은 개명이 된 경우임. 학명 앞 *표시는 도입종)

Vitaceae 포도과 Grape Family
Ampelopsis heterophylla (Thunb.) Siebold et Zucc. 개머루 Porcelainberry
Ampelopsis japonica (Thunb.) Makino 가회톱 East Asian peppervine
Parthenocissus tricuspidata (Siebold et Zucc.) Planch. 담쟁이덩굴 Boston ivy
Vitis amurensis Rupr. 왕머루 Amur grapevine
Vitis coignetiae Pulliat ex Planch. 머루 Crimson grapevine
Vitis coignetiae f. *glabrescens* (Nakai) H. Hara 섬머루 Ulleungdo Crimson grapevine
Vitis flexuosa Thunb. 새머루 Creeping grapevine
Vitis heyneana subsp. *ficifolia* (Bunge) C. L. Li 까마귀머루
**Vitis vinifera* L. 포도

콩군 FABIDS: 진정장미군 1: Eurosids 1

이 그룹에 속하는 남가새목, 노박덩굴목, 괭이밥목, 말피기아목, 박목, 콩목, 참나무목, 장미목 중에서 이 교재에서는 한국에서 볼 수 있는 종을 중심으로 노박덩굴목, 말피기아목, 콩목, 참나무목, 장미목을 알아보도록 한다.

노박덩굴목 Celastrales

노박덩굴과[Celastraceae R. Brown; Bittersweet Family]

노박덩굴과는 교목, 관목 또는 목본성 덩굴식물이며 흔히 타닌 성분을 가지고 있다. 털은 단순하거나 분지된다(Judd *et al.*, 2008).

노박덩굴과 식물의 잎은 호생하며 나선상 또는 2열 배열을 하며, 또는 대생하기도 한다. 단엽이고, 엽연은 전연이거나 거치가 있다. 엽맥은 우상맥이고, 탁엽은 있거나 없다 (Judd *et al.*, 2008).

꽃은 주로 유한화서이고 가지의 끝이나 엽액에 난다. 주로 양성화인데 간혹 단성화로 나오기도 하며 자웅동주 또는 자웅이주이다. 화관은 방사대칭이고 때로 짧은 화탁통이 있기도 한다. 꽃받침잎은 흔히 4-5개로 갈라져 있거나 약간 합생되기도 한다. 꽃잎도 4-5개이고, 갈라져 있으며 복와상이거나 간혹 판상으로 배열하기도 한다. 수술은 3-5개이며, 꽃잎과 어긋나게 나고, 수술대(화사)는 이생 또는 합생이다. 화분립은 삼공구형, 삼공형이고, 드물게 사립 또는 다립으로 나오기도 한다. 심피는 2-5개가 합생되었고, 상위자방 또는 중위자방이다. 태좌형은 중축태좌이다. 자실이 등쪽으로 볼록해져서 격벽(septa)이 정단에 있다. 주두는 두상형이거나 결각이 지기도 한다. 배주는 자실 당 두 개에서 다수가 있고, 때로는 대포자낭벽이 얇다. 눈에 띄는 화밀 디스크(nectar disk)가 있으며, 때로 자방에 측착되어 있다. 열매는 포배개열(loculicidal; 등쪽 봉선을 따라서 갈라짐, 때로 세 개로 깊게 결각이 짐) 삭과이거나, 분열과, 핵과 또는 장과로 나온다. 씨앗은 보통 주황색에서 빨간색의 화려한 색깔의 가종피를 가지고 있거나 날개가 달리기도 한다. 때로는 내배유가 없는 경우가 특징적이다(Judd *et al.*, 2008).

화살나무 꽃공식(floral formula of *Euonymus alatus*)

*, ④, 4 , 4 , ②, 삭과

사철나무 꽃공식(floral formula of *E. japonicus*)

*, ④, 4 , 4 , ④, 삭과

참회나무 꽃공식(floral formula of *E. oxyphyllus*)

*, ⑤, 5 , 5 , ⑤, 삭과

노박덩굴과에는 89속 1,221종이 열대와 아열대 지역에 널리 분포되어 있으며 한국을 포함한 온대지방에는 몇 개의 속이 있다. 주요 속으로는 *Maytenus*속(200여 종), *Salacia*속(200종), 사철나무속(*Euonymus* 130종) 등이 있다(Judd *et al.*, 2016).

꽃은 작으며, 흰색에서 연두색으로 나오고, 벌이나 파리 등에 의해서 수분이 되고 그들은 꽃에서 단물(화밀; nectar)을 제공 받는다. 열매는 삭과이고 흔히 화려한 색깔의 가종피로 싸인 씨앗을 내기 때문에 새에 의해서 멀리 종자가 산포된다. 몇몇 종의 화려한 색깔의 핵과나 장과도 새에 의해 산포된다. 씨앗에 날개가 달린 종들은 바람에 의해서 산포된다.

한국에서 생육하는 세 가지 속을 동정하기 위해서는 먼저 열매를 형질로 잡아야 수월하다. 열매가 시과이면 미역줄나무이다. 또한 미역줄나무는 정생 원추화서이고 호생하는 엽서이다. 열매가 삭과이면 사철나무속과 노박덩굴속이며, 이 두 속은 다시 엽서를 형질로 잡으면 간단하게 동정할 수 있다. 전자는 대생하고 후자는 호생하기 때문이다.

한국에서 볼 수 있는 노박덩굴과 사철나무속(*Euonymus* L.) 열 가지 종에 대한 검색표를 상록성과 낙엽성으로 나눠 작성하면 그들의 다양성을 용이하게 볼 수 있다.

상록성 사철나무속(*Euonymus* L.)

1. 반상록성이며, 줄기가 옆으로 뻗어 자란다. ·····························줄사철나무
1. 상록성이며, 줄기가 곧추 서서 자란다.
   2. 줄기의 횡단면이 원형이다. ···사철나무
   2. 줄기의 횡단면이 사각형이다. ···섬회나무

낙엽성 사철나무속(*Euonymus* L.)

1. 가지에 콜크질 날개 또는 돌기가 있다.
   2. 가지에 콜크질 날개가 있다. ·· 화살나무
   2. 가지에 돌기가 있고 소화경이 실처럼 가늘다. ························ 회목나무
1. 가지에 콜크질 날개나 돌기가 없다.
   3. 동아가 짧고 둥글며 삭과가 네 개로 갈라진다.
      4. 꽃이 녹색이고 약이 노란색이다. ·································· 참빗살나무
      4. 꽃이 황백색이고 약이 자색이며, 장타원형의 잎이다.········ 좁은잎참빗살나무
   3. 동아가 가늘고 길다.
      5. 꽃이 4수이고 삭과가 네 개로 갈라진다. ······················· 나래회나무
      5. 꽃이 5수이고 삭과가 다섯 개로 갈라진다.
         6. 삭과에 날개가 없고, 잎은 중앙에서 엽저 쪽으로 가장 넓고,
           꽃이 백색이나 자색이다. ····································· 참회나무
         6. 삭과에 날개가 있고 꽃이 자색이다. ························· 회나무

한국에서 생육하는 노박덩굴속(*Celastrus* L.) 석 종은 모두 덩굴성 성상으로서, 같은 과 내 다른 속들의 엽서가 보통 대생인 것과는 다르게 잎이 어긋난다. 이들을 동정하기

위해서는 먼저 탁엽이 변한 엽침이 있는지(푼지나무) 없는지 살피고 잎 뒷면의 주맥에 굽은 털이 밀생하면 털노박덩굴(잎 길이 6-12 cm)이고, 잎 뒷면에 털이 없고 털노박덩굴에 비해 잎의 크기가 작으면 노박덩굴(잎 길이 4-10 cm)이다.

>표 9–12. 한국에 생육하는 노박덩굴과 주요 종의 학명과 향명
(속명의 알파벳 순서로 정리. 어둔 바탕에 표기된 종은 개명이 된 경우임)

Celastraceae 노박덩굴과 Bittersweet Family
Celastrus flagellaris Rupr. 푼지나무 Hooked-spine bittersweet
Celastrus orbiculatus Thunb. 노박덩굴 Oriental bittersweet
Celastrus stephanotifolius (Makino) Makino 털노박덩굴 Hairy oriental bittersweet
Euonymus alatus (Thunb.) Siebold 화살나무 Burning bush spindletree
Euonymus fortunei (Turcz.) Hand.-Mazz. 줄사철나무
Euonymus hamiltonianus Wall. 참빗살나무 Hamilton's spindletree
Euonymus japonicus Thunb. 사철나무 Evergreen spindletree
Euonymus maackii Rupr. 좁은잎참빗살나무
Euonymus macropterus Rupr. 나래회나무 Ussuri spindletree
Euonymus nitidus Benth. 섬회나무
Euonymus oxyphyllus Miq. 참회나무 Korean spindletree
Euonymus planipes (Koehne) Koehne 회나무
Euonymus verrucosus Scop. var. *pauciflorus* (Maxim.) Regel 회목나무
Tripterygium wilfordii Hook. f. 미역줄나무

A: 붙음뿌리

B: 취산화서(개화 전)

C: 엽액의 취산화서

D: 열개한 삭과에서 씨앗이 나옴

>사진 9–20. **노박덩굴과(Celastraceae) 1.**
A: 줄사철나무(*Euonymus fortunei*), B–D: 사철나무(*E. japonicus*).

A: 노박덩굴의 덩굴 성상

B: 호생하는 엽서

C: 노박덩굴 꽃

D: 화살나무 화서

E: 성숙 중인 삭과 열매

F:참빗살나무 삭과

G: 대생 엽서와 콜크층

>사진 9–21. **노박덩굴과**(Celastraceae) 2.
A–C: 노박덩굴(*Celastrus orbiculatus*), D, G: 화살나무(*Euonymus alatus*),
E, F: 참빗살나무(*E. hamiltonianus*)

말피기아목 Malpighiales

대극과[Euphorbiaceae A. L. de Jussieu; Spurge Family]

대극과 식물은 교목, 관목, 초본 또는 덩굴성으로 나오며, 때로는 다즙이기도 하다. 모상체는 단순하거나 분지되기도 하고 성상 또는 방패형으로 나온다(Judd *et al*., 2008).

대극과 식물의 잎은 보통 호생하며 2열 배열하거나 나선상으로 달린다. 엽서가 가끔 대생으로 나기도 한다. 단엽이며 때로 장상으로 결각이 지거나 복엽이다. 전연이거나 예거치가 있다. 엽맥은 우상 또는 장상맥이다. 때때로 엽저나 엽병에 쌍으로 된 선점이 발달한다. 탁엽은 보통 있는 편이다(Judd *et al*., 2008).

예덕나무 꽃공식(floral formula of *Mallotus japonicus*)
단성화, 자웅이주

암꽃: *, (2-3) , 0 , 0 , ③ , 분열과
수꽃: *, (3-4) , 0 , ∞ , 0

대극과 식물의 화서는 유한화서이지만 심하게 분화되기가 쉬워서 때로는 가짜 꽃을 형성하기도 한다. 가지의 끝이나 엽액에 난다. 꽃은 단성화이며 자웅동주 또는 자웅이주로 나온다. 보통 방사대칭이며, 화려하기도 하고 그렇지 않기도 한다. 꽃받침잎은 보통 2-6개이고 갈래로 되거나 약간 합생되기도 한다. 꽃잎은 없거나 5개까지 나오며 갈래로 되거나 약간 합생되기도 한다. 판상 또는 복와상으로 배열한다. 수술은 1개에서 다수로 나오며, 수술대는 이생 또는 합생이다. 화분립은 흔히 삼공구형이거나 다공형이다. 심피는 보통 세 개가 합생되고 상위자방이며 3개로 결각이 지고 중축태좌를 갖는다. 심피의 화주는 보통 세 개이며 각각은 두 개에서 여러 개로 나뉜다. 주두는 다양하다. 각 자실 당 배주는 한 개다. 화밀 디스크(nectar disk)가 보통 있다. 열매는 보통 분열과이며, 중앙에 남아 있는 기둥으로부터 탄력적으로 열개한다. 종자는 흔히 가종피로 싸여져 있고, 배는 곧거나 휜다(Judd *et al*., 2008).

대극과에는 222속 6,100종이 널리 분포하지만 특히 열대 지방에서 가장 다양한 종이 나온다. 주요 속으로는 대극속(*Euphorbia* 2,400종), *Croton*속(1,300종), *Acalypha*속(400종), 예덕나무속(*Mallotus* 120종) 등이 있다(Judd *et al.*, 2008).

A: 사람주나무 엽서

B: 분열과(세 개로 갈라진 화주)

C: 예덕나무 수나무 엽서

D: 예덕나무 수꽃 화서

E: 개화한 수꽃

F: 개화한 암꽃(세 개로 갈라진 화주)

G: 예덕나무 암꽃 화서

>사진 9-22. **대극과**(Euphorbiaceae).
A-B: 사람주나무(*Neoshirakia japonica*), C-G: 예덕나무(*Mallotus japonicus*).

Euphorbiaceae 대극과

Glochidion chodoense J.S. Lee & H.T. Im 조도만두나무 Jodo cheesetree

Mallotus japonicus (Thunb.) Müll. Arg. 예덕나무 East Asian mallotus

Neoshirakia japonica (Siebold et Zucc.) Esser 사람주나무 Tallow Tree

*Triadica sebiferum (L.) Small 오구나무 chicken tree, candleberry tree

*Vernicia cordata (Thunb.) Airy Shaw 일본유동 mu oil tree

*Vernicia fordii (Hemsley) Airy Shaw 유동 tung tree

버드나무과[Salicaceae Mirbel; Willow Family]

버드나무과는 관목 또는 교목으로 나오며, 살리신(salicin)이나 포플린(populin) 같은 석탄산 헤테로사이드(phenolic heterosides)를 가지고 있다. 하지만, 청산글리코사이드 (cyanogenic glycosides)는 버드나무과에는 보통 없다(Judd *et al.*, 2008). 특히 살리신은 아스피린을 만드는 재료이며 한국에서도 오랫동안 민간요법으로 사용된 것으로 알려져 있다. 모상체는 다양하게 나타난다.

버드나무과의 잎은 낙엽성이며, 호생하고, 나선상이거나 2열 배열이다. 엽연은 보통 거치가 발달했다. *Casearia*속을 제외하고는 거치의 끝이 살리코이드(salicoid) 선점으로 되어 있다. 엽맥은 우상맥 또는 장상맥이고 가끔씩 투명한 점이나 선이 있다. 탁엽이 보통 있다(Judd *et al.*, 2008).

이나무 꽃공식(floral formula of *Idesia polycarpa*)
단성화, 자웅이주

암꽃: *, 5 , 0 , 0 , ⑤, 장과
수꽃: *, 5 , 0 , ∞, 0

은백양 꽃공식(floral formula of *Populus alba*)
단성화, 자웅이주

암꽃: *, -0- , 0 , ④, 삭과
수꽃: *, -0- , 6-10 , 0

왕버들 꽃공식(floral formula of *Salix chaenomeloides*)
단성화, 자웅이주
암꽃: *, -0- , 0 , ②, 삭과
수꽃: *, -0- , 6 , 0

　　버드나무과의 화서는 유한화서 또는 무한화서이며, 형태가 다양하다. 때때로 곧추 서
거나 늘어지는 유이화서이고, 축소되어 꽃 한 개로 나오기도 한다. 꽃은 가지의 끝이나
엽액에 난다. 양성화 또는 단성화이며 주로 자웅이주로 나온다. 화관은 방사대칭이며,
흔히 축소되어, 버드나무속과 사시나무속에는 털이 있는 포에 끼어 있다. 꽃받침잎은 보
통 3-8개로 갈라져 있고 약간 붙어 있는 경우도 있으며, 다소 퇴화하여 흔적만 남아 있기
도 한다. 사시나무속에서는 꽃받침잎이 디스크 모양이나 컵 모양으로 되지만 버드나무
속에는 없는 것이 다른 점이다. 꽃잎은 3-8개가 갈래로 되거나 없기도 한다. 수술은 2개
에서 다수로 나오며, 수술대는 이생 또는 합생이다. 화분립은 삼구형, 삼공구형이거나
발아구가 없기도 한다. 심피는 보통 2-4개가 합생되고 상위자방 또는 중위자방이며, 측
벽태좌이다. 주두는 보통 2-4개이며 배주는 각 태좌마다 한 개에서 여러 개가 있는데, 때
로 주피가 한 개의 층으로만 되어 있기도 한다. 열매는 포배개열 삭과이거나, 장과, 또는
핵과이다. 씨앗은 가종피로 싸여 있거나 기부에 많은 털이 다발을 이룬다. 내배유가 거
의 없거나 아예 없는 것이 특징이다(Judd *et al.*, 2008).

>표 9-14. 버드나무과(Salicaceae) 버드나무속(*Salix*)과 사시나무속(*Populus*)의 비교(Hardin *et al.*, 2001)

속	눈	잎	꽃	삭과
사시나무속 (*Populus*)	여러 개의 복와 상 아린으로 싸여있고, 정아가 있다.	길이와 너비가 비슷하고, 엽병이 길다.	선점이 없고, 포의 가장자리에 술이 달림	디스크 위에 삽입됨, 세 개 이상으로 갈라짐.
버드나무속 (*Salix*)	모자(cap)형 아린 하나로 싸여 있고, 정아가 없다.	길이가 너비의 여러 배로 길고, 엽병이 짧다.	선점(nectar glands)이 있고, 포의 가장자리가 전연	디스크 위에 삽입되지 않음, 두 개로 갈라짐.

버드나무과는 58속 1,210종이 널리 분포하며 열대, 온대, 북극지방까지 자란다. 주요 속으로 버드나무속(*Salix* 450여 종), *Casearia*속(180종), 산유자나무속(*Xylosma* 85종), 사시나무속(*Populus* 35종) 등이 있다(Judd *et al.*, 2008, 2016). 특히 전에는 이나무과에 속했던 이나무속(*Idesia*)과 산유자나무속(*Xylosma*)은 버드나무과에 속하게 되었다(표9-3참조).

B: 엽서

D: 심장저 잎   E: 암나무의 장과   F: 으깬 장과와 씨앗

>사진 9-23. 버드나무과(Salicaceae) 1.
이나무(*Idesia polycarpa*).

A: 수꽃 화서

B: 수꽃 화서 일부 확대

C: 수꽃 화서

D: 왕버들 성상

E: 왕버들 엽서와 탁엽

F: 왕버들 탁엽 근접

G: 성숙하여 두 개로 갈라진 삭과

>사진 9-24. **버드나무과**(Salicaceae) 2.
A–B: 이태리포플러(*Populus* x *canadensis*), C: 세카꽃버들(*Salix udensis* cv. Sekka),
D–F: 왕버들(*S. chaenomeloides*), G: *Salix* sp.

Salicaceae 버드나무과 Willow Family
Idesia polycarpa Maxim. 이나무 Idesia
Populus alba L. 은백양
**Populus* × *canadensis* Moench 이태리포플라*
**Populus deltoides* Bartr. ex Marsh 미류나무*
**Populus nigra* L. 'Italica' 양버들*
Populus × *tomentiglandulosa* T. B. Lee 은사시나무
Populus simonii Carrière 당버들 Simon's poplar
Populus suaveolens Fisch. 황철나무
Populus tremula var. *davidiana* (Dode) C. K. Schneid. 사시나무
Salix abscondita Lakschewitz 백산버들
Salix arbutifolia Pall. 채양버들
Salix babylonica L. 수양버들
Salix bebbiana Sarg. 여우버들
Salix berberifolia Pall. 매자잎버드나무
Salix blinii H. Lev. 제주산버들
Salix brachypoda (Trautv. et Mey.) Kom. 닥장버들
Salix caprea L. 호랑버들
Salix cardiophylla Trautv. et C. A. Mey 쪽버들
Salix chaenomeloides Kimura 왕버들
Salix divaricata Pall. 쌍실버들
Salix gilgiana Seemen 내버들
Salix glauca L. 큰산버들
Salix gracilistyla Miq. 갯버들
Salix integra Thunb. 개키버들
Salix kangensis Nakai 강계버들

Salix koriyanagi Kitamura ex Görz 키버들
Salix miyabeana Seemen 당키버들
Salix myrtilloides L. 진퍼리버들
Salix nummularia Andersson 콩버들
Salix pierotii Miq. 버드나무
Salix pseudopentandra (Flod.) Flod. 반짝버들
Salix rorida Laksch. 분버들
Salix schwerinii E. Wolf 육지꽃버들
Salix subopposita Miq. 들버들
Salix taraikensis Kimura 산버들
Salix triandra L. var. *nipponica* (Franch. et Sav.) A. K. Skvortsov 선버들
Salix udensis Trautv. et C. A. Mey. 꽃버들
Xylosma congestum (Lour.) Merr. 산유자나무 Shiny xylosma

콩목 Fabales

콩목의 단계통성은 *rbcL*, *atpB*, 18S 염기서열에 근거를 두고 있다(Chase *et al*., 1993; Savolainen *et al*., 2000a, b; Soltis *et al*., 2000). 이 분류군의 공동파생형질 (synapomorphies)에는 단일 천공을 갖는 도관 요소, 베스쳐드벽공(壁孔)(vestured pits; 벽공강의 일부 또는 전체가 3차벽으로부터의 돌기물을 지니고 있는 유연벽공), 크고 녹색인 배가 포함되며, 엘라그산(ellagic acid)이 없다는 점도 공통점이다. 콩목은 질소고정 박테리아와 공생하는 분류군을 다수 가지고 있다. 콩목에는 콩과(Fabaceae), 원지과 (Polygalaceae), 퀼라자과(Quillajaceae), 수리에나과(Surianaceae)가 있고, 18,860종이 있다(Judd *et al*., 2008). 이 중 주요 과로는 콩과와 원지과이고 이 책에서는 콩과만을 다루기로 한다.

콩과[Fabaceae Lindley; Legume or Bean Family]

콩과는 벼과(Poaceae) 식물 다음으로 큰 과이면서 경제적으로도 매우 중요한 분류군이다. 고급 가구재, 타닌, 껌, 수지, 염료(예: 파란색 염료로서 *Indigofera*속), 생약 등 중요한 임산물을 생산한다(이창복, 2007). 콩과의 많은 속들이 사람과 초식동물의 좋은 식량원이 되기도 하지만 많은 속들이 매우 독성이 있다는 것에 주의할 필요가 있다. 후자에는 로자리콩속(*Abrus*)과 황기속(*Astragalus*)이 포함된다(Judd *et al*., 2008).

콩과에는 초본, 관목, 교목, 초본성과 목본성 덩굴식물이 포함되며, 높은 질소 대사와 특이한 아미노산을 가지고 있다. 흔히 질소를 고정하는 박테리아(*Rhizobium*)를 함유하고 있는 뿌리혹이 있다. 때로 분비 도관 또는 구멍이 있으며, 타닌도 보통 있는 편이다. 모상체는 다양하게 나온다(Judd *et al*., 2008).

콩과식물의 잎은 보통 호생하며, 나선상 또는 2열 배열을 한다. 1차 홀수우상복엽, 2차 홀수우상복엽, 장상복엽, 삼출복엽 또는 단신복엽으로 다양하게 나오며, 엽연은 보통 전연인데 간혹 예거치인 경우도 있다. 엽맥은 우상맥이며 간혹 소엽이 덩굴손으로 분화되기도 한다. 엽침(葉枕; pulvinus)과 개개의 소엽이 잘 발달되었고, 엽축과 소엽이 흔히 수면운동을 보인다. 탁엽은 작아 눈에 잘 띄지 않기도 하고 잎처럼 보이기도 한다. 아까시나무(*Robinia pseudoacacia*)에서 처럼 간혹 탁엽이 가시로 변해 엽침(spines)으로 변하기도 한다(Judd *et al*., 2008).

실거리나무 꽃공식(floral formula of *Caesalpinia decapetala*)

x, ⑤, 5, ⑩, 1, 협과

자귀나무 꽃공식(floral formula of *Albizia julibrissin*)

*, ⑤, ⑤, ∞, 1, 협과

골담초 꽃공식(floral formula of *Caragana sinica*)

x, ⑤, ⑤, ⑨+1 , 1 , 협과

황단나무 꽃공식(floral formula of *Dalbergia hupeana*)

x, ⑤, ⑤, ⑤+⑤ , 1 , 협과

콩과식물의 화서는 거의 항상 무한화서이며, 때로는 축소되어 하나의 꽃이 피기도 한다. 꽃은 가지의 끝이나 엽액에 난다. 보통 양성화이며, 화관은 방사대칭이거나 좌우대칭이며, 짧고 컵 모양인 화탁통이 보통 있다. 꽃받침잎은 보통 5개이며 갈래로 되거나 주로 합생이다. 꽃잎은 보통 5개로 갈래로 되거나 합생이며 판상 또는 복와상으로 배열한다. 꽃잎의 모양은 모두 같거나, 가장 위의 꽃잎이 크기와 모양, 색깔 면에서 분화되기도 한다. 예를 들면 접형화관(papilionaceous corolla, 蝶形花冠)의 기판(banner; standard)이 그렇다. 맨 아래에 있는 두 개의 꽃잎은 보통 합생이 되어 용골판(keel)을 형성하기도 하고 너울너울 펼쳐지기도 한다. 수술은 한 개에서 다수이지만 보통은 10개이며 보통 화피 안에 감춰져 있기도 하고 때로는 화려하게 밖으로 나와 있기도 한다. 수술대(화사)는 갈래로 되거나 합생되고 보통으로는 단체웅예 또는 양체웅예를 형성한다. 양체웅예의 경우 '9+1'이 보통이나, 황단나무(*Dalbergia hupeana*)처럼 '5+5' 형태를 이루기도 한다(Choi *et al.*, 2015). 콩과의 화분립은 삼공구형(Kim and Song, 1998; Song, 2007), 삼구형 또는 삼공형이며, 보통으로는 단립이지만 간혹 사립이거나 다립으로 나오기도 한다. 화분외벽의 무늬도 다양하게 나온다(Kim and Song, 1998; Song, 2007). 심피는 1개이나 드물게 2-16개로 나오기도 한다. 이생이고 길게 뻗은 모양(콩꼬투리 모양)이며 간혹 짧은 경우가 있을 수 있다. 자방병(gynophore)은 짧고, 상위자방이며, 태좌는 측면이다. 화주는 1개이고 주두도 한 개로 크기가 작다. 화탁통의 안쪽 면이나 수술 사이에 있는 밀선반(intrastaminal disk)에서 단물이 생성된다. 열매는 협과이며, 때로 시과, 분리과, 골돌과, 폐과상 콩꼬투리, 핵과 또는 장과로 나오기도 한다. 씨앗은 모래 시계 형의 세포를 가지는 딱딱한 종의로 감싸져 있다. 가종피가 있는 경우도 있고 때로는 U자형 선이 있기도 한다(미모사아과). 배는 보통 휘며, 내배유는 흔히 없는 것이 특징이다(Judd *et al.*, 2008).

전에는 Cronquist 분류체계(Cronquist, 1981)에 따라 장미아강(Rosidae), 콩목(Fabales) 내 미모사과(Mimosaceae), 실거리나무과(Caesalpiniaceae), 콩과(Fabaceae)로 각각 독립된 과로 나누거나, APG III 분류체계(Judd *et al.*, 2008)에 따라 콩군(진정장미군 1), 콩목 내 콩과가 있고 이를 세 개의 아과인 미모사아과(Mimosoideae), 실거리나무아과(Caesalpinioideae), 콩아과(Faboideae)로 나누었다. 최근에는 계통분류학적 특징을 기반으로 하여서 콩과는 새롭게 여섯 개의 아과인 실거리나무아과(Caesalpinioideae), 박태기아과(Cercidoideae), 디타리아과(Detarioideae), 다이얼리아과(Dialioideae), 두파퀘티아아과(Duparquetioideae), 콩아과(Faboideae)로 나누게 되었다(Bank & Lewis, 2018; Judd *et al.*, 2016). 이 중 실거리나무아과는 다시 미모사 분기(mimosoid clade)와 비(非)미모사 분기(non-mimosoid clade)로 나눌 수 있으며, 두파퀘티아아과에는 단한 종(*Duparquetia orchidacea* Baillon)만이 속한다(Judd *et al.*, 2016). 이 종은 덩굴식물로서 열대 서아프리카에 자생하며, 갈래로 나뉘진 네 개의 서로 다른 꽃받침잎(sepals)이 있고 선점이 있는 다섯 개의 꽃잎(petals)을 갖는다.

A: 성상

B: 2차짝수우상복엽

C: 성숙 중인 협과

D: 가지에 달린 엽병과
액아(호생엽서)

>사진 9-25. 콩과 실거리나무아과(미모사 분기) 자귀나무(*Albizia julibrissin*).

A: 1차짝수우상복엽이 대생하는 엽서

B: 피침(prickles)이 발달한 덩굴 줄기

C: 접형화관

D: 협과

E: 경침(thorns)

>사진 9–26. **콩과 실거리나무아과와 박태기아과.**
실거리나무아과: A–B: 실거리나무(*Caesalpinia decapetala*), E: 조각자나무(*Gleditsia sinensis*).
박태기아과: C–D: 박태기(*Cercis chinensis*), 접형화관(위쪽부터 익판 2개, 기판 1개, 이생하는 용골판 2개).

A: 다릅나무 성상

B: 골담초 접형화관

C: 칡의 총상화서 일부

D: 다릅나무 협과

E: 다릅나무 접형화관

F: 개느삼 총상화서

G: 등 총상화서 일부

>사진 9-27. **콩과 콩아과.**
A, D, E: 다릅나무(*Maackia amurensis*), B: 골담초(*Caragana sinica*) C: 칡(*Pueraria lobata*),
F: 개느삼(*Echinsophora koreensis*), G: 등(*Wisteria floribunda*).
B-C, E-G: 접형화관(위쪽부터 기판 1개, 익판 2개, 합생된 용골판 2개).

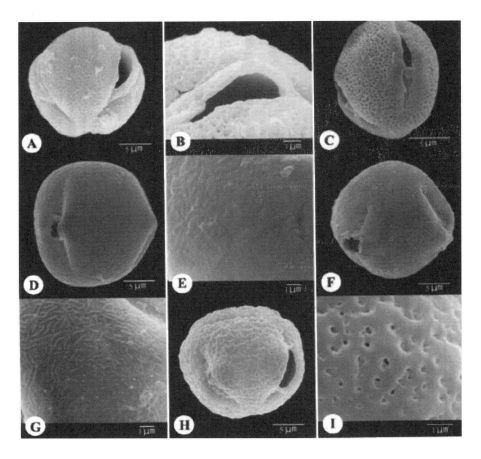

>사진 9-28. **주사형전자현미경(SEM)으로 본 콩과(Fabaceae)의 다양한 화분립과 외벽(Song, 2007).**
A: 족제비싸리속 식물(*Amorpha schwerinia*)의 화분(외벽에 작은 구멍이 산재; perforate),
B: 족제비싸리속 발아구는 덮개(operculum)가 열림.
C: 적도면에서 본 삼공구형의 골담초속 식물(*Caragana boisii*) 화분.
D–E: *Coronilla emerus*의 적도상 삼공구형 화분립과 평활상 외벽.
F–G: *Coronilla varia* 삼공구형 화분과 외벽, H–I: 만년콩(*Euchresta japonica*) 화분과 외벽.

> 표 9-16. 콩과 내 6개 아과 중 5개 아과의 진단적 특성들(Judd *et al.*, 2016)

	실거리나무아과		박태기아과
	(미모사 분기)	(非미모사 분기)	
속/종	80여 종/2,500	60여 종/1,520	10여 종/335
대표 속	*Acacia, Albizia*(자귀나무속), *Mimosa*(신경초속)	*Caesalpinia*(실거리나무속), *Gleditsia*(주엽나무속)	*Bauhinia, Cercis*(박태기나무속)
잎	보통 2차우상복엽	보통 1차 또는 2차우상복엽	단신복엽 또는 이출복엽
화서	밀생한 꽃이 동시에 개화	느슨한 꽃이 점차적으로 개화, 원추화서, 총상화서, 밀산화서	느슨한 꽃이 점차적으로 개화, 주로 총상화서
화관	방사대칭 주로 판상배열	보통 좌우대칭(일부 방사) 복와상배열, 기판이 가장 안쪽에 위치	대부분 좌우대칭 복와상배열, 기판이 가장 안쪽에 위치
수술	합생 또는 이생의 수술이 꽃잎보다 길게나와 화려함	10개 또는 이하. 합생 또는 이생, 화려하지 않음	10개의 수술이 합생 또는 이생, 화려하지 않음
화분	단립, 사립, 다립	단립	단립
열매	협과, 폐과상 꼬투리, 분리과	협과, 폐과상 꼬투리	협과, 시과 비슷
	디타리아과	다이얼리아과	콩아과
속/종	80여 종/760	15여 종/85	500여 종/14,000
대표 속	*Amherstia, Brownea, Detarium, Saraca*	*Dialium*	*Indigofera*(땅비싸리속), *Robinia*(아까시나무속), *Wisteria*(등속)
잎	짝수 우상복엽	홀수 우상복엽	짝수 또는 홀수 우상복엽, 장상복엽, 삼출엽, 드물게 단신복엽
화서	느슨한 꽃이 점차적으로 개화, 총상화서 또는 원추화서	느슨한 꽃이 점차적으로 개화, 분지된 밀추화서형 취산화서	다소 느슨한 꽃이 점차적으로 개화, 총상화서, 취산화서, 두상화서, 수상화서
화관	방사대칭부터 좌우대칭 복와상배열, 기판이 가장 안쪽에 위치, 나머지 꽃잎이 작음	방사대칭부터 좌우대칭 복와상배열, 기판이 가장 안쪽에 위치, 모든 꽃잎이 거의 동일	좌우대칭 복와상배열, 기판이 가장 바깥에 위치, 2개의 기부 꽃잎(용골판) 합생

수술	10개, 합생 또는 이생, 화려하지 않음	5개 또는 그 이하, 이생, 보통 화려하지 않음	10개 합생 또는 이생, 보통 9개가 합생, 하나만 이생 (양체웅예, 황단나무는 5개씩 합생해서 두 묶음),
화분	단립	단립	단립
열매	협과, 폐과형 꼬투리, 시과 비슷, 장과	핵과, 시과 비슷	협과, 폐과형 꼬투리, 분리과, 시과, 핵과, 수과

>표 9-17. 한국에 생육하는 콩과 주요 종의 학명과 향명
(아과로 나누고 속명의 알파벳 순서로 정리. 어둔 바탕에 표기된 종은 개명이 된 경우임. 학명 앞 *표시는 도입종)

Fabaceae 콩과 Bean Family
실거리나무아과(Caesalpinioideae)
Albizia julibrissin Durazz. 자귀나무 Silk tree
Albizia kalkora (Roxb.) Prain 왕자귀나무 Kalkora mimosa
Caesalpinia decapetala (Roth) Alston 실거리나무 Mysore thorn
Gleditsia japonica Miq. 주엽나무 Japanese honey locust
Gleditsia japonica f. *inarmata* Naki 민주엽나무 Spineless Japanese honey locust
*Gleditsia sinensis Lam. 조각자나무 Chinese honey locust
박태기아과(Cercidoideae)
*Cercis chinensis Bunge 박태기나무 Chinese redbud
콩아과(Faboideae)
*Amorpha fruticosa L. 족제비싸리 false indigo-bush
Campylotropis macrocarpa (Bunge) Rehder 꽃싸리 False bush-clover
Caragana fruticosa (Pallas) Besser 참골담초
Caragana microphylla Lam. 좀골담초 Little-leaf peashrub
Caragana sinica (Buc'hoz) Rehder 골담초 Chinese peashrub
Cladrastis platycarpa (Maxim.) Makino 유달회화나무
Dalbergia hupeana Hance 황단나무 hardy rosewood
Echinsophora koreensis (Nakai) Nakai 개느삼 Korean necklace pod

Euchrestia japonica Hooker f. ex Regel 만년콩 East Asian euchresta

Indigofera grandiflora B.H. Choi et S. K. Cho 큰꽃땅비싸리 Large-flower indigo

Indigofera kirilowii Maxim. ex Palib. 땅비싸리 Kirilow's indigo

Indigofera koreana Ohwi 민땅비싸리(좀땅비싸리) Korean indigo

Indigofera pseudotinctoria Matsum. 낭아초 Dwarf false indigo

Lespedeza bicolor Turcz. 싸리 Shrub lespedeza

Lespedeza buergeri Miq. 삼색싸리

Lespedeza cyrtobotrya Miq. 참싸리 Leafy lespedeza

Lespedeza maritima Nakai 해변싸리 Coastal lespedeza

Lespedeza maximowiczii C. K. Schneid. 조록싸리 Korean lespedeza

Lespedeza melanantha Nakai 검나무싸리 Black-flower lespedeza

Lespedeza thunbergii subsp. *formosa* (Vogel) Ohashi 풀싸리 Tall lespedeza

Maackia amurensis Rupr. 다릅나무 Amur maackia

Maackia amurensis var. *stenocarpa* Nakai 잔털다릅나무

Maackia floribunda (Miq.) Takeda 솔비나무 Jejudo maackia

Millettia japonica (Siebold et Zucc.) A. Gray 애기등 Summer-white oiltree

Ohwia caudata (Thunb.) Ohashi 된장풀

Pueraria lobata (Willd.) Ohwi 칡 East Asian arrow root

*Robinia hispida L. 꽃아까시나무 bristly locust, moss locust

*Robinia pseudoacacia L. 아까시나무 black locust

Sophora koreensis (Nakai) Nakai 개느삼

Styphnolobium japonicum (L.) S. W. Z. Kunst 회화나무

Wisteria floribunda (Willd.) DC. 등 Japanese wisteria

Wisteria floribunda f. *alba* Rehder & Wilson 흰등 White Japanese wisteria

참나무목 Fagales

참나무목은 단계통성(monophyletic)을 이룬다. 단계통적 특징들에는 단성화이고, 화피편이 매우 축소되거나 없는 것, 주로 하위자방인 것, 자실 당 주피가 한 개로 된 배주가 한 개 또는 두 개가 있는 것, 화분관(pollen tube)이 알끈(chalaza; 주심, 주피, 주병이 서로 붙어 있는 부분)을 경위하여 배주로 들어간다는 것, 선점이 없다는 것, 하나의 씨앗이 있는 열리지 않는 열매라는 것 등이 포함된다. 이 목에는 질소고정 박테리아와 공생하는 분류군들이 속해 있다(Judd *et al.*, 2008).

자작나무과[Betulaceae S. F. Gray; Birch Family]

자작나무과는 교목 또는 관목이며, 타닌을 함유하고 있다. 수피는 매끈하거나 인편처럼 되기도 한다. 때로는 얇은 조각으로 벗겨져 떨어지기도 한다. 때로 피목이 가로줄로 튀어 나오기도 한다. 모상체는 단순하며, 털의 끝에 선점이 있거나, 방패형을 이룬다(Judd *et al.*, 2008).

자작나무과의 식물 잎은 호생하며 나선상 또는 2열 배열을 한다. 복예거치이며, 우상엽맥을 이룬다. 2차맥은 예거치가 있는 쪽으로 들어가는 특징을 보인다. 탁엽이 있다(Judd *et al.*, 2008).

자작나무과 꽃공식(floral formula of Betulaceae)
단성화, 자웅동주

암꽃: *, -1(0)-4(6)- , 0 ,②, 견과, 수과, 시과
수꽃: *, -1(0)-4(6)- , 1-4(6) , 0

자작나무과의 화서는 유한화서로서, 수상화서로 보이는 화서가 곧추 서거나 늘어지는 유이화서를 형성한다. 가지의 끝이나 엽액에 화서가 난다. 때로 겨울에 꽃이 노출되어 있다. 하나의 꽃 또는 뭉쳐나는 꽃이 큰 포를 가지고 있다. 수꽃과 암꽃은 서로 다른 화서에 나지만 같은 개체 내에 나므로 자웅동주이다. 화관은 방사대칭이며, 눈에 잘 띄

지 않는다. 보통 2개에서 3개가 각 화서의 포(bract) 축에 취산화서를 이루며, 또한 다양하게 합생된 두 번째와 세 번째 소포(小苞; bracteoles)에 결부되어 있다. 화피편은 없거나 주로 1-4개로 나오고 6개로 나오기도 한다. 축소되어 있고 다소 갈래로 되어 있으며, 때로 결각이 지기도 한다. 배열은 약간 복와상이다. 수술은 보통 4개인데, 1개에서 6개까지 나오며, 3개의 꽃이 하나의 취산화서 단위로 나오기 때문에 더 많아 보이기도 한다. 수술대(화사)는 짧으며, 이생이거나 기부가 약간 합생되기도 한다. 화분립은 3-7개의 공을 갖지만 2개의 공으로 되기도 한다. 심피는 보통 두 개가 합생되며, 하위자방이고, 중축태좌이다. 주두는 2개로 화주의 등쪽 면 위로 늘어진다. 배주는 자실 당 보통 두 개이며, 그 중 하나는 퇴화한다. 주피의 개수는 보통 1개이다. 선점은 없다. 열매는 수과(achene), 견과, 또는 두 개의 날개가 달린 시과로 나오며, 다양하게 합생되고 발달된 포나 소포와 결부되어 있다. 종자 안에 내배유는 있거나 없다(이창복, 2007; Judd *et al.*, 2008).

자작나무과의 6속 157종이 북반구의 온대에서 북극 지방에 걸쳐 넓게 분포하지만 오리나무속(*Alnus*)은 남아메리카의 안데스(Andes)까지 나온다. 특히 오리나무속의 뿌리는 분화된 뿌리혹 내 뿌리혹박테리아와 공생하여 질소 고정을 하는 특징이 있다. 자작나무과 내 주요 속으로는 박달나무속(*Betula* 60여 종), 오리나무속(*Alnus* 35종), 서어나무속(*Carpinus* 35종), 개암나무속(*Corylus* 15종), 새우나무속(*Ostrya* 10종) 등이 있으며, 개암나무속의 견과(hazelnuts)는 식용이 가능하다(Judd *et al.*, 2016).

한국의 자작나무과 다섯 속은 먼저 '견과에 잎 비슷한 총포가 없는' 그룹과 '견과에 잎 비슷한 총포가 있는' 그룹으로 나눌 수 있다. 전자에는 '오리나무속'과 '자작나무속'이 속하는데, '오리나무속'은 열매의 포린이 5개로 갈라지고 성숙해도 붙어있고, 수술이 4개이고, 잎 나선상으로 배열하는 특징이 있고, '자작나무속'은 열매의 포린이 3개로 갈라지고 성숙하면 떨어지고, 수술이 2개이고, 잎이 이열로 배열하는 특징이 있다. '견과에 잎 비슷한 총포가 있는' 그룹에는 '개암나무속', '서어나무속', '새우나무속'이 있다. 이 중 '개암나무속'은 열매가 모여 달리고, 동아가 난형으로 끝이 둔하고, 잎에는 5-8쌍의 측맥이 있다. 나머지 두 속은 열매가 아래로 처진 수상화서에 달리고, 동아가 길고 끝이 뾰족하고, 잎에 9쌍 이상 측맥이 있다. 이 중에서 열매의 총포가 퍼지고 가장자리에 거치가 있고, 수꽃이 봄에 나오면 '서어나무속'이고, 열매의 총포가 주머니 모양이고, 수꽃이 겨울에 나오면, '새우나무속'이다(이창복, 2007).

>표 9-18. 한국에 생육하는 자작나무과 주요 종의 학명과 향명
(속명의 알파벳 순서로 정리. 어둔 바탕에 표기된 종은 개명이 된 경우임. 학명 앞 *표시는 도입종)

Betulaceae 자작나무과
*Alnus firma Siebold et Zucc. 사방오리
Alnus hirsuta Turcz. ex Rupr. 물오리나무 Manchurian alder
Alnus japonica (Thunb.) Steudel 오리나무 East Asian alder
*Alnus pendula Matsum. 좀사방오리
Alnus tchangbokii C. S. Chang et H. Kim 수우물오리
Alnus viridis (Chaix) DC. subsp. fruticosa (Rupr.) Nyman 덤불오리나무
Betula chinensis Maxim. 개박달나무 Dwarf small-leaf birch
Betula costata Trautv. 거제수나무 Korean birch
Betula davurica Pall. 물박달나무 Asian black birch
Betula ermanii Cham. 사스래나무 Erman's birch
Betula fruticosa Pall. 좀자작나무 Dwarf bog birch
Betula pendula Roth 자작나무 East Asian white birch
Betula schimidtii Regel 박달나무 Bakdal birch
Carpinus cordata Blume 까치박달 Heart-leaf hornbeam
Carpinus laxiflora (Siebold et Zucc.) Blume var. laxiflora 서어나무 Loose-flower hornbeam
Carpinus laxiflora var. longispica Uyeki 긴서어나무 Long loose-flower hornbeam
Carpinus tschonoskii (Siebold et Zucc.) Maxim. 개서어나무 Asian hornbeam
Carpinus turczaninovii Hance 소사나무 (산서어나무) Korean hornbeam

Corylus heterophylla Fisch. ex Trautv. 개암나무 Asian hazel

Corylus sieboldiana Blume 참개암나무 Asian beaked hazel

Corylus sieboldiana var. *mandshurica* (Maxim.) C. K. Schneid.
물개암나무 Manchurian hazel

Ostrya japonica Sarg. 새우나무 East Asian hophornbeam

A: 사방오리 엽서

B: 수꽃 화서

C: 열매를 감싼 포

D: 사방오리 열매

E: 까치박달 암꽃(중앙)과 수꽃(왼쪽)

>사진 9-29. **자작나무과(Betulaceae) 1.**
A, B, D: 사방오리(*Alnus firma*), C: 개서어나무(*Carpinus tschonoskii*), E: 까치박달(*C. cordata*).

A: 어린 잎의 엽서(주맥 주변 무늬)   B: 개암나무 열매   C: 수꽃 화서

D: 수꽃 화서 근접 1   E: 수꽃 화서 근접 2   F: 암꽃 화서

>사진 9–30. 자작나무과(Betulaceae) 2.
개암나무(*Corylus heterophylla*).

참나무과[Fagaceae Dumortier; Beech or Oak Family]

참나무과는 교목이나 관목의 성상을 가지는 식물이며, 타닌 성분이 있다(이창복, 2007). 모상체는 단순하거나 성모형을 이룬다(Judd *et al.*, 2008).

참나무과 식물의 잎은 흔히 조위성(marcescent)을 가지고 있어 낙엽성 식물의 잎이 가을이 되어 갈색으로 변해도 낙엽되지 않고 여전히 가지에 매달려 있는 특성이 있다

(Hardin *et al.*, 2001). 엽서는 호생이며, 나선상으로 배열한다. 단엽이며 흔히 결각이 진다. 엽연의 특징은 전연이거나 예거치를 갖는다. 엽맥은 우상맥이며, 탁엽이 있다(Judd *et al.*, 2008).

참나무과 꽃공식(floral formula of Fagaceae)
단성화, 자웅동주

암꽃: *, ⟨6-⟩, 0 ⟨3-12⟩, (각두가 있는) 견과

수꽃: *, ⟨6-⟩, 4-∞, 0

참나무과의 화서는 유한화서이며, 흔히 곧추 서거나 수상화서, 매달리는 유이화서, 두상화서처럼 속생하거나 간혹 꽃 하나가 피기도 하며 가지의 끝이나 엽액에 난다. 암꽃과 수꽃이 서로 다른 화서에 나지만 둘 다 한 나무에 나오기 때문에 여전히 자웅동주이다. 방사대칭이며 자잘해서 꽃이 눈에 잘 안 띄는 편이며, 수꽃은 취산화서로 축소되고 포와 관여되어 있다. 암꽃은 1-3개의 그룹으로 나오며 총포가 있는 각두(cupule)와 관여되어 있다. 화피편은 보통 6개이며, 축소되고 눈에 잘 띄지 않는다. 갈래로 되거나 다소 합생 되기도 한다. 복와상으로 배열된다. 수술은 4개에서 다수로 나오며 수술대(화사)는 떨어져 있다. 화분립은 삼공구형 또는 삼구형이다. 심피는 보통 세 개인데 12개까지 있고 합생한다. 자방은 하위자방이고 중축태좌를 이룬다. 주두는 갈라져있고, 작은 구멍이 있거나 화주 위쪽으로 뻗기도 한다. 배주는 각 자실 당 두 개가 있는데, 하나를 제외하고 모두 퇴화한다. 선점은 보통 없다. 열매는 견과이며, 침이 나거나 인편이 있는 견과로 된다. 4개의 판으로 되거나 판이 없이 각두가 있다. 내배유는 없는 것이 특징이다(Judd *et al.*, 2008).

참나무과의 9속 900종이 북반구의 열대와 온대 지방에 걸쳐 넓게 분포한다. 주요 속으로는 참나무속(*Quercus* 450종), 돌참나무속(*Lithocarpus* 300종), 모밀잣밤나무속(*Castanopsis* 100종) 등이 있다(Hardin *et al.*, 2001; Judd *et al.*, 2016).

한국에서 생육하는 참나무과의 네 가지 속에 대한 계단형 검색표는 다음과 같으며, 이를 단순화시키면 표5-3과 같다.

1. 수꽃이 두상화서이다. ·· 너도밤나무
1. 수꽃이 유이화서이다.
   2. 수꽃은 밑으로 처지는 유이화서, 견과의 총포는 컵 모양 각두이다. ······· 참나무속
   2. 수꽃은 위로 곧추서는 유이화서이다.
      3. 잎이 2열배열이고, 열매는 가시가 있는 총포 안에 있고 낙엽성이다. ···· 밤나무속
      3. 잎은 나선상 배열이고, 열매는 가시 없는 총포 안에 있고, 상록성이다. ·· 모밀잣밤나무속

한국에서 생육하는 참나무속 중에서 낙엽성 식물(참나무류)의 묶음형 검색표는 다음과 같다.

1. 피침형 잎의 엽연에 거치가 있다. ·· 2
1. 도란형 잎의 엽연이 물결모양이다. ··· 3
   2. 잎 뒷면이 연초록, 수피 콜크층이 딱딱한 편이다. ················· 상수리나무
   2. 잎 뒷면이 회백색, 성모 발달, 수피 콜크층이 푹신한 편이다. ··········· 굴참나무
3. 엽병이 없거나 거의 없다. ·· 4
3. 뚜렷한 엽병이 있다. ·· 5
   4. 엽병이 없고, 잎 뒷면에 털이 밀생한다. ························· 떡갈나무
   4. 엽병이 거의 없고, 잎에 털이 없다. ···························· 신갈나무
5. 잎 뒷면 주맥 하단부에 털이 있다. ·································· 졸참나무
5. 잎 뒷면 주맥 하단부에 털이 없다. ·································· 갈참나무

한국에서 생육하는 참나무속 중에서 상록성 식물(가시나무류)의 묶음형 검색표는 다음과 같다.

1. 엽연이 어릴 때를 제외하고는 전연이다. ······························ 붉가시나무
1. 엽연에 거치가 있다. ·· 2
  2. 잎 길이가 6 cm 이상이다. ·· 3
  2. 잎 길이가 3-6 cm 이다. ·· 졸가시나무
3. 잎 뒷면에 털이 없거나 흰색 털이 약간 있다. ····················· 4
3. 잎 뒷면에 황갈색 털이 밀생한다. ······························ 개가시나무
  4. 엽형이 난상 장타원형, 잎 윗부분에 5개 정도의 거치가 있다. ········· 종가시나무
  4. 엽형이 피침형 또는 넓은 피침형, 10개 이상의 거치가 있다. ··············· 5
5. 잎 뒷면에 털이 없고 회녹색, 11-15쌍의 측맥이 있다. ················· 가시나무
5. 잎 뒷면에 분백색, 10-12쌍의 측맥이 있다. ······················ 참가시나무

>표 9–19. 한국에 생육하는 참나무과 주요 종의 학명과 향명
(속명의 알파벳 순서로 정리. 어둔 바탕에 표기된 종은 개명이 된 경우임. 학명 앞 *표시는 도입종)

Fagaceae 참나무과
Castanea crenata Siebold et Zucc. 밤나무 Korean castanea
Castanea mollissima Blume 약밤나무 Chinese castanea
Castanopsis cuspidata (Thunb.) Schottky 모밀잣밤나무
Castanopsis sieboldii (Makino) Hatus. 구실잣밤나무 Siebold's chinquapin
Fagus engleriana Seem. 너도밤나무 Engler's beech
Lithocarpus edulis Nakai 돌참나무 Japanese stone oak
Quercus acuta Thunb. 붉가시나무 Red-wood evergreen oak
Quercus acutissima Carruther 상수리나무 Sawtooth oak
Quercus aliena Blume 갈참나무 Galcham oak (Oriental white oak)
Quercus dentata Thunb. 떡갈나무 Korean oak
Quercus gilva Blume 개가시나무 Red-bark oak
Quercus glauca Thunb. 종가시나무 Ring-cup oak
Quercus mongolica Fisch. ex Ledeb. 신갈나무 Mongolian oak

| *Quercus myrsinifolia* Blume 가시나무 Bamboo-leaf oak |
| *Quercus salicina* Blume 참가시나무 Willow-leaf evergreen oak |
| *Quercus serrata* Murray 졸참나무 Jolcham oak (Konara oak) |
| *Quercus variabilis* Blume 굴참나무 Oriental cork oak |

A: 졸참나무 성상

B: 졸참나무 엽서

C: 갈참나무 암꽃

D: 갈참나무 열매

E: 밤나무 수꽃 화서 1

F: 밤나무 수꽃 화서 2

G: 성숙 중인 굴참나무 열매

H: 상수리나무 열매

>사진 9-31. **참나무과(Fagaceae) 낙엽성 식물.**
A-B: 졸참나무(*Quercus serrata*), C-D: 갈참나무(*Q. aliena*),
E-F: 밤나무(*Castanea crenata*), G: 굴참나무(*Q. variabilis*),
H: 상수리나무(*Q. acutissima*).

A: 돌참나무 엽서

B: 돌참나무 엽맥

C: 가시나무 엽서와 화서

D: 구실잣밤나무 엽서

>사진 9–32. **참나무과(Fagaceae) 상록성 식물.**
A–B: 돌참나무(*Lithocarpus edulis*),
C: 가시나무(*Quercus myrsinaefolia*),
D: 구실잣밤나무(*Castanopsis sieboldii*),
E: 붉가시나무(*Q. acuta*).

E: 붉가시나무 엽서(어린 잎)

가래나무과[Juglandaceae A. P. de Candolle ex Perleb; Walnut Family]

가래나무과는 방향성(aromatic) 식물이며 타닌을 가지고 있다(이창복, 2007; Judd *et al.*, 2008). 모상체는 다양하며, 흔히 성상(stellate), 방패형 인편이 선(腺)을 가지고 부풀어 오른 두상이 다양한 방향성 정유를 가지고 있거나 수지를 가지고 있는 특징을 보인다(Judd *et al.*, 2008).

가래나무과의 잎은 호생하며 나선상으로 배열하며 드물게 대생하기도 한다. 잎은 주로 우상복엽이며, 드물게 단신복엽이다. 전연이거나 예거치가 있고, 엽맥은 우상맥이다. 탁엽은 없다(Judd *et al.*, 2008).

가래나무 꽃공식(floral formula of *Juglans mandshurica*)
단성화, 자웅동주

암꽃: *, (4-), 0 ,$\overline{(2)}$, 핵과
수꽃: *, (4-), ∞, 0

가래나무과의 화서는 무한화서이고, 곧추 서거나 밑으로 처지는 수상화서 또는 원추화서이다. 꽃은 단성화로서 수꽃과 암꽃이 흔히 다른 화서에 나온다. 주로 자웅동주이며 드물게 자웅이주로 나오기도 한다. 수꽃은 주로 유이화서이고 가지의 끝이나 엽액에

난다. 꽃은 다소 방사대칭이며, 눈에 잘 안 띄며, 1개의 포와 2개의 소포로 되어있고, 포가 때로 세 개로 결각이 지기도 한다. 흔히 날개 한 장 또는 여러 장으로 넓어져서 열매와 관여하기도 하고, 또는 컵 모양의 겉껍질(husk)을 형성하여 열매를 감싸기도 한다. 화피편은 없거나 네 개까지 있고, 눈에 잘 띄지 않으며, *Carya*속(히코리속)에서는 주두형 디스크로 변형된다. 수술은 세 개에서 다수로 나오고, 화사는 짧다. 심피는 주로 2개가 합생되며 하위자방이고, 부분적으로 혹은 완전히 두 개의 소포에 측착(adnate)되어 있다. 그리고 흔히 포에 측착이 되기도 한다. 자방은 위쪽은 단 자실이며, 아래쪽은 두 개의 자실이다. 또는 가분리(false partitions)를 통해서 4-8개의 자실이 있기도 하며 불완전한 격벽 축에 배주가 달린다. 주두는 흔히 두 개로 짧거나 길고, 분지된 화주의 위쪽 면을 따라 내려오기도 한다. 배주는 1개로 직생배주이고 주피는 한 개로 되어 있다. 밀선은 없다. 열매는 견과 내지는 소견과이다. 관여한 포(bracts)나 소포(bracteoles)로 인해서 시과상으로 보이기도 한다. 또는 핵과(바깥의 겉껍질이 열개되고 골질의 핵이 나온다)이다. 배는 크기가 큰 자엽을 가지며, 때로 물결 모양(corrugated)을 이룬다. 내배유는 없는 편이다(Judd *et al.*, 2008).

가래나무과에는 8속 59종이 있고, 열대와 온대 지방에 널리 분포하고 있고 주요 속으로는 히코리속(*Carya* 25여 종), 가래나무속(*Juglans* 20종)이 있고(Judd *et al.*, 2016), 한국에는 세 속 네 종의 식물이 생육하고 있고, 세 속은 다음 계단형 검색표를 통해 동정할 수 있다.

> 1. 핵과상 열매이고, 계단상 수(pith)이다. ····························· 가래나무속
> 1. 핵과상 열매가 아니다.
> 2. 열매가 솔방울처럼 생겼고, 소지의 수가 차있다. ····················· 굴피나무
> 2. 시과상 열매가 밑으로 처지는 총상화서에 달리고, 계단상 수(pith)이다. ···중국굴피나무

가래나무속 가래나무(*Juglans mandshurica*)는 소엽이 7개 이상이고, 엽연에 거치가 있고 자화수에 많은 꽃이 달리며, 호두나무(*J. regia*)는 소엽이 7개 이하이고, 엽연이 거의 전연이고, 자화수에 1-3개의 꽃이 달린다.

>표 9–20. 한국에 생육하는 가래나무과 주요 종의 학명과 향명
(속명의 알파벳 순서로 정리, 학명 앞 *표시는 도입종)

Juglandaceae 가래나무과
Juglans mandshurica Maxim. 가래나무 Manchurian walnut
*Juglans regia L. 호두나무 Persian walnut, English walnut
Platycarya strobilacea Siebold et Zucc. 굴피나무   Cone-fruit platycarya
*Pterocarya stenoptera DC. 중국굴피나무

A: 피칸 열매와 엽서

B: 가래나무 암꽃 화서

C: 암꽃

D: 수꽃 화서

E: 엽흔 내 U자형 관속흔 세 개

F: 가래나무 열매　　　　　　　　　　　　　G: 피칸 열매

>사진 9–33. **가래나무과**(Juglandaceae) 1.
A, G: 피칸(*Carya illinoinensis*), B–F: 가래나무(*Juglans mandshurica*).

A: 굴피나무 화서(중앙에 암꽃)　　B: 암꽃화서 위 수꽃화서　　C: 암꽃과 수꽃화서흔

D: 굴피나무 엽서　　　　　　　　E: 중국굴피 엽서　　　　　　　F: 중국굴피 열매

H: 굴피나무 암꽃화서 일부(두 개로 갈라진 주두)

G: 굴피나무 전체 성상　　　　　　　　　　　I: 굴피나무 수꽃화서 일부

>사진 9-34. 가래나무과(Juglandaceae) 2.
A-D, G-I: 굴피나무(*Platycarya strobilacea*), E-F: 중국굴피(*Pterocarya stenoptera*).

소귀나무과[Myricaceae Richard ex Kunth; Bayberry Family]

소귀나무과는 영어 향명으로 'Wax-Myrtle과'라고도 부르며, 방향성의 교목 또는 관목 식물이다(Hardin *et al.*, 2007). 이 그룹의 식물에는 트리터펜(triterpenes)과 세스퀴터펜 (sesquiterpenes), 타닌이 들어 있다. 흔히 뿌리는 질소 고정 박테리아를 함유하는 뿌리 혹을 가지고 있다. 선(腺)이 있는 방패형 인편이 있다. 황금색이고, 부풀어 오른 머리에 다양한 방향성 정유 또는 수지를 가지는 것이 특징이다(Hardin *et al.*, 2001; Judd *et al.*, 2008).

소귀나무과의 잎은 호생이며 나선상으로 배열하고, 단엽인데, *Comptonia*속에서는 깊게 결각이 지는 특징을 보인다. 엽연은 전연이거나 예거치가 있고, 엽맥은 우상맥이며, 다른 속에는 탁엽이 없는데 *Comptonia*속에는 탁엽이 있다(Judd *et al.*, 2008).

소귀나무 꽃공식(floral formula of *Myrica rubra*)
단성화, 자웅이주

암꽃: *, -0- , 0 ,②, 핵과
수꽃: *, -0- , 3-4 , 0

소귀나무과 식물의 화서는 무한화서이고, 흔히 수상화서 같거나 또는 유이화서 같이 생겼다. 화서가 곧추 서거나 다소 처지기도 한다. 꽃은 엽액에 달리며, 단성화로서 암꽃과 수꽃이 서로 다른 화서에 나며 자웅동주 또는 자웅이주이다. 꽃 하나가 각 화서 포의 축에 달린다. 자방 끝에 작은 6개의 화피편이 있는 *Canacomyrica*속을 제외하고는 화피가 없으며, 대신 포와 소포에 관여하여 난다. 수술은 2-9개이며, 여러 개의 꽃이 속생하기 때문에 더 많아 보인다. 심피는 두 개가 합생되었고, *Comptonia*속에서는 화피가 없기 때문에 상위자방으로 보이며, 자예기관 기부와 주변의 절간 분열조직 활동으로 인해 하위자방으로 되고, 컵 모양의 구조를 형성한다. 이 구조로 인해 소포가 올라가게 되고 열매 벽의 일부가 된다(*Myrica gale* 그룹). 또는 이른 절간 분열 조직의 활동으로 인해 수분 당시 하위자방이 되어, 돌기가 있거나(소귀나무속 대부분) 또는 돌기가 없는 (*Canacomyrica*속) 두꺼운 구조를 형성한다. 기저태좌이며, 주두는 두 개로 길다. 배주는 자예기관 당 한 개가 직생하고, 주피는 한 개다. 밀선은 없다. 열매는 왁스질 또는 육질 돌기로 덮여진 핵과, 또는 크기가 큰 소포(bracteoles)와 관여되지 않은 수과(소귀나무속의 대부분), 두 개의 소포와 융합된 수과(*Myrica gale* 그룹) 등으로 나온다.

전 세계적으로 세 개의 속에 30종이 있는 작은 과이며, 한국에서는 제주도에서 자라는 소귀나무(*Myrica rubra* Siebold et Zucc)가 있다(이창복, 2007). 이 나무는 산기슭에서 자라며, 집 근처에 식재하기도 한다. 수피는 회백색에서 적갈색이며, 잎은 가지 끝에서는 촘촘히 호생하고 피침형이며 앞면에 윤채가 난다. 전연이거나 상반부에 거치가 있고 자웅이주이다. 엽액에 황적색의 유이화서가 난다. 유두상 돌기가 있는 둥근 핵과로 열매가 맺으며, 새콤달콤하여 식용이 가능하다(윤주복, 2006).

>표 9–21. 한국에 생육하는 소귀나무과 소귀나무의 학명과 향명

Myricaceae 소귀나무과
Myrica rubra Siebold et Zucc. 소귀나무 Waxberry tree

장미목 Rosales

장미목의 단계통성은 DNA 염기서열 분석에 근거를 두고 있다(Hilu *et al.*, 2003; Savolainen *et al.*, 2000a, b; Soltis *et al.*, 2000; Sytsma *et al.*, 2002). 장미목 내 속들은 형태적으로는 상당히 이질적이지만, 내배유의 축소(또는 손실)가 장미목 내 과들(families)의 공동파생형질일 것이다. 화탁통(hypanthium)이 존재하는 것 또한 공동파생형질이며, 이 구조는 장미과, 갈매나무과 그리고 느릅나무과 일부에서 보이며, 좀 더 파생된 삼과, 뽕나무과, 쐐기풀과에서는 아마도 손실된 것으로 여겨진다. 후자의 과들에서는 꽃들이 매우 축소되었다. 보리수나무과 또한 이 목에 속한다. 총 9개의 과 내 6,300여 종이 포함되며, 위에서 언급된 과들이 주요 과에 해당된다(Judd *et al.*, 2008). 장미목의 일부 식물은 질소고정 박테리아와 공생을 통해 질소를 고정하는 기능을 가지고 있다.

삼과[Cannabaceae Martynov; Hemp or Hackberry Family]

삼과의 식물은 대부분 교목이나 관목이지만 초본(삼속; *Cannabis*)이나 덩굴성(환삼덩굴속; *Humulus*) 식물로 나오기도 한다. 종유체(鍾乳體; cystoliths)가 있지만 유관(laticifers; latex를 함유하는 도관)은 없다. 다만 삼속과 환삼덩굴속에서 유관 비슷한 세포가 함유되어 있기는 한다. 모상체는 단순하고 흔히 무기질화된 세포벽을 가지며, 방향성 물질 또는 마리화나의 주성분이 되는 테트라하이드로카나비놀(tetrahydrocannabinol)을 함유하는 선점을 가지는 것이 특징이다(Judd et al., 2008).

삼과 식물의 잎은 주로 호생지만, 환삼덩굴속은 대생하고, 삼속은 대생 또는 호생한다. 잎이 흔히 2열로 배열하며, 단엽(환삼덩굴속은 장상단엽이고 삼속은 장상복엽)이고 엽연은 전연이거나 예거치가 있다. 주로 엽저에서 시작하는 세 개의 주맥이 있고 엽맥은 장상맥과 우상맥의 중간 즈음이고, 또는 여러 개의 주맥이 있는 장상맥(환삼덩굴속, 삼속)이기도 한다. 엽저는 대칭 또는 비대칭을 이룬다(Judd et al., 2008).

팽나무 꽃공식(floral formula of *Celtis sinensis*)
단성화, 자웅동주

암꽃: *, (4-), 4•, (2), 핵과
수꽃: *, (4-), 4, 0

삼과의 화서는 유한화서이며, 때로 밀산화서(密繖; fasciculate)이거나 총상화서 같은 화서이지만 축소되어 꽃 한 개가 피기도 한다. 화서는 엽액에 난다. 꽃은 단성화이며 자웅동주 또는 자웅이주로 나온다. 방사대칭이며, 꽃이 작아 눈에 잘 띄지 않는 편이다. 화피편은 복와상으로 보통 4-5개이며, 이생이거나 약간 합생되기도 한다. 삼속의 몇몇 재배종 암꽃에서는 화피편이 축소되기도 한다. 수술은 4-5개로 화피편과 대생하고, 화사는 갈래로 되어 있고, 화피편과 떨어져 있거나 약간 측착이 되기도 한다. 화분립은 이공형 또는 삼공형이다. 심피는 두 개가 합생되고 상위자방이며, 정단태좌이고 자실 한 개가 있다. 주두는 길고 화주의 한쪽 면을 따라 길게 나온다. 배주는 한 개이고, 열매는 핵과 또는 수과(환삼덩굴속, 삼속)이다. 씨앗은 구형이고 배는 휘었으며 내배유는 다소 빈약한 편이다(Judd et al., 2008).

삼과에는 11속 180종이 있으며, 열대와 온대 지역에 널리 분포하며, 주요 속으로는 팽나무속(*Celtis*; 100종)과 *Trema*속(55종)이다(Judd et al., 2016). 이 두 속은 목본성인 식물이며, 전에는 느릅나무과의 팽나무아과에 속했었다가 삼과로 이동했다(Judd et al., 2008).

>표 9-22. 한국에 생육하는 삼과 수종의 학명과 향명

Cannabaceae 삼과 Hemp / Hackberry Family
Aphananthe aspera (Thunb.) Planch. 푸조나무 Scabrous aphanathe
Celtis biondii Pamp. 폭나무 Biond's hackberry
Celtis bungeana Blume 좀풍게나무 Bunge's hackberry
Celtis choseniana Nakai 검팽나무 Black-fruit hackberry
Celtis edulis Naki 노랑팽나무 Yellow-fruit hackberry
Celtis jessoensis Koidz. 풍게나무 Caudate-leaf hackberry
Celtis koraiensis Nakai 왕팽나무 Korean hackberry
Celtis sinensis Persoon 팽나무 East Asian hackberry

보리수나무과[Elaeagnaceae A. L. de Jussieu; Oleaster Family]

보리수나무과 식물은 관목 또는 소교목이며, 흔히 가시가 있고, 흔히 뿌리혹에 공생하는 질소고정박테리아를 품고 있어 질소를 고정하는 식물이다. 많은 타닌성분이 있다 (Cronquist, 1981).

보리수나무과의 잎은 호생하거나 대생하며, 단엽에 전연이고, 엽맥은 우상맥이다. 기공은 불규칙형(anomocytic)이고 탁엽은 없다(Cronquist, 1981).

보리수나무과 꽃공식(floral formula of Elaeagnaceae)

$$*, (2\text{-}6), 0, 2\text{-}6, \underline{1}, \text{핵과, 장과, 수과}$$

보리수나무과의 꽃은 엽액에 총상화서로 나거나 작은 산형화서 또는 하나의 꽃이 피기도 한다. 양성화이거나 간혹 단성화(자웅이주 또는 자웅혼성-동주)이며, 대부분 4수이며, 중위자방(perigynous)이며 꽃잎이 없다(apetalous). 양성화와 암꽃은 관모양이고 자방 바로 위가 잘록해진다. 수꽃에서는 컵모양이거나 납작하다. 꽃받침잎은 화탁통 위

에 결각이 진 것으로 보이며 보통 4개인데 두 개 또는 여섯 개도 있으며 판상이다. 수술은 화탁통의 목에 달린다. 수술은 꽃받침잎의 숫자만큼 나오고 꽃받침잎과 호생하거나 대생(*Hippophae*속과 *Shepherdia*속)한다. 화사는 매우 짧으며, 약은 네 개의 소포자낭으로 되어 있다. 세로 봉선으로 갈라져 화분이 나온다. 화분립에는 두 개의 핵이 들어 있으며, 주로 삼공구형인데, 이공구형이나 사공구형으로 나오기도 한다. 화분은 다소 잘 발달된 편이다. 열편으로 갈라진 밀선 디스크가 흔히 화탁통의 안쪽 면에 있고, 보리수나무속(*Elaeagnus*)에서는 자방 바로 위 잘록해진 부분에 밀선이 있다. 단심피에 배주가 하나 있다. 열매는 핵과, 장과, 마른 수과상으로 나며, 배는 반듯하고, 두 장의 넓고, 육질로 두꺼운, 유질과 단백질의 자엽이 있다. 내배유는 빈약하거나 없다. X = 6, 10, 11, 13, 14(Cronquist, 1981).

보리수나무속은 가지와 잎 뒷면의 은색 인모(鱗毛)가 있고, 화탁과 꽃받침이 통을 이루는 것이 특징이며, 한국에서는 여섯 종이 생육하며, 이 중 보리수나무(*Elaeagnus umbellata* Thunb.)가 평안남도 이남에서 흔히 자란다(이창복, 2007).

>표 9-23. 한국에 생육하는 보리수나무과 주요 종의 학명과 향명
(종소명의 알파벳 순서로 정리, 학명 앞 *표시는 도입종)

Elaeagnaceae 보리수나무과
Elaeagnus glabra Thunb. 보리장나무 Autumn-flower olive
Elaeagnus macrophylla Thunb. 보리밥나무 Broad-leaf olive
*Elaeagnus multiflora Thunb. 뜰보리수
Elaeagnus × *submacrophylla* Servett. 큰보리장나무 Hybrid broad-leaf olive
Elaeagnus umbellata Thunb. 보리수나무 Autumn olive

뽕나무과[Moraceae Gaudich.; Mulberry or Fig Family]

뽕나무과 식물은 교목, 관목, 또는 목본성 덩굴이며 드물게 초본성이다. 식물의 모든 유조직(parenchymatous tissues) 내에 유관(laticifers; latex를 함유하는 도관)이 있고, 유액(milky sap)이 있다. 종유체(cystoliths)가 공형으로 있으며 흔히 타닌성분과 함께 있다. 모상체는 단순하며 흔히 무기질화된 세포벽으로 되어 있는 것이 특징이다(Judd *et al.*, 2008).

뽕나무과의 잎은 호생이며 주로 2열 배열이지만 간혹 나선상으로 배열되기도 한다. 간혹 대생하기도 하며, 흔히 단엽이며 때로 결각이 있고, 전연이거나 예거치이고 엽맥은 우상맥 또는 장상맥이다. 엽저가 심장저이거나 비대칭으로 되기도 한다. 잎 모양의 변이가 심한 편이다. 탁엽은 보통 있는데 작거나 크고 소지에 원형의 탁엽흔을 남긴다(Judd *et al.*, 2008).

뽕나무 꽃공식(floral formula of *Morus alba*)
단성화, 자웅이주

암꽃: *, (4-) , 0 , (2) , 다화과상 핵과

수꽃: *, (4-) , 4 , 0

뽕나무과의 화서는 유한화서이지만 무한화서처럼 보인다. 엽액에 나고, 개개의 꽃이 뭉쳐나서 화서의 축이 흔히 두꺼워지고 다양하게 변형된다. 꽃은 단성화이며 자웅동주이다. 흔히 방사대칭이며, 크기가 작아 눈에 잘 띄지 않은 편이다. 화피편은 보통 4-5개인데, 간혹 없기도 하고 8개까지 나온다. 이생으로 되거나 합생이 되기도 한다. 복와상 또는 판상 배열인데 흔히 육질화되고 열매가 성숙할 때 관여되어 있다. 수술은 보통 1-5개 이며, 화피편과 대생한다. 수술대는 이생이고 화아(flower bud) 안에서는 반듯하거나 휜다. 약은 두 개 혹은 하나의 실로 되어 있고, 화분립의 발아구는 보통 2-4개에서부터 다수의 공으로 이뤄져 있다. 심피는 두 개가 합생되었는데, 때로 한 개의 심피로 축소되기도 한다. 자방은 흔히 상위자방이며, 정단태좌이다. 보통 하나의 자실을 갖는다. 주두는 두 개로서 화주 위쪽 면을 따라 길게 뻗기도 하고 두상이기도 한다. 배주는 한 개이고, 도생배주(anatropous; 배주가 거꾸로 되어 주공이 배주병 가까이 위치함) 또는 변곡

배주(campylotropous; 주공이 배주병에 완전히 가까이까지는 가지 않고 중간 즈음까지 오는 경우)이다. 열매는 핵과, 열개하는 핵과, 또는 수과인데 흔히 함께 뭉쳐 성숙하여 다화과상 열매를 형성하는 특징을 보인다. 배는 휘며 가끔 반듯하기도 한다. 내배유는 흔히 없다(Judd *et al.*, 2008).

뽕나무과에는 38속 1,500종이 있고 주로 열대와 온대 지역에 널리 분포하며, 주요 속으로는 무화과나무속(*Ficus* 800종), *Dorstenia*속(110종)이며(Judd *et al.*, 2016), 한국에는 5속 10종이 생육하고 그 중 4종 9종이 목본성 식물이다(이창복, 2007).

>표9-24. 한국에 생육하는 뽕나무과 주요 종의 학명과 향명
(종소명의 알파벳 순서로 정리, 학명 앞 *표시는 도입종)

Moraceae 뽕나무과
Broussonetia x *hanjiana* M. Kim 닥나무
Broussonetia kazinoki Siebold ex Siebold et Zucc. 애기닥나무
Broussonetia kazinoki for. *koreana* M. Kim 가거애기닥나무
Broussonetia papyrifera (L.) L'Her. ex Vent. 꾸지나무 Paper mulberry
*Ficus carica L. 무화과 fig
*Ficus elastica Roxb. 인도고무나무
Ficus erecta Thunb. 천선과나무 Erecta fig
Ficus pumila L. 왕모람
Ficus sarmentosa Buch.-Ham. ex Smith var. *nipponica* (Franch. et Sav.) Corner 모람
Ficus sarmentosa var. *thunbergii* (Maxim.) Corner 애기모람
Maclura tricuspidata Carrière 꾸지뽕나무
*Morus alba L. 뽕나무 white mulberry
Morus australis Poiret 산뽕나무
Morus cathayana Hemsley 돌뽕나무 Chinese mulberry
Morus mongolica (Bureau) C. K. Schnied. 몽고뽕나무 Mongolian mulberry

갈매나무과[Rhamnaceae A. L. de Jussieu; Buckthorn Family]

갈매나무과 식물은 가시가 있는 교목, 관목이며 또는 덩굴손이 있는 목본성 덩굴로서 줄기가 물체를 감아 올라간다. 때로 뿌리혹 안에 질소고정박테리아($Frankia$속 박테리아)를 가지고 있고, 흔히 타닌 성분이 있다. 모상체는 흔히 단순하다(Judd et al., 2008).

갈매나무과 식물의 잎은 호생하고 나선상으로 배열하는데 간혹 드물게 대생하기도 한다. 단엽이고 엽연은 전연 또는 예거치가 있고, 엽맥은 뚜렷한 우상맥 또는 장상맥이다. 탁엽이 있고 때로 많은 가시가 있는 것이 특징이다(Judd et al., 2008).

묏대추 꽃공식(floral formula of *Zizyphus jujuba*)

$$*, \underline{5}, \underline{5}, \underline{5}, \underline{\widehat{2\text{-}3}}, \text{핵과}$$

헛개나무 꽃공식(floral formula of *Hovenia dulcis*)

$$*, \underline{5}, \underline{5}, \underline{5}, \underline{\circled{3}}, \text{삭과}$$

갈매나무과 식물의 화서는 유한화서이며, 때로 화서가 축소하여 하나의 꽃이 피기도 한다. 엽액이나 가지의 끝에 난다. 꽃은 보통 양성화이고, 방사대칭이며, 작은 편이고, 디스크 모양이나 원통형의 화탁통이 있다. 꽃받침잎은 보통 4-5개이고 이생이며, 판상 배열이다. 꽃잎은 보통 4-5개로 이생이며, 다소 오목하거나 두건상으로 되어 있고, 꽃이 피는 시기에 약을 감싼다. 흔히 꽃잎 기부에 자루(claw)가 있기도 한다. 수술은 4-5개로 이생이며, 꽃잎과 대생하고, 화사는 꽃잎의 기부에 측착되었다. 화분립은 삼공구형이다. 심피는 주로 2-3개이고 합생되었으며, 상위자방이거나 하위자방이다. 중축태좌이다. 각각의 자실 기저부분에 한 개의 배주가 붙어있다. 주두는 다소 두상형이다. 화탁통 안쪽 면에 밀선을 생산하는 조직이 있다. 열매는 핵이 한 개에서 수 개가 들어 있는 열리는 핵과 또는 열리지 않은 핵과로서 다소 분열과상이다. 드물게 시과상 분열과로 나오기도 한다. 내배유는 있거나 없다(Judd et al. 2008).

갈매나무과에는 *Zizyphus*(대추나무속, 100종)를 포함해서 53속 900종이 있으며, 거의 전 세계에 분포하지만, 열대 지방에서 특히 다양하게 나온다. 특히 석회석(limestone) 토양에서 잘 자란다. *Ceanothus*속과 몇 개의 속에서 질소고정이 가능하다(Judd *et al.* 2016). 한국에는 갈매나무과의 7속 14종이 생육하고 있다(이창복, 2007).

>표 9-25. 한국에 생육하는 갈매나무과 주요 종의 학명과 향명
(속명의 알파벳 순서로 정리. 어둔 바탕에 표기된 종은 개명이 된 경우임)

Rhamnaceae 갈매나무과 Buckthorn Family
Berchemia berchemifolia (Makino) Koidz. 망개나무 Asian supplejack
Berchemia floribunda (Wall.) Brongn 먹넌출 Large-leaf paniculous supplejack
Hovenia dulcis Thunb. 헛개나무 Oriental raisin tree
Paliurus ramosissimus (Lour.) Poir. 갯대추 Maritime jujuba
Rhamnella franguloides (Maxim.) Weberb. 까마귀베개 Crow's pillow
Rhamnus crenata Siebold et Zucc. 산황나무 Oriental buckthorn
Rhamnus davurica Pall. 갈매나무 Dahurian buckthorn
Rhamnus parvifolia Bunge 돌갈매나무 Littleleaf buckthorn
Rhamnus rugulosa Hemsl. 털갈매나무
Rhamnus taquetii (H. Lév.) H. Lév. 좀갈매나무 Jejudo buckthorn
Rhamnus utilis J. Decaisne 참갈매나무
Rhamnus yoshinoi Makino 짝자래나무 Basally-pored-seed buckthorn
Sageretia thea (Osbeck) M. C. Johnston 상동나무 Mock buckthorn
Zizyphus jujuba Mill. 묏대추나무 Jujube

장미과[Rosaceae A. L. de Jussieu; Rose Family]

장미과는 초본, 관목, 또는 교목으로 나오며, 3/4이상의 속이 목본 식물이다. 흔히 근경을 가지고 있고, 간혹 덩굴성이 있으며, 가끔 경침(thorns)과 피침(prickles)이 있다.

청산글리코사이드(cyanogenic glycosides)와 당알코올 솔비톨(sugar alcohol sorbitol)
이 몇 개의 그룹에 들어 있다. 모상체는 단순하며, 때로 선점이 있고, 드물게 성상모
(stellate)이다(Judd et al., 2008).

　　장미과 식물의 잎은 흔히 호생하며 나선상으로 배열하고, 단엽이거나 흔히 장상복엽
또는 우상복엽이고, 흔히 예거치의 끝이 선점화된다. 엽맥은 우상맥 또는 장상맥이며,
탁엽이 흔히 있다(Judd et al., 2008).

조팝나무 꽃공식
(floral formula of *Spiraea prunifolia* f. *simpliciflora*)

$$*, \underline{5}, \underline{5}, \infty, \underline{5}, \text{골돌과}$$

팥배나무 꽃공식(floral formula of *Sorbus alnifolia*)

$$*, \underline{5}, \underline{5}, \infty, \overline{②}, \text{이과}$$

　　장미과 식물의 화서는 다양하다. 꽃은 대부분이 화려하며, 양성화 또는 드물게 단성화
이고 자웅동주 또는 자웅이주이다. 보통 방사대칭이며, 화탁통이 납작하거나 컵 모양이
거나 원통형이며, 심피에 측착되지 않거나 측착된다. 열매는 안쪽에 선점 원이 있고, 크
기가 크게 된다. 꽃받침잎은 흔히 5개이고 부꽃받침잎(악상초포; epicalyx)의 열편과 때
로 호생한다. 꽃잎은 흔히 다섯 개로 꽃잎 기부에 자루(claw)가 보통 있으며, 복와상이
며, 드물게 없기도 한다. 수술은 보통 다수이며, 흔히 15개 이상이지만 때로 10개이거나
그 이하로 나오기도 한다. 화사는 이생이거나 기부가 합생하여 밀선 디스크에 측착되기
도 한다. 화분립은 삼공구형이다. 심피는 한 개에서 다수로 나오며, 이생 또는 합생이다.
상위자방 또는 하위자방이며, 화주의 수는 자방의 수와 동일하다. 주두는 끝에 달리고
배주는 하나나 둘이며 흔히 심피 당 더 많은 배주가 있고, 태좌형으로는 기저, 측면, 정단
(이생 심피일 때), 또는 다소 중축(심피가 합생일 때) 태좌를 갖는다. 열매는 골돌과, 수
과(밖으로 노출되거나 육질 화탁통 안에 들어가 있기도 함), 이과, 핵과(취과상 소핵과
로 나오기도 함), 드물게 삭과로 나온다. 내배유는 흔히 없다(Judd et al., 2008).

장미과는 90속 3,000종이 있으며. 전 세계에 걸쳐 분포하며, 북반구에 가장 풍부한 종이 나온다. *Lyonothamnus*속과 같은 몇몇 종은 매우 제한된 지역에서만 분포한다. 담자리아과(Dryadoideae)에 속하는 네 개의 속(*Cercocarpus, Chamaebatiaria, Dryas, Purshia*)은 방선균(actinomycete)인 *Frankia*속과 함께 공생하여 질소를 고정한다.

장미과는 세 개의 아과(Judd *et al.*, 2008)로 나뉘며 간단한 특징들을 다음과 같이 정리해 볼 수 있다.

>표 9–26. 장미과의 세 아과 특징(Campbell *et al.*, 2007)

	앵두나무아과 (Amygdaloideae)	담자리아과 (Dryadoideae)	장미아과 (Rosoideae)
속/종	57/1,350	4/31	28/1,200-1,900
잎	단엽(몇 개의 속에서 복엽)	단엽(한 속에서만 복엽)	보통 복엽
열매	골돌과, 수과, 삭과, 핵과, 이과, 취과상 수과 또는 삭과	수과 또는 취과상 수과	수과, 핵과, 흔히 취과상임
공생 질소 고정	없음	없음	없음

>표 9–27. 한국에 생육하는 장미과 주요 종의 학명과 향명
(속명의 알파벳 순서로 정리. 어둔 바탕에 표기된 종은 개명이 된 경우임. 학명 앞 *표시는 도입종)

Rosaceae 장미과 Rose Family

Amelanchier asiatica (Siebold et Zucc.) Endl. 채진목 Asian serviceberry

Chaenomeles japonica (Thunb.) Lindl. ex Spach 풀명자 Maule's quince

Chaenomeles speciosa (Sweet) Nakai 명자꽃

Cotoneaster integerrimus Medik. 둥근잎야광 Common cotoneaster

Cotoneaster mutiflorus Bge 섬개야광

Crataegus maximowiczii C. K. Schneid. 아광나무 Maximowicz's hawthorn

Crataegus pinnatifida Bunge 산사 Mountain hawthorn

Dryas octopetala L. var. *asiatica* (Nakai) Nakai 담자리꽃나무 Asian eightpetal dryas

*Eribotrya japonica (Thunb.) Lindl. 비파나무

Exochorda serratifolia S. Moore 가침박달 Korean pearl bush

Kerria japonica (L.) DC. 황매화 Kerria

Malus asiatica Nakai 능금

Malus baccata (L.) Borkh. 야광나무 Siberian crabapple

Malus baccata var. *mandshurica* C. K. Schneid. 털야광나무 Hairy Siberian crabapple

Malus komarovii (Sargent) Rehder 이노리나무

*Malus pumila Mill. 사과

Malus toringo (Siebold) Siebold ex de Vriese 아그배나무 Three-lobe crabapple

Neillia uekii Nakai 나도국수나무 Northeast Asian neillia

Pentactina rupicola Nakai 금강인가목 Korean pentactina

*Photinia glabra (Thunb.) Maxim. 홍가시나무

Photinia villosa (Thunb.) DC. 윤노리나무

Physocarpus amurensis (Maxim.) Maxim. 산국수나무 Amur ninebark

Physocarpus insularis (Nakai) Nakai 섬국수나무 Island ninebark

Potentilla fruticosa L. 물싸리 Stiff shrubby cinquefoil

Prinsepia sinensis (Oliv.) Oliv. ex Bean 빈추나무 Cherry prinsepia

*Prunus armeniaca L. 살구

*Prunus avium L. 양살구

Prunus buergeriana Miq. 섬개벚나무 Amur cherry

Prunus choreiana Nakai ex H. T. Im 복사앵도

Prunus davidiana (Carrière) Franch. 산복사 Pere David's cherry

Prunus glandulosa Thunb. 산옥매

Prunus japonica var. *nakaii* (H. Lév.) Rehder 이스라지 Oriental bush cherry

Prunus maackii Rupr. 개벚지나무 Amur choke cherry

Prunus mandshurica (Maxim) Koehne 개살구 Manchurian cherry

Prunus maximowiczii Rupr. 산개벚지나무 Korean mountain cherry

*Prunus mume Siebold et Zucc. 매실나무

Prunus padus L. 귀룽나무 Bird cherry

*Prunus persica (L.) Stokes 복사나무

*Prunus salicina Lindl. 자두나무

Prunus sargentii Rehder 산벚나무 Sargen's cherry

Prunus sargentii var. *verecunda* (Koidz.) C. S. Chang
분홍벚나무 Hairy Sargent's cherry

Prunus serrulata Lindley var. *serrulata* f. *serrulata* 꽃벚나무

Prunus serrulata var. *serrulata* f. *spontanea* (E. H. Wilson) C. S. Chang
벚나무 Oriental flowering cherry

Prunus serrulata var. *pubescens* Nakai 잔털벚나무

Prunus sibirica L. 시베리아살구나무

Prunus spachiana (Lavallée ex H. Otto) Kitam. f. *ascendens* (Makino) Kitam.
올벚나무 Wild-spring cherry

Prunus spachiana (Lavallée ex H. Otto) Kitam. f. *spachiana* 처진올벚나무

Prunus takesimensis Nakai 섬벚나무 Ulleungdo flowering cherry

*Prunus tomentosa Thunb. 앵도

Prunus yedoensis Matsum. 왕벚나무 Korean flowering cherry

*Pseudocydonia sinensis (Dum-Cours.) C. K. Schneid. 모과나무

Pyrus fauriei C. K. Schneid. 콩배나무

Pyrus pyrifolia (Burm. f.) Nakai 돌배나무 Sand pear

Pyrus ussuriensis Maxim. 산돌배 Ussurian pear

Rhaphiolepis indica (L.) Lindley ex Ker var. *umbellata* (Thunb.) Ohashi
다정큼나무 Whole-leaf Indian hawthorn

Rhodotypos scandens (Thunb.) Makino 병아리꽃나무 Black jetbead

Rosa acicularis Lindl. 민둥인가목 Prickly rose

*Rosa chinensis Jacq. 월계화

Rosa davurica Pall. var. *alpestris* (Nakai) Kitag. 붉은인가목

Rosa davurica Pall. var. *davurica* 생열귀나무

Rosa koreana Kom. 흰인가목 Korean rose

Rosa lucieae Franch. et Rochebr. 제주찔레 Memorial rose

Rosa maximowicziana Regel 용가시나무 Maximowicz's rose

Rosa multiflora Thunb. 찔레꽃 Multiflower rose

Rosa rugosa Thunb. 해당화 Rugose rose

*Rosa xanthina Lindl. 노란해당화

Rubus arcticus L. 함경딸기 Arctic raspberry

Rubus buergeri Miq. 겨울딸기 Winter raspberry

Rubus corchorifolius L. f. 수리딸기 Juteleaf raspberry

Rubus coreanus Miq. 복분자딸기 Bokbunja (Korean blackberry)

Rubus crataegifolius Bunge 산딸기 Korean raspberry

Rubus croceacanthus H. Lév. 검은딸기 Hooked-thorn raspberry

Rubus hirsutus Thunb. 장딸기 Hirsute raspberry

Rubus idaeus L. 멍덕딸기

Rubus palmatus Thunb. 단풍딸기 Palmate-leaf raspberry

Rubus parvifolius L. 멍석딸기 Trailing raspberry

Rubus phoenicolasius Maxim. 곰딸기

Rubus pungens Cambess. 줄딸기

Rubus ribisoideus Matumura 섬딸기 Thornless Southern raspberry

Rubus sumatranus Miq. 거지딸기

Sorbaria sorbifolia (L.) A. Braun 쉬땅나무

Sorbus alnifolia (Siebold et Zucc.) K. Koch 팥배나무 Korean mountain ash

Sorbus aucuparia L. 당마가목

Sorbus commixta Hedlund 마가목 Silvery mountain ash

Sorbus kirilowii (Regel) Maxim. 좀쉬땅나무

Sorbus sambucifolia (Cham. et Schltdl.) Roemer 산마가목

Spiraea blumei G. Don 산조팝나무 Mountain spirea

Spiraea chamaedryfolia L. 인가목조팝나무 Elm-leaf spirea
Spiraea chinensis Maxim. 당조팝나무 Chinese spirea
Spiraea fritschiana C. K. Schneid. 참조팝나무 Korean spirea
Spiraea japonica L. f. 좀조팝나무
Spiraea media Schmidt 긴잎조팝나무
Spiraea miyabei Koidz. 덤불조팝나무 Thin-leaf spirea
Spiraea prunifolia Siebold et Zucc. f. *prunifolia* 만첩조팝나무
Spiraea prunifolia f. *simpliciflora* Nakai 조팝나무 Simple bridalwreath spirea
Spiraea pseudocrenata Nakai 긴잎산조팝나무 Long-leaf mountain spirea
Spiraea pubescens Turcz. 아구장나무 Pubescent spirea
Spiraea salicifolia L. 꼬리조팝나무 Willow-leaf spirea
Spiraea trichocarpa Nakai 갈기조팝나무 Korean meadow spirea
Stephanandra incisa (Thunb.) Zabel 국수나무 Laceshrub

느릅나무과[Ulmaceae Mirbel; Elm Family]

느릅나무과 식물은 성상이 교목이며, 나무가 자라는 가지 형은 중앙 사향성(斜向性; plagiotropic) 축을 가진다. 즉, 주축은 직립이며 이차축은 측면으로 나지만 경사져 끝이 위쪽으로 올라가길 반복해서 결국 옆으로 퍼지는 형상을 보인다. 타닌과 종유체(cysto-liths)가 있다. 유도관은 없다. 모상체는 단순하며, 무기질화된 세포벽으로 되어 있다 (Judd *et al.*, 2008).

느릅나무과 식물의 잎은 호생하며 2열 배열을 하고, 단엽이며, 단예거치 또는 복예거치 엽연을 갖는다. 엽맥은 우상맥이며, 2차맥은 거치 안까지 뻗는다. 잎의 엽저가 좌우 비대칭인 것이 특징이다. 탁엽이 있다(Judd *et al.*, 2008).

참느릅나무 꽃공식(floral formula of _Ulmus parvifolia_)
단성화, 자웅동주

암꽃: ✱, (-4-6-), 4-6• , ②, 시과

수꽃: ✱, (-4-6-), 4-9 , 0

느티나무 꽃공식(floral formula of _Zelkova serrata_)
단성화, 자웅동주

암꽃: ✱, -4-6- , 0 , ②, 편구형 핵과

수꽃: ✱, -4-6- , 5 , 0

느릅나무과 화서는 유한화서이며, 밀산화서(fascicles)이며 엽액에 난다. 꽃은 양성화 또는 단성화이며 자웅이주, 자웅동주, 또는 혼성주이다. 꽃은 방사대칭이며, 화탁통이 있다. 눈에 잘 띄지 않는 자잘한 꽃이다. 화피편은 4-9개이며, 이생이거나 합생이고, 흔히 복와상이다. 수술은 4-9개이며, 화피편과 대생한다. 수술대(화사)는 이생하며, 화아 안에서 휘지 않고 직립한다. 화분립은 발아구가 4개에서 6개의 공으로 되었다. 심피는 두 개가 합생되어 상위자방이고, 정단태좌를 갖는다. 보통 1개의 자실이 있으며, 주두는 두 개이며 화주 등쪽(adaxial)을 따라 뻗는다. 배주는 한 개가 있고 열매는 시과 또는 소견과이며 씨앗은 납작하다. 배는 반듯하고, 세포 한 층으로 된 내배유가 있는데 없는 것처럼 보인다(Judd _et al._, 2008).

느릅나무과에는 6속 40종이 있으며, 전 세계에 널리 분포하며 특히 북반구의 온대 지방에서 가장 다양한 종이 나온다. 주요 속으로는 느릅나무속(_Ulmus_ 25종)이 있으며 (Judd _et al._, 2016), 한국에는 세 가지 속인 느릅나무속, 시무나무속(_Hemiptelea_), 느티나무속(_Zelkova_)에 속한 종이 생육하고 있다.

>표 9-28. 한국에 생육하는 느릅나무과 주요 종의 학명과 향명
(속명의 알파벳 순서로 정리)

Ulmaceae 느릅나무과
Hemiptelea davidii (Hance) Planch. 시무나무 Hemiptelea
Ulmus davidiana Planch. ex DC. var. *davidiana* 당느릅나무
Ulmus davidiana var. *japonica* (Rehder) Nakai 느릅나무 Wilson's elm
Ulmus laciniata (Trautv.) Mayr 난티나무 Manchurian elm
Ulmus macrocarpa Hance 왕느릅나무 Large-fruit elm
Ulmus parvifolia Jacq. 참느릅나무 Lacebark elm
Ulmus pumila L. 비술나무 Siberian elm
Zelkova serrata (Thunb.) Makino 느티나무 Sawleaf zelkova

쐐기풀과[Urticaceae A. L. de Jussieu; Nettle Family]

쐐기풀과는 교목, 관목, 초본 또는 덩굴성 식물로서, 수피에 한해서 유도관이 있으며 유액을 만들어 낸다. 또는 축소되어 투명한 점액질을 내기도 한다. 종유체(cystoliths)가 있는데 다소 길며, 어떤 경우에는 소실되어 없기도 한다. 때로 타닌이 있다. 모상체는 흔히 단순하며, 무기질화된 세포벽으로 되어 있으며, 때로는 모상체가 피부에 닿으면 상당히 쓰라릴 수 있다(Judd *et al.*, 2008).

쐐기풀과의 식물 잎은 호생하며 나선상 또는 2열 배열을 한다. 또는 대생하기도 한다. 흔히 단엽이며, 때로 결각이 있고, 엽연은 전연이거나 예거치가 있고, 엽맥은 우상맥이거나 장상맥이다. 엽저는 심장형이거나 비대칭이다. 탁엽이 흔히 있다(Judd *et al.*, 2008).

쐐기풀과 식물의 화서는 유한화서이고 엽액에 난다. 개개의 꽃이 흔히 뭉쳐나거나 때로는 축소되어 하나의 꽃이 피기도 한다. 꽃은 단성화이고 자웅이주 또는 자웅동주이

다. 꽃은 보통 방사대칭이고 눈에 잘 띄지 않는 편이다. 화피편은 보통 네 개인데 2-6개까지 나오며 이생 또는 합생하고 복와상 또는 판상으로 난다. 수술은 보통 2-5개이고 화피편에 대생한다. 수술대는 이생이고 화아 안에서 휘지만 개화시기에는 탄력적으로 밖으로 젖혀진다. 하지만 *Cecropia*속과 근연종에서는 화사가 휘지 않고 반듯하다. 약은 두 개의 실로 되어 있고, 화분립의 발아구는 보통 2-3개의 공이 있거나 다공으로 되기도 한다. 심피는 하나로 보이지만 사실은 두 개이고 그 중 한 개가 아주 축소된다. 자방은 상위자방이고 기저태좌이다. 하나의 자실이 있다. 주두는 한 개로서 화주의 윗면을 따라 뻗으며, 두상형이거나 천공형이다. 배주는 한 개이고 직생배주이다. 열매는 수과 또는 작은 핵과이며 때로 다화과상 열매를 형성한다. 배는 곧고 내배유가 때로는 없는 것이 특징이다(Judd *et al.*, 2008).

쐐기풀과에는 54속 2,625종이 있으며, 열대와 아열대 지역에 넓게 분포한다. 주요 속으로는 물통이속(*Pilea* 600종), 몽울풀속(*Elatostema* 300종) 등이 있고(Judd *et al.*, 2016) 한국에는 목본식물로서 좀깨잎나무속(*Boehmeria*)과 비양나무속(*Oreocnide*)에 각각 한 종씩 총 두 종이 생육하고 있다.

>표 9–29. 한국에 생육하는 쐐기풀과 주요 종의 학명과 향명
(속명의 알파벳 순서로 정리, 어둔 바탕에 표기된 종은 개명이 된 경우임)

Urticaceae 쐐기풀과 Nettle Family
Boehmeria spicata (Thunb.) Thunb. 좀깨잎나무 Spicate falsenettle
Oreocnide frutescens (Thunb.) Miq. 비양나무(바위모시) Shrubby oreocnide

아욱군 MALVIDS;진정장미군 2: Eurosids 2

이 그룹에 속하는 쥐손이풀목, 크로소소마타목, 도금양목, 피그람니아목, 십자화목, 아욱목, 무환자나무목 중에서 이 교재에서는 도금양목, 크로소소마타목, 아욱목, 무환자나무목을 주변에서 흔히 관찰할 수 있는 수종을 중심으로 간단히 알아보도록 한다.

도금양목 Myrtales

부처꽃과[Lythraceae J. St.-Hilaire; Loosestrife Family]

부처꽃과는 교목, 관목, 또는 초본성 식물로 나오는 과이다. 모상체는 다양하고 때로 규화(硅化; silicified)되는 특징을 보인다(Judd *et al.*, 2008).

부처꽃과 식물의 잎은 대생하는데, 드물게 윤생 또는 호생이고 나선상으로 배열된다. 단엽이고 엽연은 전연이며, 엽맥은 우상맥이다. 탁엽은 전형적으로 축소되어, 일반적으로 작은 모상체들이 한 줄로 늘어선 것처럼 보인다(Judd *et al.*, 2008).

배롱나무 꽃공식(floral formula of *Lagerstroemia indica*)

$$*, \textcircled{6}, \underline{6}, \underline{6+\infty}, \textcircled{6}, \text{삭과}$$

부처꽃과 식물의 화서는 다양하며, 꽃은 양성화이고 화주가 두 개 혹은 세 개로 되었다. 화관이 방사대칭이며 간혹 좌우대칭이기도 한다. 화탁통이 잘 발달되었고 흔히 부꽃받침잎이 관여한다. 꽃받침잎은 흔히 4-8개로 이생이거나 또는 약간 합생이며 판상이며, 흔히 두꺼운 편이다. 꽃잎은 흔히 4-8개이며, 이생이고 복와상이다. 꽃잎이 흔히 화아 안에서 구겨져 있고 성숙했을 때 주름져 있는 특징을 보인다. 드물게 꽃잎이 없기도 한다. 수술은 8개인데 4-16 또는 그 이상 다수로 나오고 화탁통의 상반부 아래에 잘 붙어 있거나 아니면 약간 붙어 있다. 수술대의 길이는 동일하지 않으며, 화분립은 보통 삼공구형이고 때로는 공이 없는 골로 나오기도 한다. 심피는 두 개에서 다수로 합생이며 상위자방인데 드물게 하위자방으로 나오기도 한다. 중축태좌이다. 주두는 다소 두상이다. 배주는 각 자실 당 두 개에서 여러 개다. 밀선은 흔히 화탁통의 기부에 있다. 열매는 마르고, 다양하게 열리는 삭과이다. 간혹 장과일 때도 있다. 씨앗은 흔히 납작하고 날개가 달리기도 한다. 종의는 여러 층의 주피로 되었다. 표피 모상체가 확대되어 축축한 곳에 두면 끈적끈적해진다. 내배유는 없는 편이다(Judd *et al.*, 2008).

부처꽃과에는 31속 600종이 있으며, 널리 분포되었지만, 대부분의 종은 열대에서 분포한다. 주요 속으로는 *Cuphea*속(275종), *Diplusodon*(72종), 배롱나무속(*Lagerstroemia* 56종) 등이 있다(Judd *et al.*, 2016). 한국에는 목본식물로서 도입된 배롱나무와 석류가 있다.

>표 9–30. 한국에 생육하는 부처꽃과 주요 종의 학명과 향명
(속명의 알파벳 순서로 정리. 학명 앞 *표시는 도입종)

Lythraceae 부처꽃과 Loosestrife Family
Lagerstroemia indica L. 배롱나무 crape myrtle
Punica granatum L. 석류

크로소소마타목 Crossosomatales

고추나무과[Staphyleaceae Lindley; Bladdernut Family]

고추나무과 식물은 관목 또는 소교목이며 점액과 타닌을 생산해 낸다. 잎은 대생이며 간혹 호생하기도 한다. 우상복엽 또는 삼출엽이고 드물게 단신복엽(*Turpinia arguta* L.)으로 나오기도 한다. 일반적으로 거치가 있는 소엽이 있으며, 표피가 흔히 점액질이다. 엽병의 해부학적 특성은 복잡하다. 탁엽은 쉽게 일찍 떨어지며(caducous), 탁엽이 없기

도 한다(Cronquist, 1981).

고추나무과 식물의 꽃은 작고 가지의 끝이나 엽액에 난다. 아래로 처지는 원추화서 또는 때로 총상화서로 나오며, 상위자방이고, 5수이다. 완전화이고 때로 단성화로 나오기도 하여 자웅이주로 나오기도 한다. 꽃받침잎은 복와상이고 이생이며, 드물게 합생하기도 한다. 꽃받침잎이 흔히 꽃잎 모양이다. 꽃잎은 이생이고 복와상이며, 수술은 꽃잎과 어긋나게 난다. 약은 네 개의 소포자낭으로 되어있고 세로 선으로 갈라져 화분이 나온다. 화분립은 두 개의 핵을 가지고 있고, 삼공구형이다. 심피는 2-3(4)개 복심피로 되어 있고, 다실로 되어 있다. 다만 말오줌때속(*Euscaphis*; APG III에서는 고추나무속(*Staphylea*속)으로 통합됨)에서는 심피가 이생으로 되어 있다. 화주는 이생이거나 기저 부분만 합생하기도 한다. 자방은 상위자방이고, 배주는 (1-2-) 6-12개가 중축 또는 기저중축 태좌로 두 개의 줄로 각각의 자실에 놓인다. 열매는 부풀어 오른 삭과로서 끝부분에서 열린다. 열리지 않는 핵과상 또는 장과상으로 나오기도 한다. 지금은 고추나무속으로 통합된, 즉 APG III(APG, 2009) 이전에는 말오줌때속으로 분류되었던 식물인 말오줌때나무는 열매가 골돌과로 된다. 씨앗은 자실 당 한 두 개가 있다. 배는 곧고 두 개의 크고 납작한 자엽이 있고, 내배유는 양이 많으며, 육질이고 기름기가 있다. X=13(Cronquist, 1981).

>표 9–31. 한국에 생육하는 고추나무과 주요 종의 학명과 향명
(어둔 바탕에 표기된 종은 개명이 된 경우임)

Staphyleaceae 고추나무과
Staphylea bumalda DC. 고추나무 Bumald's bladdernut
Staphylea japonicus Kantiz 말오줌때나무 Korean sweetheart tree

A: 말오줌때나무 화서와 엽서

B: 말오줌때나무 1차우상복엽과 둔거치

C: 말오줌때나무 골돌과

D: 고추나무 엽서와 화서

E: 고추나무 삭과

F: 고추나무 꽃

G: 화피 일부와 수술 네 개를 제거한 후 심피와 수술 한 개

> 사진 9–35. **고추나무과**(Staphyleaceae).
A–C: 말오줌때나무(*Staphylea japonicus*), D–G: 고추나무(*S. bumalda*).

아욱목 Malvales

아욱과[Malvaceae A. L. de Jussieu; Mallow Family]

아욱과는 교목, 관목, 목본성 덩굴 또는 초본식물이며, 점액도(mucilage canals)가 있으며 흔히 점액공도 있다. 모상체는 다양하지만 흔히 성상모 또는 방패상 인형이다 (Judd *et al*., 2008).

아욱과 식물의 잎은 흔히 호생이며, 나선상 또는 2열로 배열을 한다. 단엽이고 흔히 장상으로 결각이 있거나 장상복엽이다. 엽연은 전연이거나 거치가 있고, 엽맥은 장상맥 또는 드물게 우상맥이다. 탁엽이 있다(Judd *et al*., 2008).

무궁화 꽃공식(floral formula of *Hibiscus syriacus*)

$$*, \textcircled{5}, \underline{5}, \underline{\textcircled{\infty}}, \textcircled{5}, \text{삭과}$$

아욱과 식물의 화서는 무한화서이고, 여러 화서가 혼합되어 있다. 유한화서로 나오기도 한다. 때로는 화서가 축소되어 한 개의 꽃이 피기도 한다. 꽃은 주로 엽액에 핀다 (Judd *et al*., 2008). 상위자방이다. 꽃은 양성화 또는 단성화이고 보통 방사대칭이며 흔히 눈에 띄는 부꽃받침잎(epicalyx)과 연관되어 있다. 꽃잎과 꽃받침잎은 다섯 장이 갈라지거나 또는 기부가 합생된다. 수술은 다섯 개에서 여러 개이고, 바깥쪽 수술은 헛수술이고, 수술대는 서로 합생되어 통을 이루고(단체웅예; monadelphous), 꽃잎의 기부와 측착되어 있다. 수술은 두 개 또는 한 개의 실(unilocular)로 되어 있다. 화분립은 삼공구형, 삼공형, 다공형으로서 전형적인 자상돌기를 가지고 있다. 밀선은 꽃받침 위에 빽빽하게 밀집된 점성질의 선점 모상체로 구성되어 있다. 때로는 꽃잎 또는 웅예자방병 (androgynophore; 웅예기관(수술)과 자예기관(심피)을 달고 있는 자루) 위에 있기도 한다. 심피는 두 개에서 다수가 합생되어 있고, 화주는 심피의 2배수 만큼 갈라지거나 합생된다. 태좌는 중축태좌이다. 열매는 포배개열하는 삭과, 분열과, 드물게 장과, 시과, 골돌과(벽오동속; *Firmiana*)로 나온다. 배주는 한 개에서 다수로 나오고, 씨앗은 때로 털이나 가종피가 있고 드물게 날개가 달리기도 한다. 배는 곧거나 휜다. 배유는 풍부한 편이거나 없기도 한다(Judd *et al.*, 2008; 이유성, 이상태, 1996).

아욱과에는 243속 4,225종이 있고, 전 세계에 널리 분포(Judd *et al.*, 2008)하며, 주요 속으로는 무궁화속(*Hibiscus* 330종), 장구밤나무속(*Grewia* 150종) 등이 있고 (Judd *et al.*, 2016), 한반도에서는 무궁화속(*Hibiscus*), 어저귀속(*Abutilon*), 목화속 (*Gossypium*), 아욱속(*Malva*) 식물이 자생 또는 식재된다(이유성, 이상태, 1996).

>표 9-32. 한국에 생육하는 아욱과 주요 종의 학명과 향명
(속명의 알파벳 순서로 정리. 어둔 바탕에 표기된 종은 개명이 된 경우임. 학명 앞 *표시는 도입종)

Malvaceae 아욱과 Mallow Family
Firmiana simplex (L.) W. F. Wight 벽오동
Grewia biloba G. Don 장구밤나무 Bilobed grewia
Hibiscus syriacus L. 무궁화 Mugungwha (Rose of sharon)
Tilia amurensis Rupr. 피나무 Amur linden
Tilia mandshurica Rupr. et Maxim. 찰피나무 Manchurian linden
Tilia miqueliana Maxim. 보리자나무

A: 개화 시기의 전체 성상

B: 호생엽서(엽병이 잎 길이보다 길다)

C: 개화 직전의 원추화서

D: 꽃(화관은 없고, 악이 밖으로 젖혀짐)

E: 성숙 전에 골돌과 봉선 열림

F: 완두콩 비슷한 종자가 봉선에 달림

>사진 9-36. **아욱과**(Malvaceae) **벽오동**(*Firmiana simplex*).

A: 무궁화 화서(개화 직전)

B: 장구밥나무 화서

C: 배달계 무궁화

D: 주두

E: 잎 앞면

F: 잎 뒷면

G: 장구밥나무 꽃

H: 장구밥나무 핵과

I: 무궁화 씨앗

J: 무궁화 삭과

>사진 9–37. **아욱과(Malvaceae) 장구밥나무와 무궁화.**
A, C–D, I–J: 무궁화(*Hibiscus syriacus*). B, E–H: 장구밥나무
(*Grewia biloba*).
A: 선형의 부꽃받침잎이 관찰됨. C: 안쪽에 다른 색의 심이
없는 '배달계' 꽃. D: 주두가 다섯 개로 갈라짐. E–F: 엽저의
삼출맥이 뚜렷함. H: 장구통모양의 핵과에 흰 털 산재.

무환자나무목 Sapindales

옻나무과[Anacardiaceae R. Brown; Sumac or Poison Ivy Family]

옻나무과는 교목, 관목 또는 목본성 덩굴식물이며 흔히 타닌성분을 가지고 있다. 잎과 수피에 잘 발달된 수직 수지구가 있으며, 또한 다른 유조직 내에도 있다. 수지는 마르기 전에는 맑지만 마르면 검정색으로 되며, 흔히 피부염을 유발한다. 모상체는 다양하다 (Judd *et al.*, 2008).

옻나무과 식물의 잎은 흔히 호생하고 나선상으로 배열한다. 우상복엽이지만 때로 삼출복엽이나 단신복엽으로 나오기도 한다. 소엽은 전연이거나 거치가 있으며 엽맥은 우상맥이다. 탁엽은 다소 없는 편이다(Judd *et al.*, 2008).

붉나무 꽃공식(floral formula of *Rhus chinensis*)
단성화, 자웅이주

암꽃: *, ⑤, 5 , 5• , ③, 핵과

수꽃: *, ⑤, 5 , 5 , ③•

옻나무과 식물의 화서는 유한화서로서 가지의 끝이나 엽액에 난다. 꽃은 거의 항상 단성화이고 주로 자웅이주이다. 화관은 방사대칭이며, 작고, 잘 발달된 헛수술과 헛심피가 있다. 꽃받침잎은 보통 5개로 이생하거나 약간 합생이고 꽃잎은 보통 5개로 이생하거나 약간 합생하며, 다소 복와상이다. 수술은 5-10개이며 드물게 다수로 나오기도 하고, 축소되어 실제 기능을 하는 수술이 하나 있기도 한다. 화사는 흔히 털이 없고, 보통 이생이다. 화분립은 흔히 삼공구형 또는 삼구형이다. 심피는 전형적으로 세 개이지만 간혹 다섯 개가 나오기도 한다. 심피가 다양하게 합생하며, 자방은 주로 상위자방이고 때로는 모든 심피가 기능을 하기도 한다. 여러 개의 자실로 되어 있고 중축태좌이다. 이 보다 더 흔한 경우에, 한 개의 심피가 완전히 성숙하여 기능하고 다른 심피는 화주만 남기도 한다. 자예기관은 전형적으로 비대칭이고 하나의 자실이며 정단태좌이다. 주두는 흔히 두상이다. 배주는 한 개가 각 자실마다 들어 있거나, 기능을 하는 심피 한 개에 하나의 배주가 있다. 밀선 디스크가 흔히 수술 사이에 있다. 열매는 흔히 납작한 비대칭 핵과이다. 배는 휘거나 곧다. 내배유는 빈약하거나 없다(Judd et al., 2008).

옻나무과에는 70속 600종이 있으며, 주로 열대 지역에 있고 온대 지역에는 몇 종이 분포한다. 주요 속으로는 붉나무속(Rhus 100종), Semecarpus속(50종), Lannea속(40종) 등이 있다(Judd et al., 2016).

>표 9–33. 한국에 생육하는 옻나무과 주요 종의 학명과 향명
(종소명의 알파벳 순서로 정리. 어두운 바탕에 표기된 종은 개명이 된 경우임. 학명 앞 *표시는 도입종)

Anacardiaceae 옻나무과 Sumac / Poison Ivy Family
Rhus chinensis Mill. 붉나무 Nutgall tree
Rhus succedaneum (Linn.) O. Kuntze 검양옻나무
Rhus sylvestre (Sieb. & Zucc.) O. Kuntze 산검양옻나무
Rhus trichocarpum (Miq.) O. Kuntze 개옻나무
*Rhus vernicifluum (Stokes) F. A. Barkl. 옻나무

멀구슬나무과[Meliaceae A. L. de Jussieu; Mahogany Family]

멀구슬나무과는 교목이나 관목상 식물이며, 흔히 산재한 분비세포를 통해 흔히 쓴맛의 트리터페노이드 혼합물(triterpenoid compounds)을 생산해 낸다. 안쪽 수피는 흔히 붉다. 모상체는 보통 단순하며, 간혹 성상모 또는 방패상 인형으로 되어 있다(Judd et al., 2008).

멀구슬나무과 식물의 잎은 흔히 호생하며 나선상으로 배열하고, 1차 혹은 2차우상복엽이며 간혹 삼출엽 또는 단신복엽으로 나온다. 소엽은 흔히 전연이고 엽맥은 우상맥이다. 탁엽은 없다(Judd et al., 2008).

멀구슬나무 꽃공식(floral formula of *Melia azedarach*)
*,⑤, 5 ,⑩,⑤ , 핵과

멀구슬나무과 식물의 화서는 흔히 유한화서로서 엽액이나 드물게 가지의 끝에 난다. 꽃은 흔히 단성화이고 자웅이주, 자웅동주 또는 잡성주이다. 흔히 잘 발달된 헛수술과 헛심피가 있다. 화관은 방사대칭이다. 꽃받침잎은 흔히 4 혹은 5개이고 이생이며 다소 합생하기도 한다. 꽃잎은 보통 4-5개이며 이생 혹은 기부가 약간 합생되기도 한다. 복와 상, 또는 한쪽으로 감기거나 판상이다. 수술은 4-10개이며 드물게 더 많은 수로 나오기 도 한다. 화사는 합생하여 통을 이루고, 정단부에 부속물이 있거나 없다. 하지만 *Cedre-la*속에서는 화사가 이생으로 되어 있다. 화분립은 발아구가 2개에서 5개의 공구형으로 되어 있다. 심피는 2-6개가 합생되었고 상위자방이며, 흔히 중축태좌이다. 주두는 다양 한 모양이지만 보통은 확대된 두상형이다. 배주는 2개에서 다수가 각 자실에 있고, 도생 배주 혹은 직생배주이다. 밀선 디스크가 수술 사이에 있다. 열매는 포배개열 또는 포축 개열의 삭과이거나, 핵과, 장과이다. 씨앗은 마르고 날개가 있거나 혹은 육질 종의가 있 다. 내배유는 있거나 없다(Judd *et al.*, 2008).

멀구슬나무과에는 51속 550종이 있으며, 열대와 아열대에 넓게 분포한다. 주요 속으 로는 *Aglaia*속(100종), *Trichilia*속(66종), *Turraea*속(65종) 등이 있다(Judd *et al.*, 2016).

>표 9–34. 한국에 생육하는 멀구슬나무과 주요 종의 학명과 향명
(속명의 알파벳 순서로 정리. 어둔 바탕에 표기된 종은 개명이 된 경우임. 학명 앞 *표시는 도입종)

Meliaceae 멀구슬나무과 Mahogany Family
Melia azedarach L. 멀구슬나무 chinaberry tree, bead-tree
Toona sinensis (A. Juss.) A. Roem. 참죽나무 Chinese mahogany

A: 멀구슬나무 성상

B: 호생엽서(2-3차우상복엽)

C: 호생엽서(1차우상복엽)와 미성숙 삭과

D: 원추화서 일부

E: 꽃(수술이 합생되어 원통 모양)

F: 멀구슬나무의 핵과 열매

>사진 9-38. **멀구슬나무과**(Meliaceae).
A-B, D-F: 멀구슬나무(*Melia azedarach*), C: 참죽나무(*Toona sinensis*).

운향과[Rutaceae A. L. de Jussieu; Citrus or Rue Family]

운향과 식물은 흔히 교목 또는 관목이며, 때로 경침, 엽침, 피침이 발달한다. 방향성의 정유를 포함하는 산재한 분비공을 통해서, 흔히 쓴맛의 트리터페노이드 물질(triterpenoid compounds), 알카로이드 페놀화합물을 생산해 내는 특징을 가지고 있다. 모상체는 다양하다(Judd *et al.*, 2008).

운향과 식물의 잎은 호생하고 나선상으로 배열거나, 대생하기도 하고, 드물게 윤생한다. 흔히 우상복엽이거나 축소되어 삼출복엽 또는 단신복엽이다. 드물게 장상복엽이 있다. 소엽에 맑은 점이 특히 엽연 가까이에 있다. 전연 또는 거치가 있고 엽맥은 우상맥이다. 탁엽은 없다(Judd *et al.*, 2008).

황벽나무 꽃공식(floral formula of *Phellodendron amurense*)
단성화, 자웅이주

암꽃: *, 5 , 5 , 5• , ④-5 , 핵과

수꽃: *, 5 , 5 , 5 , ④-5•

운향과 식물의 화서는 흔히 유한화서이고, 가끔은 축소되어 한 개의 꽃이 피기도 한다. 화서의 위치는 가지의 끝이나 엽액이다. 꽃은 양성화 또는 단성화이고 자웅동주 또는 자웅이주이다. 화관이 방사대칭이다. 꽃받침잎은 보통 4-5개이고 이생이거나 기부가 약간 합생되어 있다. 꽃잎은 4-5개이며 이생 또는 가끔씩 합생되어 있다. 보통은 복와상이다. 수술은 보통 8-10개이고 때로 다수로 나오기도 한다. 화사는 흔히 이생이지만 때로는 기부가 합생되기도 한다. 털이 없거나 있다. 화분립은 보통 발아구가 3-6개의 공구형이다. 심피는 흔히 4-5개이거나 다수이다. 흔히 완전히 합생되고 한 개의 화주가 있지만, 가끔은 자방이 이생으로 되기도 한다. 상위자방이고 주로 중축태좌이다. 주두는 다양하다. 배주는 각 자실 당 한 개에서 여러 개다. 밀선 디스크가 수술 사이에 있다. 열매는 핵과, 삭과, 시과, 취과상 골돌과, 다양하게 발달된 장과이다. 배는 곧거나 휘고, 내배유가 있거나 없다(Judd *et al.*, 2008).

전 세계적으로는 *Zanthoxylum*(머귀나무속; 200종)을 포함하여 155속에 930종이 분포하고 있다(Judd *et al.*, 2016).

>표 9-35. 한국에 생육하는 운향과 주요 종의 학명과 향명
(속명의 알파벳 순서로 정리. 어둔 바탕에 표기된 종은 개명이 된 경우임. 학명 앞 *표시는 도입종)

Rutaceae 운향과 Citrus / Rue Family
Citrus aurantium L. 광귤
Citrus japonica Thunb. 금감
Citrus junos Siebold ex Tanaka 유자나무
Citrus trifoliata L. 탱자나무
Orixa japonica Thunb. 상산 East Asian orixa
Phellodendron amurense Rupr. 황벽나무 Amur corktree
Phellodendron molle Nakai 털황벽
Tetradium daniellii (Bennett) Hartley 쉬나무
Zanthoxylum ailanthoides Siebold et Zucc. 머귀나무   Alianthus-like prickly-ash
Zanthoxylum armatum DC. 개산초
Zanthoxylum fauriei (Nakai) Ohwi 좀머귀나무 Lesser alianthus-like prickly-ash
Zanthoxylum piperitum (L.) DC. 초피나무 Cho-phi (Korean pepper)
Zanthoxylum schinifolium Siebold et Zucc. 산초나무 Mastic-leaf prickly ash
Zanthoxylum schinifolium var. *inermis* (Nakai) T.B. Lee 민산초나무 Smooth mastic-leaf prickly ash
Zanthoxylum simulans Hance 왕초피나무

무환자나무과[Sapindaceae A. L. de Jussieu; Soapberry Family]

무환자나무과는 교목, 관목, 또는 목본성 덩굴식물이다. 타닌 성분이 흔히 있고, 분비세포에 트리터페노이드 사포닌(triterpenoid saponins)이 있으며, 다양한 배열의 싸이클로프로판 아미노산(cyclopropane amino acids)이 있다. 모상체는 다양하다(Judd *et al.*, 2008).

무환자나무과 식물의 잎은 호생하고 나선상으로 배열하거나 대생한다. 우상복엽 또는 장상단엽, 삼출복엽, 단신복엽이다. 소엽은 거치가 있거나 전연이다. 엽맥은 우상맥 또는 장상맥이다. 탁엽은 없거나 있다(Judd *et al.*, 2008).

칠엽수나무 꽃공식(floral formula of *Aesculus turbinata*)
단성화, 자웅동주
암꽃: x, ⑤, 4 , 7 , ③, 삭과
수꽃: x, ⑤, 4 , 7 , ③•

단풍나무 꽃공식(floral formula of *Acer palmatum*)
단성화, 자웅동주
암꽃: *, 5 , 0(2-5) , 8• , ②, 분열상 시과
수꽃: *, 5 , 0 , 8 , ②•

모감주나무 꽃공식(floral formula of *Koelreuteria paniculata*)
x, ⑤, 4 , 8 , ③, 삭과

　무환자나무과 식물의 화서는 유한화서로서 가지의 끝이나 엽액에 난다. 꽃은 흔히 단성화이고 자웅동주, 자웅이주 또는 혼성주이다. 방사대칭이거나 좌우대칭이다. 꽃받침잎은 4-5개로 이생이지만 간혹 기부가 합생되기도 한다. 꽃잎도 4-5개이고 때로는 없기도 한다. 이생이고 흔히 날카롭다. 등쪽(adaxial) 면에 기부 부속물이 있다. 복와상이다. 수술은 8개이거나 그 이하이다. 화사는 이생이며, 흔히 털이 있거나 유두상 돌기가 있다. 화분립은 보통 삼공구형이며, 골이 때로는 서로 융합되기도 한다. 심피는 2-3개가 합생되고 상위자방이다. 보통 중축태좌이다. 주두는 2-3개이거나 미미하거나 확대되어 있다. 배주는 1-2개가 각 자실에 들어 있으며, 도생배주 또는 직생배주이다. 배주병은 없고 태의 튀어 나온 부분에 넓게 부착되었다. 밀선 디스크가 수술바깥에 있지만 때로는 디스크 위에 수술이 놓이기도 한다. 열매는 흔히 포배개열 또는 포축개열의 삭과, 가종피를 갖는 장과, 갈라져서 시과형 분열과, 드물게 장과 또는 핵과이다. 씨앗은 흔히 가종피 같은 종의로 싸여 있다. 배는 다양하게 휘고 유근은 배의 나머지 부분과 분리되어 있는 특징을 보인다. 종자 안에 내배유는 흔히 없다(Judd *et al.*, 2008).

무환자나무과에는 147속 2,215종이 있으며, 주로 열대와 아열대 지방에 분포하지만 온대 지역에도 몇 개의 속은 다양하게 나타나고 있다. 주요 속으로는 *Serjania*속(220종), *Paullinia*속(150종), 단풍나무속(*Acer* 110종) 등이 있다(Judd *et al.*, 2016).

무환자나무과는 형태적인 데이터를 근간으로 해서 계통분류학적으로 다음과 같이 다섯 개의 분기(clades)로 나눠진다.

1) *Xanthoceras*(문관과(文冠果); yellowhorn)속: 무환자나무과 내 나머지 분류군의 자매그룹이다. 이 분기의 특징으로 큰 꽃, 5개의 뿔 모양 부착물이 있는 밀선 디스크(nectar disk), 자실마다 7-8개의 배주가 있다.

2) 칠엽수아과(hippocastanoid clade; 칠엽수속(*Aesculus*)과 근연 분류군들): 대생하는 장상복엽이고, 꽃잎 가에 부속물이 있으며, 흔히 수술의 수가 7개이고, 크고 혁질인 삭과 열매를 가지며 갈라지면 한 개의 큰 씨앗이 있다.

3) 단풍나무아과(aceroid clade; 전통적으로 단풍나무과(Aceraceae)로 분류되던 그룹): 단풍나무속(*Acer*)과 *Dipteronia*속이 여기에 포함된다. 꽃잎에 부속물이 없고, 밀선 디스크 위에 두상형 수술이 있다. 잎은 대생이고 목재가 유공재(有孔材)이다.

4) 홉부시아과(hopebush; dodonaeoid clade; *Hypelate*속, *Filicium*속, *Harpullia*속, *Dodonaea*속과 근연 분류군들): 자실 당 두 개 이상의 배주가 들어 있다.

5) 무환자나무아과(sapindoid clade; *Cupania*속, *Cupaniopsis*속, *Euphoria*속, 무환자나무속(*Sapindus*), 모감주나무속(*Koelreuteria*) 등): 거의 모든 속의 배주가 기저 부분이 붙어있고 축소되어 심피 당 한 개의 배주가 들어 있다. 다만, 모감주나무속에서는 자실 당 두 개 이상의 배주가 있고 그 중 하나만이 씨앗으로 성숙한다(Judd *et al.*, 2016).

> 표 9-36. 한국에 생육하는 무환자나무과 주요 종의 학명과 향명
(아과로 나누고 속명의 알파벳 순서로 정리. 어둔 바탕에 표기된 종은 개명이 된 경우임. 학명 앞 *표시는 도입종)

Sapindaceae 무환자나무과 Soapberry Family
Sapindaceae / Sapindoideae 무환자나무아과 Soapberry Subfamily
Koelreuteria paniculata Laxm. 모감주나무 Goldenrain tree
*Sapindus mukorossi Gaertn. 무환자나무
Sapindaceae / Aceroideae 단풍나무아과 Maple Subfamily
Acer barbinerve Maxim. 청시닥나무 Bearded maple
*Acer buergerianum Miq. 중국단풍
Acer caudatum var. *ukurunduense* (Trutv. et C. A. Mey.) Rehder 부게꽃나무
Acer komarovii Pojarkova 시닥나무 Red-twig maple
Acer mandshuricum Maxim. 복장나무 Manchurian maple
*Acer negundo L. 네군도단풍
Acer palmatum Thunb. 단풍나무 Palmate maple
Acer pictum var. *mono* (Maxim.) Maxim. ex Franch. 고로쇠나무 Mono maple
Acer pictum Thunb. var. *pictum* 털고로쇠나무
Acer pictum var. *trucatum* (Bunge) C. S. Chang 만주고로쇠 Manchurian paint maple
Acer pseudosieboldianum (Pax) Kom. 당단풍나무 Korean maple
*Acer saccharinum L. 은단풍
*Acer saccharum Marshall 설탕단풍
Acer tataricum subsp. *ginnala* (Maxim) Wesmall 신나무 Amur maple
Acer tegmentosum Maxim. 산겨릅나무 East Asian stripe maple
Acer triflorum Kom. 복자기나무 Three-flower maple
Sapindaceae / Hippocastanoideae 칠엽수아과 Horse Chestnut Subfamily
*Aesculus turbinata Blume 칠엽수 Japanese horse-chestnut

A: 중국단풍 잎과 열매

B: 네군도단풍 엽서

C: 은단풍 엽서

D: 신나무 화서(개화 직전)

E: 단풍나무 양성화

F: 고로쇠나무 수꽃

G: 중국단풍 시과

H: 복자기나무 암꽃

I: 복자기나무 시과

I: 신나무 시과

>사진 9-39. 무환자나무과(Sapindaceae) 단풍나무아과(Aceroideae).
A, G: 중국단풍(*Acer buergerianum*), B: 네군도단풍(*A. negundo*), C: 은단풍(*A. saccharinum*),
D, J: 신나무(*A. tataricum* ssp. *ginnala*), E: 이타야 단풍(*A. japonicum* cv. Itaya),
F: 고로쇠나무(*A. pictum* var. *mono*), H-I: 복자기나무(*A. triflorum*).

A: 칠엽수 엽서

B: 카니아칠엽수 엽서와 화서

C: 칠엽수 총상화서

D: 카니아칠엽수 총상화서

E: 칠엽수 꽃

F: 조지아나칠엽수

G: 성숙 중인 조지아나칠엽수 삭과

>사진 9-40. 무환자나무과(Sapindaceae) 칠엽수아과(Hippocastanoideae).
A, C, E: 칠엽수(*Aesculus turbinata*), B, D: 브라이어티아이 카니아칠엽수(*A.* x *carnea* cv. Briotii),
F-G: 조지아나칠엽수(*A. georgiana*).

A: 무환자나무 성상　　　　　　B: 무환자나무 엽서　　　　　　C: 모감주나무 엽서

D: 원추화서 일부　　　　　　　E: 좌우대칭 꽃　　　　　　　　F: 원추화서

G: 모감주나무 삭과(검은 종자 보임)　　　　H: 무환자나무 핵과

>사진 9–41. 무환자나무과(Sapindaceae) 무환자나무아과(Sapindoideae).
A, B, F, H: 무환자나무(*Sapindus mukorossi*), C–E, G: 모감주나무(*Koelreuteria paniculata*).

소태나무과[Simaroubaceae A. P. de Candolle; Tree of Heaven Family]

소태나무과 식물은 성상이 교목 또는 관목상이며, 드물게 침이 많이 발달하기도 한다. 잎과 수피에 산재한 분비 세포가 있다. 수(pith)에는 콰씨노이드(quassinoid)형의 트리터페노이드 물질(triterpenoid compounds)이 현저하게 많이 있다. 모상체는 흔히 단순하게 나온다(Judd *et al.*, 2008).

소태나무과 식물의 잎은 호생이며 나선상으로 배열한다. 우상복엽 또는 단신복엽이다. 소엽은 전연이거나 거치가 있다. 엽맥은 우상맥이다. 탁엽은 보통 없다(Judd *et al.*, 2008).

가죽나무 꽃공식(floral formula of *Ailanthus altissima*)
단성화, 자웅이주

암꽃: *, ⑤, 5 , 10• ⑤, 시과

수꽃: *, ⑤, 5 , 10 , ⑤•

소태나무과의 화서는 유한화서로서 가지의 끝이나 엽액에 난다. *Leitneria*속에서는 유이화서이다. 꽃은 단성화이며 자웅동주 또는 드물게 자웅이주이다. 헛수술과 헛심피가 잘 발달되었다. 화관이 방사대칭이다. 꽃받침잎은 4-5개이지만 *Leitneria*속에서는 미미하거나 없다. 꽃받침잎이 이생하거나 약간 합생하기도 한다. 꽃잎은 보통 5개가 이생하고, *Leitneria*속에서처럼 드물게 없기도 한다. 꽃잎은 복와상 또는 판상이다. 수술은 보통 10개이지만 *Leitneria*속에서는 축소되어 4개이다(세 개의 축소된 꽃이 뭉쳐나서 수술이 여러 개가 있는 것처럼 보임). 화사는 이생이다. 화분립은 삼공구형이다. 심피는 흔히 5개이지만 *Leitneria*속에서는 한 개만 있다. 심피는 화주 부분만 융합되어 있다. 상위자방이며, 중축태좌이지만 열매가 성숙함에 따라 개개의 심피가 분리된다. 주두는 두상이거나 결각이 심하게 지기도 한다. 배주는 자실 당 한 개가 있다. 밀선 디스크가 있다. 하지만 *Leitneria*속에서는 없다. 열매는 시과가 뭉쳐서 나거나, 마르거나 육질상의 핵과이다. 내배유는 없는 편이다(Judd *et al.*, 2008).

소태나무과에는 21속 100종이 있으며, 열대 또는 아열대 지역에 널리 분포하고 온대 지역에도 몇 속이 분포한다. 주요 속으로는 *Simaba*속(30종), 가죽나무속(*Ailanthus* 15종) *Castela*속(12종) 등이 있다(Judd *et al.*, 2016).

>표 9–37. 한국에 생육하는 소태나무과 주요 종의 학명과 향명
(속명의 알파벳 순서로 정리. 학명 앞 *표시는 도입종)

Simaroubaceae 소태나무과 Tree of Heaven Family
Ailanthus altissima (Mill.) Swingle 가죽나무 Tree of Heaven
Picrasma quassioides (D. Don) Benn. 소태나무 Bitterwood

상위국화군 SUPERASTERIDAE

단향목, 석죽목, 국화군(층층나무목 + 진달래목 + 핵심국화군)을 포함하는 그룹으로서, 이 교재에서는 석죽목과 국화군을 한국에서 생육하는 수목을 중심으로 간단하게 알아본다.

석죽목 Caryophyllales

위성류과[Tamaricaceae]

위성류과 식물은 교목이거나 관목이며, 네 속에 78종에서 100종 정도가 포함된다. 유라시아와 아프리카 자생종이며, 80종 정도의 종이 들어 있는 위성류속(*Tamarix*)은 재배되어 여러 종이 자생지가 아닌 지역에서 귀화되었다(Hardin *et al.*, 2001; 이창복, 2007). 가늘고, 곧추서며 옆으로 퍼지거나 처지는 가지를 가지는 염생식물(halophytes)과 건생식물(xerophytes)이다(Hardin *et al.*, 2001).

잎은 단엽으로서 호생하고 작으며 인형이다. 잎이 가느다란 소지에 밀착하여 나기 때문에 겉씨식물의 향나무속 식물과 조금 흡사하게 보인다. 탁엽은 없다. 상록성 또는 낙

엽성이다. 소금을 내는 선점이 있다. 많은 가지는 가을에 잎과 함께 낙지하는 특징을 가지고 있다(Hardin *et al.*, 2001).

위성류과 식물의 꽃은 개개의 꽃으로는 작고 미미하지만 화서가 화려하다. 완전화이며, 꽃받침잎과 꽃잎, 수술은 4-5개이다. 한국에서 식재하는 위성류(*Tamarix chinensis* Lour.)는 꽃이 5수이고, 미국의 캘리포니아에 식재하는 소화위성류(small-flower tama-risk; *T. parviflora* DC.)는 꽃이 4수이다. 상위자방이고 색깔은 흰색에서 분홍색이다. 가느다란 총상화서 또는 원추화서에 뭉쳐난다. 봄과 여름에 각각 꽃이 피며, 봄에 피는 꽃에서는 열매가 맺지 않고 여름에 피는 꽃에서 열매가 맺는 특성이 있다. 충매화이고 밀원식물의 가치를 가지고 있다. 열매는 털이 있는 삭과이고 씨앗은 바람에 의해 분산된다(Hardin *et al.*, 2001).

>표 9–38. 한국에 생육하는 위성류과 주요 종의 학명과 향명
(속명 앞 *표시는 도입종을 의미함)

Tamaricaceae 위성류과 Tamarisk Family
Tamarix chinensis Lour. 위성류   saltcedar
Tamarix parviflora DC. 소화위성류   smallflower tamarisk

A: 위성류 원추화서 일부 B: 위성류 성상

C: 위성류 화서 일부와 엽서

D: 소화위성류 화서

E: 소화위성류 화서 확대(4수성 꽃)

F: 엽서

>사진 9–42. **위성류과**(Tamaricaceae).
A–C: 위성류(*Tamarix chinensis*), D–F: 소화위성류(*T. parviflora*).

국화군 ASTERID CLADE

진정쌍자엽식물군 중에서 이 국화군은 크고 상당히 분화된 아군으로서 꽃잎이 합생된 즉 통꽃으로 되어 있다는 의미로 'sympetalae'라고도 불린다. 이 그룹의 단계통성은 *rbcL*, *atpB*, *ndhF*, *matK*, 18S rDNA 염기서열 형질에 기준하여 지지되고 있다(Albach *et al.*, 2001a, b; Bremer *et al.*, 2002; Chase *et al.*. 1993; Hilu *et al.*, 2003; Olmstead *et al.*, 2000; Savolainen *et al.*, 2000a, b; Soltis *et al.*, 2000, 2005). 또한 성인적 상동(成因的 相同; 배(胚)의 같은 발생 능력이 있는 부분이 같은 환경 아래서 같은 형태·구조가 생기는 일)이라 할지라도 배주의 주피가 단 한 개로 되어있고, 대포자낭의 벽이 얇은 것이 단계통성을 뒷받침하기도 한다. 순환 모노테페노이드(cyclic monoterpenoid) 일종인 이리도이드(배당체; iridoids)가 넓게 분포하는 것도 공동파생형질의 하나이다(Judd *et al.*, 2008).

이 그룹에는 '층층나무목', '진달래목', '핵심국화군(Core Asterids; 꿀풀군 + 초롱꽃군)'이 속한다(Judd *et al.*, 2016).

층층나무목 Cornales

층층나무과[Cornaceae Berchtold & Presl; Dogwood Family]

층층나무과의 성상은 보통 교목이나 관목이며 흔히 배당체(iridoids)를 가지고 있다. 모상체는 흔히 석회화되어(calcified) 중간에 붙어있고, Y-형 또는 T-형이다(Judd *et al.*, 2008).

층층나무과 식물의 잎은 대생이고, 드물게 호생(층층나무)이기도 하며 나선상으로 배열한다. 단엽이며 흔히 전연이지만 때로 거치가 있기도 한다. 엽맥은 우상맥이거나 다소 장상맥이기도 한다. 2차맥이 엽연쪽으로 보통 부드럽게 아치모양(arching)을 이루거나 고리모양을 이루는 특징을 보인다. 탁엽은 없다(Judd *et al.*, 2008).

산딸나무 꽃공식(floral formula of *Cornus kousa*)

*, 4 , 4 , ④ , 2-3 , 다화과상 핵과

충충나무과 식물의 화서는 유한화서이고, 가지의 끝에 난다. 산딸나무에서 처럼 때로 크고 화려한 포가 연관되어 있기도 하여, 일반인들이 이 포를 꽃잎으로 착각하는 수가 있다. 꽃은 양성화 또는 단성화로 자웅동주 또는 자웅이주이다. 화관이 방사대칭이다. 꽃받침잎은 흔히 4-5개이고, 이생 또는 합생이며, 흔히 작은 거치가 있거나 가끔 없기도 한다. 꽃잎은 흔히 4-5개이며, 다소 이생인 편이며, 복와상 또는 판상이다 수술은 4-10개이고 화사는 이생이다. 화분립은 보통 삼공구형이다. 발아구에 H-형의 얇은 구간이 있다. 심피는 보통 2-3개가 합생되고, 때로는 단심피로 보이기도 한다. 자방은 하위자방이며, 중축태좌이다. 축에는 관다발이 없고, 각 격막의 위쪽 너머에 아치모양을 이루는 관다발에 대신 배주가 붙어있다. 주두는 보통 두상형이거나, 결각이 있거나 길게 되어 있다. 배주는 각 자실 당 한 개가 있고 정단에 붙어있다. 주피는 한 개로 되어 있고 대포자낭벽은 얇거나 두껍다. 밀선 디스크는 자방 꼭대기에 있다. 열매는 핵과이고 과일 내 핵(pit)은 한 개에서 여러 개이고, 길쭉하게 융기하거나 날개가 있고, 얇은 부분이 있다. 즉, 이 얇은 부분은 발아가 되는 판(valves)이며, 때로 불분명한 경우도 있다(Judd *et al.*, 2008).

충충나무과에는 APG III 분류(Judd *et al.*, 2008)에서는 7속 110종이었으나, *Mastixia*속(20종), 닛사속(*Nyssa* 10종) 등을 이 과에서 제외시킴으로써 지금 APG IV 분류(Judd *et al.*, 2016)에서는 산딸나무속(*Cornus* 65종)과 박쥐나무속(*Alangium* 21종)만을 포함하여 2속 86종으로 축소 조정이 되었다.

>표 9-39. 한국에 생육하는 층층나무과 주요 종의 학명과 향명
(속명의 알파벳 순서로 정리, 어둔 바탕에 표기된 종은 개명이 된 경우임)

Cornaceae 층층나무과 Dogwood Family

Alangium platanifolium (Siebold et Zucc.) Harms
단풍박쥐나무 (formerly in Alangiaceae) Palmate-leaf alangium

Alangium platanifolium var. *trilobum* (Miq.) Ohwi 박쥐나무 Trilobed-leaf alangium

Cornus alba L. 흰말채나무 Red-bark dogwood

Cornus controversa Hemsl. 층층나무 Wedding cake tree

Cornus kousa F. Buerger ex Hance 산딸나무 Korean dogwood

Cornus macrophylla Wall. 곰의말채 Large-leaf dogwood

Cornus officinalis Siebold et Zucc. 산수유 Cornelian cherries

Cornus walteri Wangerin 말채나무 Walter's dogwood

A: 곰의말채 성상

B: 층층나무 엽서

C: 층층나무 화서 일부

D: 산딸나무 화서

E: 산수유 화서

F: 산수유 핵과   G: 층층나무 핵과   H: 다화과상 핵과

>사진 9-43. **층층나무과**(Cornaceae).
A: 곰의말채(*Cornus macrophylla*), B, C, G: 층층나무(*C. controversa*),
D, H: 산딸나무(*C. kousa*), E-F: 산수유(*C. officinalis*).

수국과[Hydrangeaceae Dumortier; Hydrangea Family]

수국과의 성상은 관목, 소교목, 목본성 덩굴 또는 초본이며, 흔히 타닌, 배당체 (iridoids), 알루미늄, 속정(束晶) 결정체(raphide crystals)를 가지고 있다. 모상체는 흔히 단순하게 나온다(Judd *et al.*, 2008).

수국과 식물의 잎은 흔히 대생하고, 단엽이지만 때로 결각이 지고, 엽연은 전연이거나 거치를 가지고 있다. 엽맥은 우상맥 또는 장상맥이며, 탁엽은 없다(Judd *et al.*, 2008).

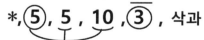

말발도리 꽃공식(floral formula of *Deutzia parviflora*)
*, ⑤ , 5 , 10 , ③ , 삭과

수국과 식물의 화서는 유한화서로서 흔히 산방화서이고 가지 끝이나 엽액에 난다. 꽃은 양성화이고 화관이 방사대칭이다. 화서의 가장자리에 있는 꽃들은 때로 불임(장식화)이고 꽃잎처럼 커진 꽃받침잎들이 있다. 꽃받침잎은 보통 4-5개로 합생되었고, 결각이 흔히 축소되어 있다. 꽃잎은 4-5개로 이생이며 복와상이고 한쪽으로 감기거나 또는 판상이다. 수술은 8-10 또는 다수이며, 화사는 이생이거나 약간 합생되어 있다. 화

분립은 삼구형 또는 삼공구형이다. 심피는 보통 2-5개가 합생되어 있고 자방은 하위 또
는 중위자방이다. 자방은 흔히 주름져 있다. 중축태좌 또는 안으로 깊숙이 들어 간 측
벽태좌이다. 주두는 2-5개로 흔히 길다. 배주는 각 태마다 몇 개에서 다수가 있으며, 주
피는 하나이고 대포자낭벽이 얇다. 밀선 디스크가 자방 위에 있다. 열매는 포배개열
(loculicidal) 또는 포간개열(septicidal)의 삭과이고 씨앗은 흔히 날개를 가지고 있는 특
징을 보인다(Judd *et al.*, 2008).

수국과에는 17속 220종이 있고, 널리 분포되어 있으며, 특히 북반구의 온대와 아열대
지역에서 특징적이다. 수국과의 주요 속으로는 고광나무속(*Philadelphus* 80종), 말발
도리속(*Deutzia* 60종), 수국속(*Hydrangea* 30종) 등이 있다(Judd *et al.*, 2016).

>표 9–40. 한국에 생육하는 수국과 주요 종의 학명과 향명
(속명의 알파벳 순서로 정리. 어둔 바탕에 표기된 종은 개명이 된 경우임. 학명 앞 *표시는 도입종)

Hydrangeaceae 수국과 Hydrangea Family
Deutzia glabrata Kom. 물참대 Glabrous deutzia
Deutzia grandiflora var. *baroniana* Diels 바위말발도리 Large-flower deutzia
Deutzia paniculata Nakai 꼬리말발도리 Panicled Korean deutzia
Deutzia parviflora Bunge 말발도리 Mongolian deutzia
Deutzia uniflora Shirai 매화말발도리 Korean deutzia
Hydrangea anomala subsp. *petiolaris* (Seibold et Zucc.) E. M. McClint. 등수국
Hydrangea macrophylla (Thunb.) Seringe subsp. *macrophylla* 수국
Hydrangea macrophylla subsp. *serrata* (Thunb.) Makino 산수국
*Hydrangea paniculata Siebold 나무수국 panicled hydrangea
Philadelphus koreanus Nakai 양덕고광나무 Yangdeok mock orange
Philadelphus koreanus var. *robustus* (Nakai) W.T. Lee 왕고광나무 Robust Korean mock orange
Philadelphus pekinensis Rupr. 애기고광나무 Beijing mock orange
Philadelphus tenuifolius var. *schrenkii* (Rupr.) Vassiljev 고광나무

Philadelphus tenuifolius Rupr et Maxim. var. *tenuifolius* 얇은잎고광나무

Schizophragma hydrangeoides Siebold et Zucc. 바위수국 Rocky hydrangea vine

---

진달래목 Ericales

매화오리나무과[Clethraceae Klotzch; Clethra Family]

매화오리나무과 식물은 낙엽성 또는 상록성 관목, 또는 소교목이며, 흔히 성상모를 가진다(Cronquist, 1981).

매화오리나무과 식물의 잎은 호생하고 단엽이며, 엽연에는 거치가 있고 때로는 전연이기도 한다. 잎의 기공은 대부분 평행형(paracytic)이지만 때로는 불균등형(anisocytic) 또는 불규칙형(anomocytic)이기도 한다. 탁엽은 없다(Cronquist, 1981).

매화오리나무과 꽃공식(floral formula of Clethraceae)

*, K⑤-⑥ , C5-6, A10-12, G③, 삭과

매화오리나무과 식물의 꽃은 가지의 끝에 총상화서 또는 원추화서로 나고, 완전화이며 화관은 방사대칭이고 상위자방이며 5수 내지는 6수이다. 즉 꽃받침잎은 5-6개이고 합생되어 통을 이루고 있으며 끝까지 남아 있다. 꽃잎도 5-6개로서 이생이고, 복와상이다. 수술은 10-12개이고 동심원 두 개로 배열된다. 수술은 이생이며 꽃잎의 기부에 약간 측착되기도 한다. 약은 네 개의 소포자낭으로 되어있고 화분립은 단립으로 나오며 두 개의 핵이 들어 있고, 삼공구형이다. 밀선 디스크는 없지만 자방의 기부에 단물이 생성되기도 한다. 심피는 세 개가 합생되어 새 개의 자실을 갖게 된다. 열매는 포배개열의 삭과이며, 씨앗은 다수이고 흔히 날개가 달려있다. 짧은 통형의 쌍자엽 배가 잘 발달되고, 내배유는 기름기가 있고, 종의는 한 개의 세포층으로 되어 있고 매우 얇다. X는 8이다(Cronquist, 1981).

매화오리나무과는 단일 속(매화오리나무속; *Clethra*)으로 되어 있으며 65종이 있다. 남아메리카의 열대지역에서 멕시코와 미국 남동부, 동아시아의 열대와 아열대 등지에 분포하는 것으로 알려져 있다(Cronquist, 1981).

>표 9–41. 한국에 생육하는 매화오리나무과 매화오리나무의 학명

Clethraceae 매화오리나무과

Clethra barbinervis Siebold et Zucc. 매화오리나무 Tree clethra

감나무과[Ebenaceae Gurcke; Ebony Family]

감나무과는 교목 또는 관목상의 식물이다. 단엽이고 엽연은 전연이며, 호생 또는 드물게 대생하기도 한다. 탁엽은 없다(이유성, 이상태, 1996).

감나무 꽃공식(floral formula of *Diospyros kaki*)
양성화 또는 단성화, 자웅동주 또는 자웅이주
암꽃: *, ④, ④, 4-∞, ④, 장과
수꽃: *, ④, ④, ∞, 0

감나무과 식물의 꽃은 엽액에 한 개에서 여러 개의 꽃이 취산화서로 달린다. 꽃은 규칙적이고, 대개는 단성화이고 주로 자웅이주이다. 꽃받침잎과 꽃잎은 3-7개가 각각 합생하며, 꽃받침잎은 끝까지 남는 특징을 보인다. 수술은 화관통 기부에 붙어 있거나 화탁에 바로 나며, 일반적으로 화관 수의 두 배로서 2륜 배열을 하고 약은 종개(縱開) 또는 드물게 공개하기도 한다. 상위자방이며, 심피는 (2)3-8(10)개가 합생하고, 태좌는 정단태좌 또는 중축태좌를 이룬다. 화주는 보통 4개로 깊게 갈라진다. 배주는 자방실 마다 1-2개 정도이고 도생배주이다. 열매는 장과이며 씨앗의 배유는 풍부하고 단단한 특징을 보인다(이유성, 이상태, 1996).

감나무과에는 4속 500종이 있으며, 열대지방에 분포하고 몇 종은 온대지방까지 확대되어 분포한다. 감나무속(*Diospyros* 480종)이 주요 속이다(Judd *et al.*, 2008). 한반도에서는 감나무(*D. kaki*)와 고욤나무(*D. lotus*)가 널리 재배되고 있다. 이 과의 많은 종들이 경제적으로 중요한 목재용으로 사용되고 장과 열매인 감은 식용한다. 잎은 낙엽성임에도 불구하고 혁질상이며, 단성화이고 합판화관에 수술이 붙어 있고 격벽으로 자방실이 완전히 나뉘고 자실 당 1개 또는 2개의 배주가 있는 것이 인식 형질이다(이유성, 이상태, 1996).

>표 9-42. 한국에 생육하는 감나무과 주요 종의 학명과 향명

Ebenaceae 감나무과 Ebony Family
Diospyros kaki Thunb. 감나무 Oriental persimmon
Diospyros lotus L. 고욤나무 Date-plum

진달래과[Ericaceae A. L. de Jussieu; Heath Family]

진달래과 식물은 상록성 또는 낙엽성 관목, 교목 또는 목본성 덩굴이고 초본은 매우 드물다. 단엽이며, 호생, 대생 또는 윤생이고, 잎이 아주 작고 뾰족하게 변하기도 한다. 탁엽은 없다(이유성, 이상태, 1996).

정금나무 꽃공식(floral formula of *Vaccinium oldhamii*)

$$*, \widehat{4\text{-}5}, \underbrace{\widehat{5}, 10}, \overline{\widehat{4\text{-}5}}, \text{장과}$$

진달래과 식물의 꽃은 정생하거나 총상화서로 달리고, 두 장의 포가 감싼다. 완전화이고 보통 상위자방이거나 중위자방 또는 하위자방(산앵도속; *Vaccinium*)이기도 한다. 꽃받침잎과 꽃잎은 3-7장이나 주로 4-5장이고, 꽃잎의 밑부분이 합생되어 있다. 화관이 종형 또는 단지형을 이룬다. 수술은 화관 수의 2배수가 이륜으로 나고 서로 이생하며, 약은 화사(수술대)에 측착하거나 저착한다. 정단부위에서 공개하여 화분이 나오게 된다

(이유성, 이상태, 1996). 화분은 사립(tetrad; 감수분열 후에 분리되지 않고 네 개가 한 그룹으로 뭉쳐있는 화분)이지만, 때때로 단립으로 나오기도 한다. 화분에는 원극면에 점사(粘絲; viscin thread)가 있는 것이 독특하며, 수분이 효과적으로 이뤄지는데 유리한 작용을 할 수 있을 것이다(Park and Song, 2010). 심피는 2-10개가 있고 흔히 4-5개로 합생되어 있고 태좌는 중축태좌이다. 열매는 포간개열이나 포배개열의 삭과, 장과(산앵도나무속) 또는 핵과이다(Judd et al., 2008). 씨앗의 배는 곧으며, 잘 발달된 배유에 있다(이유성, 이상태, 1996).

진달래과에는 124속 4,100종이 있으며, 전 세계에 걸쳐 분포하며 특히 열대 산악지대, 남아프리카, 북아메리카 동부, 동아시아, 호주에서 흔히 나타나며, 산성토양에서 태양빛을 받아 잘 자란다. 주요 속으로는 에리카속(Erica 860종), 진달래속(Rhododendron 850종), 산앵도속(Vaccinium 740종) 등이 있고(Judd et al., 2016), 한반도에는 진달래, 철쭉, 만병초 등 10속 24종 정도가 자생하고 있다.

>표 9–43. 한국에 생육하는 진달래과 주요 종의 학명과 향명
(속명의 알파벳 순서로 정리. 어둔 바탕에 표기된 종은 개명이 된 경우임)

Ericaceae 진달래과 Heath Family
Andromeda polifolia f. *acerosa* C. Hartm. 장지석남 Needle-leaf bog rosemary
Arctous ruber (Rehder & E. H. Wilson) Nakai 홍월귤 Red-fruit bearberry
Chamaedaphne calyculata (L.) Moench 진퍼리꽃나무 Leatherleaf
Empetrum nigrum L. 시로미
Enkianthus campanulatus (Miq.) G. Nicholson 등대꽃
Enkianthus perulatus C. K. Schneid. 단풍철쭉
Phyllodoce caerulea (L.) Bab. 가솔송 Blue maountain-heath
Rhododendron aureum Georgi 노랑만병초 Yellow-flower rosebay
Rhododendron brachycarpum D. Don ex G. Don 만병초 Short-fruit rosebay
Rhododendron dauricum L. 산진달래 Dahurian rhododendron

Rhododendron lapponicum (L.) Wahlenberg 황산차

Rhododendron micranthum Turcz. 꼬리진달래 Spike rosebay

Rhododendron mucronulatum Turcz. 진달래 Korean rhododendron

Rhododendron redowskianum Maxim. 좀참꽃 Cute azalea

Rhododendron schlippenbachii Maxim. 철쭉꽃 Royal azalea

Rhododendron tomentosum Harmaja 백산차

Rhododendron tschonoskii Maxim. 흰참꽃 White chick azalea

Rhododendron weyrichii Maxim. 참꽃나무 Weyrich's azalea

Rhododendron yedoense f. *poukhanense* (H. Lév.) M. Sugim. ex T. Yamaz.
산철쭉 Korean azalea

Vaccinium bracteatum Thunb. 모새나무 Sea blueberry

Vaccinium hirtum var. *koreanum* (Nakai) Kitam. 산앵도나무 Korean blueberry

Vaccinium japonicum Miq. 산매자나무 Mountain blueberry

Vaccinium oldhamii Miq. 정금나무 Oldham's blueberry

Vaccinium oxycoccus L. 애기월귤 Swamp blueberry

Vaccinium uliginosum L. 들쭉나무 Bog blueberry

Vaccinium vitis-idaea L. 월귤 Cowberry

A: 정금나무 엽서와 화서

B: 정금나무 화서 일부

C: 정금나무 꽃　　　　　D: 등대꽃 화서　　　　　E: 등대꽃

F: 등대꽃류 화서　　　　　G: 칼미아 화서　　　　　H: 마취목류 화서

>사진 9-44. **진달래과**(Ericaceae).
A-C: 정금나무(*Vaccinium oldhamii*), D-E: 등대꽃(*Enkianthus campanulatus*), F: 페룰라투스등대꽃(*E. perulatus*),
G: 칼미아(*Kalmia latifolia*), H: 마취목류(*Pieris formosa* var. *forresti*).

A: 만병초류 성상　　　　　B: 만병초류 화서

C: 홍황철쭉 화서   D: 자바니쿰만병초 화서

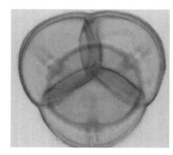
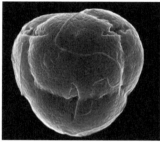

E: 좀참꽃 LM 사립화분   F: 좀참꽃 SEM 사립화분   G: 진달래 삭과

>사진 9-45. **진달래과**(Ericaceae) **진달래속**(*Rhododendron*).
A–B: 만병초류(*Rhododendron arboretum*), C: 홍황철쭉(*R. japonicum*), D: 자바니쿰만병초(*R. javanicum* var. *javanicum*), E–F: 좀참꽃(*R. redowskianum*), 점사가 관찰됨(Park and Song, 2010), G: 진달래(*R. mucronulatum*).

펜타필락스과[Pentaphylacaceae Engler & Prantl; Pentaphylax Family]

펜타필락스과 식물은 상록성의 관목 또는 소교목으로서 알루미늄을 축적한다. 잎은 호생하며, 단엽이고, 엽연은 전연이다. 가죽질이며 엽맥은 우상맥이다. 잎의 표피가 점액을 분비하며(mucilaginous), 평행형기공(平行型氣孔; paracytic stoma)을 가지고 있다. 탁엽은 없다(Cronquist, 1981).

펜타필락스과 꽃공식(floral formula of Pentaphylacaceae)
∗, 5 , 5 , 5 ,⑤, 삭과, 장과

펜타필락스과 식물의 꽃은 소화경이 짧게 엽액이나 가지의 끝에 총상화서로 난다. 불임성 꽃을 가지는 경향이 있으며, 크기가 작고, 완전화이다. 상위자방이며, 5수라는 것이 독특하다. 꽃받침잎, 꽃잎, 수술, 심피가 모두 각각 5개이다. 소포 한 쌍이 악(calyx)에 붙어 있고, 이생의 꽃받침잎은 끝까지 남아 있는 특징을 보인다. 꽃잎은 이생으로 복와상이다. 수술도 이생하며, 꽃잎과 호생하여 배열한다. 화사는 두껍고 확대된다. 화분립은 삼공구형이다. 심피 다섯 개가 합생하여 5개의 자실을 갖는다. 배주는 각 자실 당 중축 태에 두 개씩 매달린다. 열매는 목질상의 삭과 또는 장과이며, 씨앗에 다소 날개가 달리고 내배유는 거의 없다. 말발굽 모양으로 된 쌍자엽의 배가 들어 있다(Cronquist, 1981).

전통적으로 차나무과에 속했던 후피향나무속(*Ternstroemia*)과 사스레피나무속(*Eurya*)속은 나중에 후피향나무과(Ternstroemiaceae)로 분류되었다가, 지금은 펜타필락스속(*Pentaphylax*)과 더불어 펜타필락스과의 대표 속이 되었다(Judd *et al.*, 2008, 2016).

>표 9–44. 한국에 생육하는 펜타필락스과 주요 종의 학명과 향명
(속명의 알파벳 순서로 정리)

Pentaphylacaceae 펜타필락스과
Eurya emarginata (Thunb.) Makino 우묵사스레피나무 Emarginate eurya
Eurya japonica Thunb. 사스레피나무 East Asian eurya
Ternstroemia gymnanthera (Wight et Arn.) Spargue 후피향나무 Naked-anther ternstroemia

앵초과[Primulaceae Batsch ex Borkhausen; Primrose Family]

앵초과 식물은 1년생이거나 흔히 다년생의 초본, 드물게 반관목상으로 나온다. 단엽이며, 엽연은 전연이고 엽서는 대생 또는 윤생이며 드물게 호생 또는 줄기 기부에 모여 달리는 특성이 있다. 보통 검은 선점(腺點)이 있고, 탁엽은 없다(이유성, 이상태, 1996).

산호수 꽃공식(floral formula of *Ardisia pusilla*)

$$*, ⑤, ⑤, 5, ⑤, 핵과$$

앵초과 식물의 꽃은 다양한 화서 즉, 원추화서, 산형화서, 총상화서, 두상화서, 단정화서로 나오며, 완전화이고 화관이 방사대칭이다. 흔히 이화주성(異花柱性; heterostylous)의 특징을 가지고 있다. 5수성의 꽃받침잎과 꽃잎이 각각 합생하며, 수술은 꽃잎의 수 만큼 꽃잎에 대생하여 붙는다. 기능을 하는 진짜 수술 사이에 기능을 하지 않는 헛수술이 있기도 한다. 약은 내향약이고, 종개(縱開) 또는 공개(孔開)한다. 화분립에는 두 개의 핵이 들어 있고(2핵성), 삼공구형, 5-8구형, 또는 3-10공형의 발아구를 갖는다. 5개의 합생심피, 상위자방 내지 중위자방이다. 태좌는 독립중앙태좌이다. 열매는 삭과, 핵과 또는 장과이고, 씨앗은 곧고 가늘고 짧은 배가 약간 딱딱한 배유에 매몰되어 있다(Judd *et al.*, 2008; 이유성, 이상태, 1996).

앵초과에는 57속 2,150종이 있고, 온대에서 열대에 걸쳐 넓게 분포한다. 주요 속으로는 앵초속(*Primula* 550종), 산호수속(*Ardisia* 300종) 등이 있으며(Judd *et al.*, 2016), 한반도에는 까치수염(*Lysimachia barystachys*)을 비롯한 10종의 까치수염속 식물과 2종의 앵초속, 6종의 봄맞이속(*Androsace*)이 있고, 반관목으로는 산호수(*Ardisia pusilla*) 등이 있다.

> 표 9-45. 한국에 생육하는 앵초과 주요 종의 학명과 향명
(속명의 알파벳 순서로 정리. 어둔 바탕에 표기된 종은 개명이 된 경우임)

Primulaceae 앵초과
Ardisia crenata Sims 백량금 Christmas berry
Ardisia japonica (Thunb.) Blume 자금우 Marlberry
Ardisia pusilla DC. 산호수 Tiny ardisia
Maesa japonicus (Thunb.) Moritzi et Zoll. 빌레나무 Broad flat rock tree

때죽나무과[Styracaceae Dumortier; Storax Family]

때죽나무과 식물은 교목 또는 관목상으로 나오며, 잎은 단엽이고 호생이며, 엽연은 전연이거나 또는 거치가 있으며, 탁엽은 없다(이유성, 이상태, 1996).

때죽나무과 꽃공식(floral formula of Styracaceae)

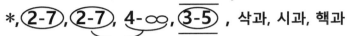

*, (2-7), (2-7), 4-∞, (3-5) , 삭과, 시과, 핵과

때죽나무과 식물의 화서는 원추화서, 총상화서, 취산화서 또는 단정화서이고, 대부분이 완전화이지만 단성화도 있다. 화관은 방사대칭이다. 꽃받침잎은 주로 4-5장이 관을 이루고 꽃잎은 2-5장이 대부분 기저 부분이 주로 합생한다. 수술은 꽃잎 수의 2-4배수로 나오고 꽃잎과 호생하여 배열한다. 화사는 화관통에 붙어 있거나 간혹 화탁에 직접 달리기도 한다. 약은 선형이고 공개(孔開)한다. 화분립은 2핵성이고 삼공구형의 발아구를 갖는다. 심피는 (2)3-5개가 합생하고 상위자방이거나 하위자방이다. 태좌는 중축태좌이다. 자방의 위쪽은 자방실이 터져서 연결된다. 열매는 보통 삭과이고 간혹 시과나 핵과상으로 나오기도 한다. 씨앗은 많고, 씨앗 안에 지방성 배유를 가지며, 배는 곧거나 휘며 자엽은 넓게 나온다(이유성, 이상태, 1996; Cronquist, 1981).

때죽나무과에는 약 10속 150종이 있고, 주요 속으로는, 120종 정도가 있는 때죽나무속(*Styrax*)이며, 주로 미국 중부에서 북아르헨티나, 지중해 지역, 동남 아시아 지역에 분포하고 있다. 한반도에는 때죽나무속 식물 석 종이 자라고 있다. 인식형질로는 꽃받침잎과 꽃잎, 잎, 소지에 성상모(星狀毛)가 있다는 것이며, 수술이 1열로 나고, 화주가 한 개라는 것이다(이유성, 이상태, 1996).

>표 9-46. 한국에 생육하는 때죽나무과 주요 종의 학명과 향명
(종소명의 알파벳 순서로 정리. 어둔 바탕에 표기된 종은 개명이 된 경우임)

Styracaceae 때죽나무과 Storax Family

Styrax japonicus Siebold et Zucc. 때죽나무 Snowbell tree
Styrax obassis Siebold et Zucc. 쪽동백나무 Fragrant snowbell
Styrax shiraianus Makino 좀쪽동백나무 Jirisan snowbell

A: 때죽나무 화서

B: 때죽나무 화서 일부분

C: 때죽나무 꽃

D: 때죽나무 핵과

E: 쪽동백나무 화서

F: 쪽동백나무 엽서

G: 때죽나무 엽서

>사진 9-46. 때죽나무과(Styracaceae).
A-D, G: 때죽나무(*Styrax japonicus*), E-F: 쪽동백나무(*S. obassis*).

노린재나무과[Symplocaceae Desfontaines; Sweetleaf Family]

노린재나무과 식물은 상록성 또는 드물게 낙엽성 교목 또는 관목이며, 모상체는 없거나 다세포형이다. 잎의 기공은 대부분 평행형기공(平行型氣孔; paracytic stoma)이고 탁엽은 없다(Cronquist, 1981). 잎은 호생하며 단엽이고 뻣뻣하다. 잎이 흔히 단맛이 나기 때문에 영어 향명으로 과명을 'Sweetleaf Family'라고 부른다.

노린재나무과 꽃공식(floral formula of Symplocaceae)
*, ③-⑤, ③-⑪, 4-∞, ②-⑤, 핵과

노린재나무과 식물의 화서는 총상화서 또는 드물게 수상화서, 원추화서, 밀산화서 또는 단정화로 나온다. 포(bract) 한 개와 소포(bracteoles) 두 개가 관여한다. 악(calyx)은 3-5개로서 기부가 합생되었고, 판상 내지는 복와상이다. 화관은 보통 5개이지만 3-11개까지 나오고 기부가 합생하여 짧은 통부를 형성한다. 복와상으로 배열하고 때로는 다소 2륜으로 이생 배열하기도 한다. 수술은 12에서 다수로 나지만 4개부터 나오기도 한다. 수술이 화관의 기부에 측착되어 있다. 약은 짧고 넓다. 화분립은 2핵상이며, 대부분이 단구형(oblate)이고 세 개의 매우 짧은 구(colpi)가 있고 화분외벽의 표면무늬는 다양하다. 심피는 2-5개가 합생되었으며 하위자방 또는 드물게 중위자방이다. 배주는 각 자실당 2-4개가 있고 열매는 악의 결각에 둘러싸인 핵과이다. 씨앗의 내배유는 큰 편이고, 배는 곧거나 또는 휘고, 자엽은 매우 짧은 편이다. X=11-14(Cronquist, 1981).

노린재나무과는 단일 속인 노린재나무속(*Symplocos*)으로 구성되어 있으며, 300-400종이 있다. 아메리카의 습윤한 열대에서 아열대 지역에 넓게 분포하며, 아시아의 남동쪽과 인도, 인도차이나, 동인도 제도에도 분포하지만, 아프리카나 서아시아와 유럽에서는 나지 않는다(Cronquist, 1981).

>표 9-47. 한국에 생육하는 노린재나무과 주요 종의 학명과 향명
(종소명의 알파벳 순서로 정리, 어두운 바탕에 표기된 종은 개명이 된 경우임)

Symplocaceae 노린재나무과

Symplocos coreana (H. Lév.) Ohwi 섬노린재 Korean sweetleaf

Symplocos prunifolia Siebold. et Zucc. 검은재나무 Cherry-leaf sweetleaf

Symplocos sawafutagi Nagamasu 노린재나무 Asian sweetleaf

Symplocos tanakana Nakai 검노린재 Black sweetleaf

A: 노린재나무 화서

B: 검노린재 엽서

C: 검노린재 화서

D: 검노린재 꽃

| E: 노린재나무 꽃 | F: 노린재나무 엽서 | G: 노린재나무 핵과 열매 |

>사진 9-47. 노린재나무과(Symplocaceae).
A, E-G: 노린재나무(*Symplocos sawafutagi*), B-D: 검노린재(*S. tanakana*).

차나무과[Theaceae Mirbel ex Ker. Gawl; Tea Family]

차나무과 식물은 교목, 관목, 목본성 덩굴로 나오며, 잎은 보통 상록성이지만 노각나무(*Stewartia pseudocamellia*)처럼 낙엽성도 있다. 엽서는 보통 호생이지만 드물게 대생으로 나온다. 단엽이며, 거치가 있고 탁엽은 없다(이유성, 이상태, 1996).

동백나무 꽃공식(floral formula of *Camellia japonica*)

$$*, (5), (5), (\infty), \underline{3}, \text{삭과}$$

노각나무 꽃공식(floral formula of *Stewartia pseudocamellia*)

$$*, (5), (5), (\infty), \underline{5}, \text{삭과}$$

차나무과 식물의 꽃은 보통 하나의 꽃이 정생하거나 또는 엽액에 나지만, 간혹 원추화서 또는 총상화서로 나오기도 한다. 양성화이다. 악과 화관은 모두 각각 5장으로 되었고 복와상이며, 이생이거나 기부가 약간 합생되어 있다. 수술은 다수가 원심적인 배열을 하며, 때로는 다섯 묶음씩 다발 져서 꽃잎에 대생으로 마주 붙는다. 심피는 3-5개가 합생하여 중축태좌를 이룬다. 화분립은 삼공구형이다(이유성, 이상태, 1996). 한국에서 생육하는 차나무(*Camellia sinensis*)의 화분은 적도면 입상이 대부분 아장구형(subprolate)이고, 삼약공구형이며, 외벽은 난선상(rugulate)이다(Song *et al.*, 2008). 열매는 다소 포배개열의 삭과로 나오며 씨앗은 흔히 납작하거나 또는 날개가 있고 배유는 없거나 거의 없고, 큰 배가 있다(Judd *et al.*, 2008).

차나무과에는 9속 300종이 있고, 온대와 열대 지역에 널리 분포한다. 주요 속으로는 동백나무속(*Camellia* 100종), 고도니아속(*Gordonia* 60종), 노각나무속(*Stewartia* 30종) 등이 있다(Judd *et al.*, 2008). 한반도에는 동백나무(*Camellia japonica*), 차나무(*C. sinensis*) 등이 있다.

>표 9–48. 한국에 생육하는 차나무과 주요 종의 학명과 향명
(속명의 알파벳 순서로 정리, 어둔 바탕에 표기된 종은 개명이 된 경우임)

Theaceae 차나무과 Tea Family
Camellia japonica L. 동백나무 Common camellia
Camellia sinensis (L.) Kuntze 차나무 Tea camellia
Cleyera japonica Thunb. 비쭈기나무 Japanese cleyera
Stewartia pseudocamellia Maxim. 노각나무 Korean stewartia

A: 동백나무 엽서와 꽃   B: 동백나무류 꽃

C: 애기동백 꽃　　　　　　　D: 애기동백 심피와 수술　　　　　E: 벌어진 삭과

F: 비쭈기나무 화서　　　　　　　　　　　G: 비쭈기나무 엽서

>사진 9-48. **차나무과**(Theaceae).
A, E: 동백나무(*Camellia japonica*), B: 동백나무 '그랜디플로라로시아'(*C. japonica* cv. Grandiflora Rosea),
C-D: 애기동백(*C. sasanqua*), F-G: 비쭈기나무(*Cleyera japonica*).

핵심국화군 Core Asterids

핵심국화군은 속씨식물의 마지막 그룹으로서 두 개의 큰 그룹인 꿀풀군(진정국화군 1)과 초롱꽃군(진정국화군 2)이 포함된다(Judd *et al.*, 2016).

꿀풀군 진정국화군 1: Euasterids 1; Lamiidae

식나무목[가리아목] Garryales

두충과[Eucommiaceae Engler; Eucommia Family]

두충과 식물은 낙엽성의 풍매화 교목이다. 잎은 호생하며 단엽이고 거치가 있다. 엽맥은 우상맥이고, 불규칙형 기공이다. 탁엽은 없다(Cronquist, 1981).

두충과 꽃공식(floral formula of Eucommiaceae)
단성화, 자웅이주

암꽃: x, -0- , 0 , ②, 시과

수꽃: *, -0- , 5-12 , 0

두충과 식물의 화서는 총상화서로 나고 단성화이며, 화피가 없는 것이 특징이다. 수꽃은 5-12개의 수술로 되어 있고 매우 짧은 화사를 가지고 있고 정단부에 약격이 튀어 나왔다. 약은 네 개의 소포자낭으로 되었고, 종단으로 열린다. 화분립은 2핵상이고 삼공구형이지만, 각각의 구에 공이 잘 발달되지는 않았다. 암꽃은 납작하고 하나의 자실로 되어 있는 자방이 한 개의 짧은 화주를 가지고 있다. 두 개의 다른 주두가 있다. 배주는 두 개가 있지만 하나만 성숙한다. 열매는 시과이고, 씨앗에는 큰 쌍자엽의 배가 내배유 안에 들어 있다. 2n=34(Cronquist, 1981).

두충과는 단일 속, 단일 종을 가지고 있으며 한국에는 중국에서 도입한 종인 두충 (*Eucommia ulmoides*)이 생육하고 있다. 잎이나 열매를 자르면 고무실 같은 흰색의 진 (gutta-percha)이 나오며, 잎을 차로 이용한다(이창복, 2007).

>표 9–49. 한국에 생육하는 두충과 두충의 학명과 향명
(*표시는 도입종 의미)

Eucommiaceae 두충과 Eucommia Family

Eucommia ulmoides Oliv. 두충

A: 두충 엽서

C: 성숙 중인 시과 열매

B: 성숙한 두충 시과 열매

D: 성숙한 시과

E: 흰 색 진

>사진 9–49. **두충과**(Eucommiaceae) **두충**(*Eucommia ulmoides*).
E: 잎이나 열매를 잘랐을 때 고무실 같은 흰색의 진(gutta–percha)이 나온다.

가리아과[Garryaceae Lindley; Silt Tassel Family]

가리아과 식물은 자웅이주의 상록성 관목 또는 교목이다. 엽서는 십자형 교호대생이다. 단엽이고 엽연은 전연 또는 아전연이고 엽맥은 우상맥이며, 혁질이며 상록성이다. 탁엽은 없다(Cronquist, 1981).

가리아과 꽃공식(floral formula of Garryaceae)
단성화, 자웅이주

암꽃: *, K0 or⌜2-4⌝, C0 or 2-4, A0, G⟨2-3⟩, 장과

수꽃: *, K0 or⟨4⟩, C0 or 4, A4, G0

가리아과 식물의 꽃은 크기가 작고 풍매화이며, 한 개씩 또는 2-3개가 함께 엽액에 유이화서로 난다. 화서는 보통 밑으로 처진다. 수꽃은 가느다랗고 끝이 보통 합생된 화피가 네 개가 있으며, 수술 네 개가 화피편과 호생하여 난다. 약의 밑 부분이 화사 끝에 붙는 저착(basifixed)이며, 약은 네 개의 소포자낭으로 되어 있고, 세로로 개열하여 화분이 나온다. 화분립은 2핵상이며 발아구는 3개에서 15개의 공구형으로 되어 있다. 화분의 외벽은 그물모양(reticulate pattern)이다. 암꽃은 퇴화한 2개의 화피가 화주의 기부에 부속물로 붙어 있거나 또는 없기도 한다. 심피는 2-3개가 합생하고 하위자방이다. 열매는 오랫동안 매달려 있으며, 두 개의 씨앗이 들어 있는 장과이다. 성숙하면 마르고 벽이 얇아지는 특징이 있다. X=11(Cronquist, 1981).

한국에서 자라는 식나무(*Aucuba japonica*)가 있는 식나무속은 층층나무과 안에 포함시켰다가 가리아과로 옮겨졌다(APG, 2009). 지금 가리아과에는 18종의 가리아속(*Garrya*)과 3종의 식나무속이 포함된다(Judd *et al*., 2016).

>표 9–50. 한국에 생육하는 가리아과 식나무의 학명

Garryaceae 가리아과
Aucuba japonica Thunb. 식나무 Spotted laurel

용담목 Gentianales

협죽도과[Apocynaceae A. L. de Jussieu; Milkweed Family]

협죽도과는 교목, 관목, 초본성으로 나오며, 흔히 덩굴성 식물이다. 드물게 다육질이고 크다. 협죽도과 식물은 유관이 잘 발달되어 있다. 잎은 단엽이고 전연이며 일반적으로 대생하지만 간혹 윤생하기도 한다. 탁엽은 없으며, 있다면 작게 나온다(이유성, 이상태, 1996).

마삭줄 꽃공식(floral formula of *Trachelospermum asiaticum*)
$$*, ⑤, ⑤, \underline{5}, \underline{2}, \text{골돌과}$$

협죽도과 식물의 화서는 취산화서, 총상화서 또는 단정화서로 달리며, 흔히 크고 완전화이다. 화관이 방사대칭이다. 심피를 제외하고는 (4)5수성이다. 꽃받침잎과 꽃잎은 각각 합생하고 화탁통에는 선편(腺片; glandular scale)이 있고, 화관은 누두상(漏斗狀) 또는 분상(盆狀)이다. 흔히 화관통 안에 부속체가 있으며, 이들은 때로 합생한다. 약은 종개하고 흔히 화살촉 모양이다. 수술과 호생하여 자방 기부에 밀선이 있다. 심피는 2개의 심피가 합생하거나 이생하는데, 심피가 8개까지 나오기도 한다. 배주는 두 개에서 다수이며, 중축태좌 또는 측벽태좌이다. 열매는 골돌과, 장과, 핵과이다. 종자는 가끔 술 같은 털이나 날개가 달린다. 드물게 육질 종피가 있고, 배유는 크고 주걱형으로 나온다(이유성, 이상태, 1996).

협죽도과 식물은 예전에 박주가리과(Asclepiadaceae)에 속했던 식물들을 포함하여 (Judd *et al.*, 2008), 384속 4,550종이 있으며, 열대와 아열대 지역에 넓게 분포하지만 몇 속은 온대지방까지 나오기도 한다. 주요 속으로는 금관화속(*Asclepias* 230종), 타베르나에몬타나속(*Tabernaemontana* 230종) 등이 있다(Judd *et al.* 2016). 한국에는 목본성 식물로서 나도은조롱(*Marsdenia tomentosa*), 마삭줄(*Trachelospermum asiaticum*), 도입종인 협죽도(*Nerium oleander*) 등이 생육하고 있다.

>표 9–51. 한국에 생육하는 협죽도과 주요 종의 학명과 향명
(속명의 알파벳 순서로 정리. 어둔 바탕에 표기된 종은 개명이 된 경우임. 학명 앞 *표시는 도입종)

Apocynaceae 협죽도과 Milkweed Family
Marsdenia tomentosa Morren et Decne. 나도은조롱 Tomentose condor-vine
*Nerium oleander L. 협죽도
Trachelospermum asiaticum (Siebold et Zucc.) Nakai 마삭줄 Asian jasmine
Trachelospermum jasminoides (Lindl.) Lem. 털마삭줄

마전과[Loganiaceae Martius; Logania Family]

마전과는 교목, 관목, 목본성 덩굴 또는 초본성 식물이다. 모상체가 없이 평활하거나 또는 단세포 모상체이다. 잎은 대생하고 단엽이며, 전연이거나 드물게 거치 끝이 작은 침상(spinulose-toothed; *Desfontainia*속)으로 된다. 잎의 기공은 다양한 형으로 나온다. 탁엽은 보통 있고 흔히 엽병간(interpetiolar)에 나는 특징을 보인다(Cronquist, 1981).

마전과 꽃공식(floral formula of Loganiaceae)

$$*, \textcircled{2}(\textcircled{4\text{-}5}), \textcircled{4\text{-}15}, 1(4\text{-}15), \underline{\textcircled{2\text{-}3}}(\textcircled{5}), \text{삭과, 장과, 핵과}$$

마전과 식물의 꽃은 단정화로 나거나 흔히 취산화서로 난다. 꽃은 주로 화려한 편이고 완전화이다. 꽃받침잎은 4-5개가 흔히 합생되어 통을 이루고, 거치가 있거나 결각이 깊게 갈라진다. 또는 악이 두 개로 결각이 지기도 한다. 화관은 합생하여 짧거나 다소 길쭉한 통부를 만든다. 꽃잎은 4-5(-15)개가 복와상으로 한쪽으로 감기거나, 결각이 진 판상 배열이다. 수술은 꽃잎의 수와 동일하며 화관통부에 측착되어 있다. 심피는 2-3개 또는 5개가 합생되고, 상위자방이며 드물게 중위자방이기도 한다. 열매는 포배개열(loculicidal) 또는 횡선개열(circumscissile)의 삭과 또는 장과이며 드물게 핵과이다. 씨앗은 때로 양 끝이나 전체에 날개가 달린다. 배는 곧은 모양이다. X=6-12(Cronquist, 1981).

마전과에는 20속 500종이 있으며, 열대와 아열대 지방에서 널리 분포하고(Cronquist, 1981), 한국에는 영주치자(*Gardneria nutans*)가 난다. 꼭두선이과의 치자나무 속명 (*Gardenia*)이 흡사해서 혼란을 빚는 경우가 있으니 유의하기 바란다.

> 표 9–52. 한국에 생육하는 마전과 영주치자의 학명
(어두운 바탕에 표기된 종은 개명이 된 경우임)

Loganiaceae 마전과 Logania Family
Gardneria nutans Siebold et Zucc. 영주치자 [주의: *Gardenia augusta* 치자나무 in Rubiaceae(꼭두선이과)]

꼭두선이과[Rubiaceae A. L. de Jussieu; Coffee or Madder Family]

영어 향명으로는 흔히 coffee family(커피과)라고 불리는 꼭두선이과는 교목, 관목, 목 본성 덩굴, 또는 드물게 초본성 식물이다. 잎은 단엽이고 보통 엽연은 전연이고 흔히 대 생이다. 주로 합생하는 엽병간탁엽(葉柄間托葉; interpetiolar stipules)이거나 또는 엽병 사이에 있는 탁엽이 잎으로 변해서 엽서가 윤생이다(이유성, 이상태, 1996).

계요등 꽃공식(floral formula of *Paederia scandens*)
$$*, ⑤, ⑤, 2+3, ②, 핵과$$

꼭두선이과 식물의 화서는 취산화서 또는 드물게 단정화로 나고 완전화이지만 드물게 단성화가 나오기도 한다. 하위자방이고 흔히 이화주성(異花柱性; heterostylic)의 특징을 보인다. 주로 충매화이지만 간혹 풍매화도 있다. 꽃받침잎은 대부분 4-5장이 합생되어 있 고 열편은 작은 편이다. 꽃잎은 꽃받침잎의 수와 같거나 배수로서 합판화이고 화관이 방 사대칭인데 간혹 좌우대칭으로 나기도 한다. 수술은 화관의 꽃잎의 수와 동일하고 꽃잎 과 호생하여 화관통부 위쪽에 부착되어 있다. 약은 세로로 개열한다. 심피 2(3-5)개가 합 생하고 화주는 이생 또는 합생한다. 배주는 한 개에서 여러 개가 중축태좌 또는 측벽태좌 에 달린다. 열매는 삭과, 장과, 핵과 또는 분열과로 나온다(이유성, 이상태, 1996).

꼭두선이과 식물에는 660속 11,150종이 있으며, 전 세계에 걸쳐 분포하지만 열대와 아열대 지역에서 가장 다양하게 나온다. 주요 속으로는 싸이코트리아속(*Psychotria* 1,500종), 갈리움속(*Galium* 400종), 치자나무속(*Gardenia* 250종) 등이 있다(Judd *et al.*, 2016).

꼭두선이과에 속한 식물인 '*Coffea arabica*'에서 카페인(caffeine) 성분이 들어 있는 음료인 커피(coffee)가 만들어진다.

> 표 9-53. 한국에 생육하는 꼭두선이과 주요 종의 학명과 향명
(속명의 알파벳 순서로 정리. 어둔 바탕에 표기된 종은 개명이 된 경우임. 학명 앞 *표시는 도입종)

Rubiaceae 꼭두선이과 Coffee / Madder Family
Adina rubella Hance 중대가리나무 Glossy adina
Damnacanthus indicus C. F. Gaertn. subsp. *indicus* 호자나무
Damnacanthus indicus subsp. *major* (Siebold et Zucc.) T. Yamaz. 수정목 Big-leaf damnacanthus
**Gardenia augusta* (L.) Merr. 치자나무
Lasianthus japonicus Miq. 무주나무 Japanese lasianthus
Mitchella undulata Siebold et Zucc. 호자덩굴 Asian mitchella
Paederia scandens (Lour.) Merr. 계요등 Skunk vine

A: 엽서와 화서   B: 중대가리나무 꽃   C: 백정화 꽃

D: 치자나무 엽서와 열매	E: 치자나무 열매	F: 치자나무 탁엽
G: 계요등 엽서	H: 계요등 화서	I: 계요등 탁엽

>사진 9-50. 꼭두선이과(Rubiaceae).
A-B: 중대가리나무(*Adina rubella*), C: 백정화(*Serissa japonica*), D-F: 치자나무(*Gardenia augusta*),
G-I: 계요등(*Paederia scandens*).

꿀풀목 Lamiales

능소화과[Bignoniaceae A. L. de Jussieu; Bignonia or Trumpet Creeper Family]

능소화과 식물은 교목, 관목, 또는 목본성 덩굴식물이며, 모상체는 다양하지만 흔히 단순하다. 잎은 대생 또는 윤생하며 드물게 호생하고 나선상으로 배열하기도 한다. 우상복엽 또는 장상복엽이며, 드물게 단엽으로 나기도 한다. 엽연은 전연이거나 거치가 있고 엽맥은 우상맥 또는 장상맥이다. 복엽의 정소엽 또는 드물게 측면의 소엽이 분화하여 덩굴손이나 갈고리로 되기도 한다. 탁엽은 없다(Judd *et al.*, 2008).

능소화 꽃공식(floral formula of *Campsis grandiflora*)
x, ⑤, ②+③, 2+2, ②, 삭과

능소화과 식물의 화서는 다양하다. 꽃은 양성화이고, 화관이 좌우대칭이며, 보통 크고 화려한 편이다. 꽃받침잎은 5장이 합생되고, 꽃잎도 5장이 합생된다. 그 중 두 장이 입술 모양으로 된다. 다섯 번째의 수술은 때로 작고 헛수술이며, 때로는 두 개의 수술로 축소 되기도 한다. 수술은 특징적으로 다소 2강웅예(didynamous; 네 개 중 두 개의 화사가 다른 두 개보다 긴 웅예)를 이룬다. 화사는 화관에 측착되며, 화분립은 다양하다. 때로 4립 에서 다립으로 나온다. 심피는 2개가 합생되었고 상위자방이다. 밀선 디스크가 흔히 있 다. 열매는 길쭉하며 포간개열 또는 포배개열의 삭과이다. 드물게 장과나 열리지 않는 협과로 나오기도 한다. 씨앗은 흔히 납작하고 날개나 술이 달려 있어 종자분산에 유리하 다. 내배유는 없다. 자엽은 깊게 두 개로 갈라져 있다(Judd *et al.*, 2008).

능소화과에는 106속 860종이 있으며, 열대와 아열대 지역에 널리 분포하며, 몇 종은 온대지방에서도 난다. 남아메리카의 북쪽지방에 가장 다양한 종이 분포한다. 이 과에 서 주요 속으로는 타베부이아속(*Tabebuia* 70종), 아데노칼림나속(*Adenocalymna* 80 종), 자카란다속(*Jacaranda* 40종) 등이 있다(Judd *et al.*, 2016).

>표 9–54. 한국에 생육하는 능소화과 능소화의 학명
(학명 앞 *표시는 도입종을 의미함)

Bignoniaceae 능소화과 Bignonia / Trumpet Creeper Family
Campsis grandiflora (Thunb.) K. Schum. 능소화 Chinese trumpet vine

꿀풀과[Lamiaceae Martynov; Mint Family]
꿀풀과 식물은 주로 초본이 많으며, 관목 또는 드물게 교목으로 나온다. 줄기는 흔히

네 개의 각이 지는 특징을 보인다. 잎은 단엽인데 가끔씩 우상복엽 또는 장상복엽이 대생 또는 가끔 윤생하고, 탁엽은 없다(이유성, 이상태, 1996).

좀목형 꽃공식(floral formula of *Vitex negundo* var. *heterophylla*)
x, ⑤, ⑴+4, 2+2, ②, 핵과

좀작살나무 꽃공식(floral formula of *Callicarpa dichotoma*)
*, ④, ④, 4, ②, 핵과

꿀풀과 식물의 화서는 취산화서가 엽액에 조밀하게 나기 때문에 윤생하는 것으로 보인다. 꽃이 단 하나로 축소되기도 한다. 완전화이지만 간혹 단성화 또는 잡성화로 나오기도 한다. 꽃받침잎은 5개로 합생하고, 꽃잎은 5장으로 합판화이다. 화관이 주로 좌우대칭이지만 간혹 방사대칭으로 나기도 한다. 흔히 순형(脣形) 또는 접형(蝶形)이다. 수술은 네 개로 2강웅예를 이루고 간혹 두 개인 경우도 있고, 화관통에 상생(上生)한다. 약은 세로로 갈라지고 자방의 기부에 환상 또는 한 편에 밀선 디스크가 있다. 심피는 두 개가 합생하고 각 심피가 두 개로 나눠져 자실은 모두 네 개다. 각 자실마다 한 개의 배주가 있고 기저-중축태좌로 달린다. 열매는 1-4개의 핵을 갖는 핵과이다(이유성, 이상태, 1996).

꿀풀과에는 252속 7,100종이 있으며, 전 세계에 걸쳐서 분포한다. 주요 속으로는 샐비아속(*Salvia* 800종), 힙티스속(*Hyptis* 400종), 순비기나무속(*Vitex* 250종), 작살나무속(*Callicarpa* 140종) 등이 있다(Judd *et al.*, 2016).

> 표 9-55. 한국에 생육하는 꿀풀과 주요 종의 학명과 향명
(속명의 알파벳 순서로 정리. 어둔 바탕에 표기된 종은 개명이 된 경우임)

Lamiaceae 꿀풀과 Mint Family
Callicarpa dichotoma (Lour.) Raeusch. ex K. Koch 좀작살나무 Pruple beautyberry
Callicarpa japonica Thunb. var. *japonica* 작살나무 East Asian beautyberry

Callicarpa japonica var. *luxurians* Rehder 왕작살나무 Robust beautyberry	
Callicarpa mollis Siebold et Zucc. 새비나무 Jejudo beautyberry	
Caryopteris incana (Thunb. ex Houtt.) Miq. 층꽃나무 Common bluebeard	
Clerodendrum trichotomum Thunb. 누리장나무 Harlequin glorybower	
Clerodendrum trichotomum var. *fargesii* Rehder 민누리장나무	
Thymus serphyllum L. subsp. *quinquecostatus* (Celak.) Kitam. 백리향	
Vitex negundo var. *cannabifolia* (Siebold et Zucc.) Hand.-Mazz. 목형	
Vitex negundo var. *heterophylla* (Franch.) Rehder 좀목형	
Vitex rotundifolia L. fil. 순비기나무 Beach vitex	

A: 작살나무 엽서

B: 작살나무 화서

C: 작살나무 꽃

D: 좀작살나무 꽃

E: 좀작살나무 열매

F: 누리장나무 성상

| G: 누리장나무 열매 | H: 순비기나무 엽서와 화서 | I: 순비기나무 꽃 |

>사진 9–51. 꿀풀과(Lamiaceae).
A–C: 작살나무(*Callicarpa japonica*), D–E: 좀작살나무(*Callicarpa dichotoma*),
F–G: 누리장나무(*Clerodendrum trichotomum*), H–I: 순비기나무(*Vitex rotundifolia*).

물푸레나무과[Oleaceae Hoffmannsegg & Link; Olive Family]

물푸레나무과는 교목, 관목, 드물게 덩굴성 식물이며, 잎은 대부분이 대생이지만 간혹 호생하기도 한다. 단엽이거나 우상복엽 또는 삼출복엽으로 나고, 탁엽은 없다(이유성, 이상태, 1996).

미선나무 꽃공식(floral formula of *Abeliophyllum distichum*)

*, ④ , ④ 2 , ② 시과

이팝나무 꽃공식(floral formula of *Chionanthus retusus*)
단성화, 자웅이주
암꽃: *, ④ , ④ , 2• , ② 핵과
수꽃: *, ④ , ④ 2 , 0

물푸레나무과 식물의 화서는 기본적으로 취산화서이지만 간혹 총상화서 또는 원추화서로 나기도 한다. 가끔은 축소되어 단정화로 나오기도 한다. 꽃은 비교적 작은 편이며, 정제화관(整齊花冠; regular corolla; 꽃잎의 크기와 모양이 같은 화관)이다. 완전화이지만 간혹 단성화로 나오기도 한다. 식물은 가끔씩 자웅이주로 나온다. 꽃받침잎은 작고 열편이 4(-15)개가 있고 물푸레나무속(*Fraxinus*)에서는 없다. 꽃잎은 네 개로서 합판화이나 때로 이판화이거나 없기도 한다. 수술은 보통 두 개이고 화관통에 측착되어 있으며, 약은 세로로 갈라진다. 심피는 두 개가 합생되어 상위자방이며, 주두는 두 개로 분지되고 배주는 심피 당 흔히 두 개인데 1-4개가 있기도 한다. 태좌는 중축태좌이다. 열매는 포배개열 또는 횡렬하는 삭과, 장과, 시과 또는 핵과로 나온다(이유성, 이상태, 1996; Judd *et al.*, 2016).

물푸레나무과에는 25속 600종이 있으며, 열대에서 온대까지 널리 분포한다. 주요 속으로는 영춘화속(*Jasminum* 230종), 이팝나무속(*Chionanthus* 90종), 물푸레나무속(*Fraxinus* 60종), 광나무속(*Ligustrum* 35종) 등이 있다(Judd *et al.*, 2016).

>표 9-56. 한국에 생육하는 물푸레나무과 주요 종의 학명과 향명
(속명의 알파벳 순서로 정리. 어둔 바탕에 표기된 종은 개명이 된 경우임. 학명 앞 *표시는 도입종)

Oleaceae 물푸레나무과 Olive Family
Abeliophyllum distichum Nakai 미선나무 Miseonnamu (Korean abeliophyllum)
Chionanthus retusus Lindl. et Paxton 이팝나무 Retusa fringetree
Forsythia japonica Makino 만리화
Forsythia viridissima var. *koreana* Rehder 개나리
Fraxinus chiisanensis Nakai 물들메나무 Jirisan ash
Fraxinus nigra var. *mandshurica* (Rupr.) Lingelsh. 들메나무
Fraxinus rhynchophylla Hance 물푸레나무 East Asian ash
Fraxinus sieboldiana Blume 쇠물푸레 Asian flowering ash
Ligustrum foliosum Nakai 섬쥐똥나무 Korean privet
Ligustrum japonicum Thunb. 광나무 Wax-leaf privet
Ligustrum leucanthum (S. Moore) P. S. Green 산동쥐똥나무
Ligustrum lucidum Aiton 당광나무 Glossy privet
Ligustrum obtusifolium subsp. *microphyllum* (Nakai) P. S. Green 좀털쥐똥나무
Ligustrum obtusifolium Siebold et Zucc. subsp. *obtusifolium* 쥐똥나무

Ligustrum ovalifolium Hassk. 왕쥐똥나무 Oval-leaf privet
Ligustrum quihoui Carrière 상동잎쥐똥나무
Ligustrum salicinum Nakai 버들쥐똥나무 Willow-leaf privet
*Osmanthus fragrans Lour. 목서
*Osmanthus heterophyllus (G. Don) P.S. Green 구골나무
Osmanthus insularis Koidz. 박달목서 Island devilwood
Syringa oblata subsp. *dilatata* (Rehder) P. S. Green et M. C. Chang 수수꽃다리 Korean early lilac
Syringa pubescens subsp. *patula* (Palibin) M. C. Chang et X. L. Chen 털개회나무
Syringa reticulata (Blume) Hara 개회나무 Manchurian lilac
Syringa wolfii C. K. Schneid. 꽃개회나무 Beautiful Wolf's lilac

A: 개화 직전 화서

B: 엽서와 화서

C: 개화 후 화서

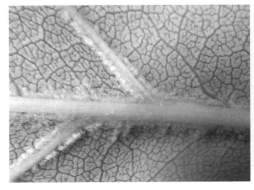

D: 잎 뒷면의 엽맥 주변의 털

E: 핵과 열매

F: 다양한 잎의 변이와 엽서

G: 악과 심피만 남긴 암꽃

>사진 9-52. 물푸레나무과(Oleaceae) 1.

A-E, G: 이팝나무(*Chionanthus retusus*), F: 구골나무(*Osmanthus heterophyllus*).

A: 대생엽서와 시과 열매

B: 화서

C: 암꽃

D: 대생엽서

E: 원추화서 일부

F: 화서 일부

G: 대생엽서와 총상화서   H: 총상화서 일부   I: 시과 열매

>사진 9–53. **물푸레나무과(Oleaceae) 2.**
A–B: 미선나무(*Abeliphyllum distichum*), C: 개나리(*Forsythia viridissima* var. *koreana*),
D–F: 개회나무(*Syringa reticulata*), G–I: 향선나무(*Fontanesia phyllyreoides*).

A: 어린 엽서와 화서   B: 암꽃   C: 수꽃

D: 성숙한 잎과 화서   E: 어린 엽서   F: 화서

G: 시과 열매   H: 엽서와 화서(개화 전)   I: 화서 일부

>사진 9–54. 물푸레나무과(Oleaceae) 3.
A–D, G: 물푸레나무(*Fraxinus rhynchophylla*), E–F: 쇠물푸레(*F. sieboldiana*),
H–I: 쥐똥나무(*Ligustrum obtusifolium* subsp. *obtusifolium*).

오동나무과[Paulowniaceae]

현삼과에 속했다가 오동나무과로 분류(APG, 2009) 되었으며, 이 과의 식물은 주로 낙엽교목으로서 소지는 굵고 원형이지만 마디에서는 편평하며 어릴 때 털이 있다. 정아는 없고 측아는 정생부아로서, 볼 수 있는 아린은 네 개가 있다. 엽흔은 원형 또는 타원형이거나 도난형으로서 가장자리가 살짝 튀어 나온다. 엽흔 내 관속흔은 많은 편이며, 타원형 또는 삼각형 비슷하게 배열하는 특징이 있다. 가지의 수(pith)는 계단상이며 흰 색이다. 잎은 대생하고 엽연은 전연이며, 얕게 결각이 지기도 한다. 꽃은 주로 원추화서로서 가지 끝에 달리며, 악과 화관이 모두 각각 5개로 합생되었다. 수술은 4개이며, 2강웅예를 이룬다. 심피 두 개가 합생되었고, 삭과 열매는 두 개로 갈라져서 날개가 있는 다수의 종자를 낸다. 한국에는 참오동과 오동이 있으며, 물이 스며들지 않아서 가구나 악기 제작 등 특수용도로 사용된다(이창복, 2007).

>표 9–57. 한국에 생육하는 오동나무과 참오동의 학명
(어둔 바탕에 표기된 종은 개명이 된 경우임)

Paulowniaceae 오동나무과
Paulownia tomentosa (Thunb.) Stued. 참오동

초롱꽃군 진정국화군 2: Euasterids 2; Campanulidae

산형목 Apiales

두릅나무과[Araliaceae A. L. de Jussieu; Ginseng Family]

두릅나무과의 식물은 교목, 관목, 목본성 덩굴 또는 다년생 초본 등으로 다양하게 나며, 흔히 성모(星毛)와 가시를 가지고 있는 특징이 있다. 잎은 대부분 호생하지만 드물게 대생하거나 윤생하기도 한다. 대부분 우상복엽 또는 장상복엽이거나 장상단엽이다. 탁엽이 있다(이유성, 이상태, 1996).

송악 꽃공식(floral formula of *Hedera rhombea*)

*, 5 ,⑤, 5 ,⑤, 핵과

두릅나무과 식물의 꽃은 보통 1차적으로는 산형화서로 나고 2차적으로는 총상화서, 두상화서, 수상화서 등으로 다양하게 난다. 꽃은 양성화이지만 간혹 단성화로 나오기도 한다. 규칙적으로 나오거나 제일 바깥쪽 꽃은 좌우대칭이고 하위자방이며, 대부분은 5수성이다. 꽃받침잎은 5장으로 거의 보이지 않게 작은 편이며 이생하고 꽃잎은 주로 5장이지만 3-12장까지 나오기도 한다. 꽃잎은 이생하거나 드물게 기부에서 합생하기도 한다. 꽃잎과 같은 수의 수술이 있고 세로로 갈라져 화분이 나오며, 심피는 2-5개가 합생한다. 배주는 각 자실 당 한 개씩이 정단태좌에서 중축태좌로 달린다. 열매는 장과, 핵과드물게 분열과이다. 씨 안에는 작은 배와 풍부한 배유가 있다(이유성, 이상태, 1996).

두릅나무과 식물은 43속 1,450종이 있으며, 열대에서 온대 지방까지 넓게 분포하며, 주요 속으로는 세플레라속(홍콩야자속; *Schefflera* 600종), 폴리시아스속(*Polyscias* 200종), 오레오파낙스속(*Oreopanax* 90종), 두릅나무속(*Aralia* 68종) 등이 있다(Judd *et al.*, 2016). 특히, 약용으로 사용되는 인삼(*Panax ginseng*)은 한국에서도 다량으로 재배되고 있으며, 한반도에는 송악(*Hedera rhombea*), 황칠나무(*Dendropanax trifidus*), 팔손이(*Fatsia japonica*)가 제주도와 남해안에서 자라고, 오갈피나무(*Eleutherococcus sessiliflorus*)와 가시오갈피나무(*E. senticosus*)는 인삼과 함께 약용으로 널리 쓰이고 있다. 음나무(*Kalopanax septemlobus*)는 각지에서 자라고, 지리산 이북의 높은 산지에서 자라는 땃두릅나무(*Oplopanax elatus*), 제주도의 섬오갈피나무(*E. gracilistylus*) 등이 한반도 특산종이다(이유성, 이상태, 1996).

> 표 9–58. 한국에 생육하는 두릅나무과 주요 종의 학명과 향명
(속명의 알파벳 순서로 정리. 어둔 바탕에 표기된 종은 개명이 된 경우임. 학명 앞 *표시는 도입종)

Araliaceae 두릅나무과 Ginseng Family
Aralia elata (Miq.) Seemen 두릅나무 Korean angelica tree
Dendropanax trifidus (Thunb.) Makino ex Hara 황칠나무
Hedera rhombea (Miq.) Siebold et Zucc. ex Bean 송악 Songak
Eleutherococcus divaricatus (Siebold et Zucc.) S. Y. Hu var. *divaricatus* 털오갈피나무
Eleutherococcus divaricatus var. *chiisanensis* (Nakai) C. Kim and B. Sun 지리산오갈피 Jirisan spreading-hair eleuthero
Eleutherococcus gracilistylus (W. W. Sm.) S. Y. Hu 섬오갈피나무 Hairy-style eleuthero
Eleutherococcus senticosus (Rupr. et Maxim.) Maxim. 가시오갈피나무 Devil's bush
Eleutherococcus sessiliflorus (Rupr. et Maxim.) S. Y. Hu 오갈피나무 Stalkless-flower eleuthero
*Eleutherococcus sieboldianus (Makino) Koidz. 오가나무
Fatsia japonica (Thunb.) Decne. et Planch. 팔손이 Glossy-leaf paper plant
Kalopanax septemlobus (Thunb.) Koidz. 음나무 Prickly castor oil tree
Oplopanax elatus (Nakai) Nakai 땃두릅나무 Tall oplopanax

A: 호생 2차우상복엽　　　B: 호생 장상복엽과 화서　　　C: 호생엽서

D: 호생 장상복엽과 화서　　　E: 송악 화서　　　F: 팔손이 화서

G: 꽃　　　H: 열매　　　I: 성숙 중인 열매

>사진 9-55. **두릅나무과(Araliaceae)**.
A: 두릅나무(*Aralia elata*), B, G: 오가나무(*Eleutherococcus sieboldianus*), C, E, H: 송악(*Hedera rhombea*),
D, I: 오갈피나무(*E. sessiliflorus*), F: 팔손이(*Fatsia japonica*).

돈나무과[Pittosporaceae R. Brown; Pittosporum Family]

돈나무과의 식물은 소교목 또는 흔히 관목상이며 때로는 아관목으로 나오기도 한다. 때로 피침이 발달하기도 한다. 잎은 호생하지만 때로는 가지의 끝에 가깝게 잎들이 나서 윤생하는 것처럼 보인다. 단엽이며 주로 전연이고 엽연이 파상으로 되기도 한다. 잎은 두꺼워 혁질이고 기공은 평행형기공(平行型氣孔)이고, 탁엽은 없다(Cronquist, 1981).

돈나무과 꽃공식(floral formula of Pittosporaceae)
$$*, ⑤, ⑤, ⑤, ②(\underline{3\text{-}5}), \text{삭과, 장과}$$

돈나무과 식물의 꽃은 단정화로 나오거나 짧은 산방화서 또는 취산형 원추화서이고, 완전화이지만 간혹 단성화로 나오기도 한다. 식물은 잡성주이다. 꽃은 주로 규칙적이거나 간혹 불규칙이기도 한다. 상위자방이고 두 개의 소포를 갖는다. 꽃받침잎은 5개로 복와상이고 이생하는데 간혹 기부가 합생하기도 한다. 꽃잎도 5개이고 복와상이며, 이생이거나 흔히 기부 쪽에서 약간 합생한다. 수술은 5개로 꽃잎과 어긋나고, 이생이거나 기부가 약간 합생한다. 약은 네 개의 소포자낭으로 되어 있고 세로로 갈라지거나 정단부에서 공개하기도 한다. 화분립은 2핵상 또는 3핵상이며 배주는 여러 개가 있고 태좌는 기부-측벽태좌이다. 열매는 포배개열 또는 포간개열하는 삭과이거나 또는 장과로 나온다. X=12(Cronquist, 1981).

>표 9-59. 한국에 생육하는 돈나무과 돈나무의 학명

Pittosporaceae 돈나무과

Pittosporum tobira (Thunb.) Aiton 돈나무 Australian laurel

감탕나무목 Aquifoliales

감탕나무과[Aquifoliaceae Berchtold & J. Presl; Holly Family]

감탕나무과 식물은 관목이나 교목으로 나오며, 상록성이 대부분이지만 때로 낙엽성

으로 나오기도 한다. 잎은 단엽이고 일반적으로 호생하지만 드물게 대생한다. 엽육에 분비선이 발달한다. 탁엽은 매우 작고 일찍 떨어지거나 없다(이유성, 이상태, 1996).

꽝꽝나무 꽃공식(floral formula of _Ilex crenata_)
단성화, 자웅이주

암꽃: *, ④ , ④, 4• , ④, 핵과

수꽃: *, ④ , ④, 4 , ④•

　　감탕나무과 식물의 꽃은 작은 꽃들이 줄기의 끝이나 엽액에 취산화서, 총상화서 또는 원추화서로 달리며, 화관은 방사대칭이고, 상위자방이다. 대부분은 단성화로서 자웅이주이다. 하지만, 가끔 완전화, 흔히 4(5-6)수성이다. 꽃받침잎은 작고 기부 부분이 합생하고 꽃잎은 기부가 짧게 합생한다. 수술은 꽃잎 수와 같거나 더 많이 달리며, 약은 세로로 갈라지고 밀선 디스크가 없다. 심피는 4-6개가 합생하고, 각 자실마다 배주가 1-2개가 있다. 태좌는 정단-중축태좌이다. 열매는 핵과이며, 씨앗은 작으며, 배유가 많고, 전분은 없고 지질성이다(이유성, 이상태, 1996).

　　이 과에는 감탕나무속(_Ilex_)이 단일 속으로서 400종이 있고, 전 세계에 널리 분포하지만, 주로 산악지대의 열대지방에 흔하고 산성 토양에 잘 자라는 특징을 가지고 있다(Judd _et al._, 2008, 2016).

>표 9-60. 한국에 생육하는 감탕나무과 주요 종의 학명과 향명
(종소명의 알파벳 순서로 정리. 학명 앞 *표시는 도입종)

Aquifoliaceae 감탕나무과 Holly family
Ilex cornuta Lindl. 호랑가시나무 Horned holly
Ilex crenata Thunb. 꽝꽝나무 Box-leaf holly
Ilex integra Thunb. 감탕나무 Elegance female holly
Ilex macropoda Miq. 대팻집나무 Macropoda holly

Ilex nipponica Makino 큰낙상홍

Ilex rotunda Thunb. 먼나무 Round-leaf holly

A: 호생엽서와 열매 1

B: 호생엽서와 열매 2

C: 호생하는 전연 잎

D: 성숙 중인 열매

E: 호생엽서와 열매 3

F: 화서

G: 꽃

H: 호생엽서와 열매 4

I: 호생엽서

>사진 9-56. **감탕나무과**(Aquifoliaceae).
A: 감탕나무(*Ilex integra*), B: 푸르푸레아릴렉스(*I. purpurea*), C, D: 먼나무(*I. rotunda*), E: 호랑가시나무(*I. cornuta*),
F, H: 꽝꽝나무(*I. crenata*), G, I: 완도호랑가시나무(*I.* x *wandoensis*).

국화목 Asterales

국화과[Asteraceae Berchtold & J. Presl; Aster Family]

국화과 식물은 초본, 관목, 또는 교목상으로 나온다. 이 분류군의 식물은 올리고당으로 탄수화물을 저장한다. 잎은 호생하고 나선상으로 배열하거나, 대생 또는 윤생하기도 한다. 단엽이지만 때로 깊게 결각이 진다. 엽연은 전연이거나 다양하게 거치가 발달한다. 엽맥은 우상맥이거나 장상맥이며, 탁엽은 없다(Judd *et al.*, 2008).

국화과 식물은 한 개 이상의 꽃이 공통의 화탁에 달리는 조밀한 두상화서이며, 한 개에서 여러 열의 포(총포)에 받쳐져 있다. 꽃은 하위자방이고 합판화, 완전화, 단성화 및 중성화이다. 양성화에서 화분은 특수한 방법으로 분출된다. 약이 모여서 화주를 싸고 있고, 화주가 성장함에 따라 압력이 생겨서 화분을 밀어내게 된다. 두상화서에서 꽃들은 가장자리에 자성(雌性) 또는 중성의 주변화(周邊花; ray flowers)가 있고 안쪽에는 양성의 반상화(盤上花; disk flowers)가 있다. 이들은 원래 5수성 합판화이지만, 주변화는 심하게 불규칙적으로 되어 띠 모양을 이룬다. 꽃받침잎은 두 개에서 다수의 비늘모양이며, 가시 또는 털로 변해 관모(冠毛; pappus)를 형성한다. 수술은 화관통 꽃의 열편의 수와 같고 화탁통에 부착되어 있다. 약은 모여서 취약(聚葯)웅예(syngeneseous stamen)를 형성한다. 내향약이며 세로로 갈라진다. 자방은 두 개의 심피가 합생하고 있지만 자실이 한 개로 축소되고 암술은 두 개로 갈라진다. 배주는 한 개가 기저태좌에 달린다. 열매는 관모가 있거나 없는 수과이고, 배는 곧고 배유는 없다(이유성, 이상태, 1996).

국화과 식물에는 1,620속 23,600종이 있으며 전 세계에 걸쳐 분포하지만. 특히 온대 또는 열대 산악지대의 트인 건조한 서식지에서 잘 발견된다(Judd *et al.*, 2008). 주요 속으로는 세네시오속(*Senecio* 1,250종), 버노니아속(*Vernonia* 1,000종), 히에라시엄속(*Hieracium* 500종), 코우시니아속(*Cousinia* 650종), 쑥부쟁이속(*Aster* 180종) 등이 있고(Judd *et al.*, 2016), 한반도에는 50여 속 200여 종이 생육하고 있다(이유성, 이상태, 1996).

>표 9-61. 한국에 생육하는 국화과 목본 식물 비단쑥의 학명

Asteraceae 국화과 Aster / Composite Family
Artemisia lagocephala (Fisch. ex Besser) DC. 비단쑥 White-mountain wormwood

산토끼꽃목 Dipsacales

연복초과[Adoxaceae E. Meyer; Moschatel or Elderberry Family]

연복초과 식물은 소교목, 관목 또는 다년생 초본이다. 모상체는 단순하거나 성상이다. 잎은 대생하고, 단엽, 삼출복엽, 우상복엽이다. 엽연은 전연이거나 다양하게 거치가 있다. 때로는 결각이 지기도 한다. 엽맥은 우상맥 또는 장상맥이며, 탁엽은 있거나 또는 없다. 때로는 선점이 있다(Judd *et al.*, 2008).

덜꿩나무 꽃공식(floral formula of *Viburnum erosum*)

$$*, ⑤, ⑤, 5, \overline{3\text{-}5}, \text{핵과}$$

연복초과 식물의 화서는 유한화서로 흔히 산형화서이다. 꽃은 양성화이고 화관이 방사대칭이며, 어떤 종은 화서의 가장자리에 불임성 꽃이 있다. 꽃받침잎은 2-5개가 합생하고 축소되어 하나의 관속흔만 남기기도 한다. 꽃잎은 4-5장이 합생되어 보통 짧은 통부를 형성하고 복와상 또는 판상이다. 수술은 5개가 있는데, 나뉘어져서 10개로 보이기도 한다. 화사는 화관의 기부에 측착되었다. 화분립은 삼구형 또는 삼공구형이며, 크기는 중간 크기이다. 화분외벽은 망상(reticulate)이다. 심피는 3-5개가 합생되었고, 하위자방이거나 중위자방이다. 주두는 두상이며, 배주는 각 자실 당 1개가 있고 주로 한 개만이 기능을 하고, 주피는 한 개가 있다. 대포자낭의 벽은 얇다. 분꽃나무속(*Viburnum*)에서는 단물(nectar)이 자방 위의 선점 조직에서 나오며, 딱총나무속(*Sambucus*)에는 없다. 열매는 핵(pits)이 한 개에서 다섯 개가 들어 있는 핵과이다(Judd *et al.*, 2008).

연복초과에는 5속 245종이 있으며, 대표속인 덜꿩나무속(*Viburnum*)이 220종 그리고 딱총나무속(*Sambucus*)이 20종이 있다. 북반구 온대지방에 널리 분포하지만, 아프리카, 남아메리카, 말레이시아, 호주, 뉴질랜드의 산악지대까지 확대되어 나온다(Judd *et al.*, 2008, 2016).

>표 9–62. 한국에 생육하는 연복초과 주요 종의 학명과 향명
(속명의 알파벳 순서로 정리. 어둔 바탕에 표기된 종은 개명이 된 경우임. 학명 앞 *표시는 도입종)

Adoxaceae 연복초과 Moschatel or Elderberry Family

Sambucus racemosa L. subsp. *kamtschatica* (E. Wolf) Hultén
지렁쿠나무 Kamchatka red elder

Sambucus racemosa L. subsp. *sieboldiana* (Blume ex Miq.) Hara
덧나무 Siebold's red elder

Sambucus williamsii Hance 딱총나무 Northeast Asian red elder

Viburnum burejaeticum Regel et Herder 산분꽃나무 Manchurian viburnum

Viburnum carlesii var. *bitchiuense* (Makino) Nakai 섬분꽃나무

Viburnum carlesii Hemsl. var. *carlesii* 분꽃나무

Viburnum dilatatum Thunb. 가막살나무 Linden viburnum

Viburnum erosum Thunb. 덜꿩나무 Leather-leaf viburnum

Viburnum furcatum Blume ex Maxim. 분단나무 Forked viburnum

Viburnum japonicum (Thunb.) Sprengel 푸른가막살 Wax-leaf viburnum

Viburnum koreanum Nakai 배암나무 Korean viburnum

Viburnum odoratissimum Ker.-Gawler var. *awabuki* (K. Koch) Zabel
아왜나무 Sweet viburnum

Viburnum opulus L. var. *calvescens* (Rehder) Hara
백당나무 Smooth-cranberrybush viburnum

Viburnum opulus var. *calvescens* f. *sterile* Hara 불두화

Viburnum wrightii Miq. 산가막살나무 Wright's viburnum

인동과[Caprifoliaceae A. L. de Jussieu; Honeysuckle Family]

인동과는 초본, 관목, 소교목 또는 목본성 덩굴식물이며, 잎은 대생하고 단엽이며, 때로는 우상복엽이다. 엽연은 전연이거나 거치가 있고, 엽맥은 우상맥이고 탁엽은 없다(Judd *et al.*, 2008).

길마가지나무 꽃공식(floral formula *Lonicera harae*)
x, ⑤, ⑤, 5̄, ③, 장과

인동과 식물의 화서는 다양하다. 꽃은 양성화이고 화관은 좌우대칭이다. 꽃받침잎은 보통 5개가 합생되고, 꽃잎도 5개가 합생되어 통꽃을 이룬다. 흔히 위쪽의 두 개와 아래쪽 세 개로 결각이 진다. 또는 인동에서처럼 아래쪽에 한 개의 결각이 있고 위쪽에 네 개의 결각이 있기도 한다. 화관의 열편은 복와상 또는 판상이다. 수술은 4-5개가 있고 화관에 측착되어 있다. 화분립은 크고 돌기가 있으며 보통 삼공구형이거나 삼공형이다. 심피는 주로 2-5개가 합생되고 하위자방이며 보통 길쭉하다. 자실 안에 배주가 여러 개가 있지만 때로는 한 개의 배주만이 기능을 한다. 주피는 한 개이고 대포자낭의 벽이 얇다. 화관통부 하부에 있는 선점 모상체에서 단물(nectar)이 생산된다. 열매는 삭과, 장과, 핵과 또는 수과로 다양하게 나오며, 내배유가 있거나 없다(Judd *et al.*, 2008).

인동과 식물에는 36속 810종이 있으며, 전 세계에 널리 분포하지만 특히 온대 북부 지방에서 주로 분포한다. 주요 속으로는 발레리아나속(*Valeriana* 200종), 인동속(*Lonicera* 150종) 등이 있다(Judd *et al.*, 2008, 2016).

>표 9-63. 한국에 생육하는 인동과 주요 종의 학명과 향명
(속명의 알파벳 순서로 정리. 어둔 바탕에 표기된 종은 개명이 된 경우임)

Caprifoliaceae 인동과 Honeysuckle Family
Abelia biflora Turcz. 섬댕강나무 Ulleungdo abelia
Abelia dielsii (Graebn.) Rehder 털댕강나무 Pedunculate abelia
Abelia mosanensis T.H. Chung ex Nakai 댕강나무 Maengsan abelia

Abelia tyaihyoni Nakai 줄댕강나무 Taihyun's abelia

Linnaea borealis L. 린네풀 Twinflower

Lonicera caerulea L. var. *edulis* (Turcz.) Regel
댕댕이나무 Edible deepblue honeysuckle

Lonicera chrysantha Turcz. ex Ledeb. 각시괴불나무 Chrysantha honeysuckle

Lonicera harae Makino 길마가지나무 Early-blooming ivory honeysuckle

Lonicera japonica Thunb. 인동 Golden-and-silver honeysuckle

Lonicera maackii (Rupr.) Maxim. 괴불나무 Amur honeysuckle

Lonicera maximowiczii (Rupr. ex Maxim.) Rupr. ex Maxim. 홍괴불나무

Lonicera morrowii A. Gray 섬괴불나무

Lonicera praeflorens Batalin 올괴불나무 Early-blooming honeysuckle

Lonicera ruprechtiana Regel 물앵도나무 Manchurian honeysuckle

Lonicera subhispida Nakai 털괴불나무 Bristle honeysuckle

Lonicera subsessilis Rehder 청괴불나무 Smooth-leaf honeysuckle

Lonicera vesicaria Kom. 구슬댕댕이 Wavy-leaf honeysuckle

Lonicera vidalii Franch. et Sav. 왕괴불나무 Vidal's mountain honeysuckle

Weigela florida (Bunge) A. DC. 붉은병꽃나무 Old-fashion weigela

Weigela subsessilis (Nakai) L.H. Bailey 병꽃나무 Korean weigela

A: 섬괴불나무 엽서와 화서

B: 인동 화서

C: 길마가지나무 화서　　　　D: 구슬댕댕이 열매　　　　E: 붉은병꽃나무 화서

F: 올괴불나무 엽서　　　　G: 올괴불나무 열매　　　　H: 길마가지나무 엽서와 열매

>사진 9–57. 인동과(Caprifoliaceae).
A: 섬괴불나무(*Lonicera morrowii*), B: 인동(*L. japonica*), C, H: 길마가지나무(*L. harae*), D: 구슬댕댕이(*L. vesicaria*),
E: 붉은병꽃나무(*Weigela florida*), F–G: 올괴불나무(*L. praeflorens*).

위치가 불명확한 분류군 중 목본식물

나도밤나무과 Sabiaceae Blume; Sabia Family

　나도밤나무과는 교목, 관목 또는 목본성 덩굴식물이며, 타닌성분을 가지고 있다. 잎은 호생하며 단엽이거나 우상복엽이다. 잎의 기공은 흔히 불규칙형기공(不規則型氣孔)이거나 또는 평행형기공(平行型氣孔)이고, 탁엽은 없다(Cronquist, 1981).

나도밤나무과 꽃공식(floral formula Sabiaceae)
*, (3-5), (2+2)((2+3)), 4-5(2+3•), (2-3), 핵과

나도밤나무과 식물의 꽃은 가지 끝이나 엽액에 원추화서(혹은 혼합된 원추화서)로 나고, 크기가 작으며 완전화 또는 때로 단성화이다 식물은 잡성-자웅이주이다. 꽃받침잎은 3-5개가 이생이거나 기부에서 합생하고, 꽃잎은 4-5장으로 안쪽의 두 개는 나머지의 것에 비해 작고, 수술은 꽃잎의 수와 동일하며 꽃잎과 대생하여 배열한다. 모든 수술이 기능을 하기도 하고 안쪽의 두 개만이 기능하기도 한다. 화분립은 2핵상이고 삼공구형의 발아구를 가지며 심피는 2-3개가 합생하고 상위자방이다. 자실은 2-3개이고 각 자실에는 하나에서 두 개의 배주가 있다. 열매는 단실 또는 때로는 두 개가 합생된 핵과이다. 씨앗에 내배유는 거의 없거나 전혀 없다. 크고 지질상인 배가 휘어져 있는 것이 특징이다(Cronquist, 1981). 나도밤나무과의 분류학적 위치는 지금도 불분명하며(APG, 2009), 이 과에는 3속 60종이 아시아의 남동쪽(한국과 일본까지)과 열대 아메리카에 분포한다. 한국에는 나도밤나무속(*Meliosma*)의 두 종이 자라고 있다.

>표 9-64. 한국에 생육하는 나도밤나무과 주요 종의 학명과 향명

Sabiaceae 나도밤나무과
Meliosma myriantha Siebold et Zucc. 나도밤나무 Abundant-flower meliosma
Meliosma oldhamii Miq. ex Maxim. 합다리나무 Oldham's meliosma

A: 나도밤나무 성상

B: 호생엽서

C: 원추화서

D: 엽서와 열매

E: 잎 앞면에 털

F: 잎 뒷면에 털

G: 아린이 없는 눈

>사진 9-58. 나도밤나무과(Sabiaceae) 나도밤나무(*Meliosma myriantha*).

참고문헌

국립수목원. 2011. 한국의 재배식물-조경·화훼식물을 중심으로 한국의 재배식물. 리드릭.

국립수목원. 2015. 한반도 자생식물 영어이름 목록집. 국립수목원.

김태영, 김진석. 2018. 개정신판 한국의 나무 - 우리 땅에 사는 나무들의 모든 것(Woody Plants of Korean Peninsula). 상지사.

성은숙. 2018. 나자식물의 바른 한국어 용어 사용에 대한 제언. 한국산림과학회지 107(2):126-139.

소순구, 황용, 이정희, 이정호, 김무열. 2013. 울릉도 회솔나무(*Taxus cuspidata* var. *latifolia*)의 분류학적 위치. 한국식물분류학회지(Korean J. of Plant Taxonomy). 43:46-55.

오병윤, 조동광, 고성철, 임형탁, 백원기, 김주환, 윤창영, 김영동, 유기억, 장창기. 2006. 한반도 관속식물 분포도. III. 중, 남부아구(충청도). 국립수목원.

윤주복. 2006. 나무 쉽게 찾기. 진선출판사.

이규배. 2014. 나자식물이 꽃피는 식물로 인식되고 있는 잘못된 관행의 분석. 한국식물분류학회지(Korean J. of Plant Taxonomy). 44(4): 288-297.

이우철. 2008. 한국식물의 고향. 일조각.

이유성, 이상태. 1996. 현대식물분류학. 도서출판 우성.

이윤경, 정종덕, 김상태. 2015. APG III 분류체계의 목명 및 과명 국문화에 대한 제안. 한국식물분류학회지(Korean J. of Plant Taxonomy). 45(3): 278-297.

이창복. 2007. 신고 수목학. 향문사.

장진성, 김휘, 길희영. 2012. 한반도수목 필드가이드. 디자인포스트.

Albach, D. D., P. S. Soltis, D. E. Soltis, and R. G. Olmstead. 2001a. Phylogenetic analysis of aterids based on sequences of four genes. Ann. Missouri Bot. Gard. 88:162-212.

Albach, D. C., P. S. Soltis, and D. E. Soltis. 2001b. Patterns of embryological and biochemical evolution in the asteids. Syst. Bot. 26:242-262.

APG (The Angiosperm Phylogeny Group). 2009. An update of the angiosperm phylogeny group classification for the orders and families of flowering plants: APG III. Botanical Journal of Linnean Society 161:105-121.

Bank, Hannah and Gwilym Lewis. 2018. Phylogenetically informative pollen structures of 'caesalpinioid' pollen (Caesalpinioideae, Cercidoideae, Detarioideae, Dialioideae and Duparquetioideae: Fabaceae). BotanicalJournal of the Linnean Society. 187:59-86.

Borror, D. J. 1960. Dictionary of Word Roots and Combining Forms. Mayfield, Palo Alto, CA.

Bowe, L. M., G. Coat and C. W. dePamphilis. 2000. Phylogeny of seed plants based on all three genomic compartments: extant gymnosperms are monophyletic and Gnetales' closest relatives are conifers. Proc. National Acad. Sci. USA. 97:4092-4097.

Bremer, B., K. Bremer N. Heidari, P. Erixon, R. G. Olmstead, A. A. Anderberg, M. Kallersjo, and E. P. Barkhordarian. 2002. Phylogenetics of asterids based on 3 coding and 3 non-coding chloroplast DNA markers and the utility of non-coding DNA at higher taxonomic levels. Mol. Phylo. Evol. 24:274-301.

Burleigh, L. G. and S. Mathews. 2004. Phylogenetic signal in nucleotide data from seed plants: implications for resolving the seed plant tree of life. Amer. J. Bot. 91:1599-1613.

Campbell, C. S., R. C. Evans, D. R. Morgan, T. A. Dickinson, and M. P. Arsenault. 2007. Phylogeny of subtribe Pyrinae (formerly the Maloideae, Rosaceae): limited resolution of a complex evolutionary history. Plant Syst. Evol. 266:119-145.

Chase, M. W. and 41 others. 1993. Phylogenetics of seed plants: an analysis of nucleotide sequences from the plastid gene *rbcL*. Ann. Missouri Bot. Gard. 80:528-580.

Chaw, S. M., A. Zharkikh, H. M. Sung, T. C. Lau and W. H. Li. 1997. Moelecular phylogeny of extant gymnosperms and seed plant evolution: analysis of nuclear 18S rRNA sequences. Mol. Biol. Evol. 14:56-68.

Choi, I.-S, Jin, D.-P., An, S.-J. and Choi, B.-H. 2015. A new distribution of *Dalbergia hupeana* Hance (Fabaceae) in Korean and its taxonomic characteristics. Korean J. Pl. Taxon. 45:22-28.

Coombes, A. J. 1985. Dictionary of Plant Names. Timber Press, Portland, OR.

Cronquist, A. 1981. An integrated system of classification of flowering plants. Columbia University Press.

Cronquist, A. 1982. Basic Botany. 2nd ed. Harper & Row.

Donoghue, M. J. and J. A. Doyle. 1989. Phylogenetic analysis of angiosperms and the relationships of Hamamelidae. In Evolution, systematics, and fossil history of the Hamamelidae, vol. 1, Introduction and "lower" Hamamelidae. Systematics Association Special Vol. 40A, P.R. Crane and S. Blackmore (eds.) 17-45. Clarendon Press, Oxford.

Doyle, J. A., M. J. Donoghue and E. A. Zimmer. 1994. Integration of morphological and ribosomal RNA data on the origin of angiosperms. Ann. Missouri Bot. Gard. 81:419-450.

Fernald, M. L. 1950. Gray's Manual of Botany. 8th ed. American Book, New York.

Ghimire, Balkrishna, Mi-Jin Jeong, Chunghee Lee and Kweon Heo. 2018. Inclusion of Cephalotaxus in Taxaceae: Evidence from morphology and anatomy. Korean J. Pl. Taxon. 48(2): 109-114.

Gledhill, D. 1989. The Names of Plants. Cambridge Univ. Press, New York.

Hardin, J., D. Leopold & F. White. 2001. Harlow & Harrar's Textbook of Dendrology. 9th ed. McGraw-Hill.

Harley, M. M., U. Song and H. Banks. 2005. Pollen morphology and systematics of Burseraceae. Grana 44:282-299.

Hilu, K. W. and 15 others. 2003. Angiosperm phylogeny based on *matK* sequence information. Amer. J. Bot. 90:1758-1776.

Hoot, S. B., S. Magallon and P. R. Crane. 1999. Phylogeny of basal eudicots based on three molecular data sets: *atpB*, *rbcL*, and 18S nuclear ribosomal DNA sequences. Ann. Missouri Bot. Gard. 86:1-32.

Hu, H. H. 1948. How Metasequoia, "the living fossil," was discovered in China. J. New Yor Bot. Gard. 49:201-207.

Jones, S. B., Jr. and A. E. Luchsinger. 1986. Plant Systematics. 2nd ed. McGraw-Hill, New York.

Judd, W., C. Campbell, E. Kellogg, & P. Stevens. 1999. Plant Systematics: A Phylogenetic Approach. Sinauer Ass. Inc.

Judd, W., C. Campbell, E. Kellogg, P. Stevens & M. Donoghue. 2002. Plant Systematics: A Phylogenetic Approach. 3rd ed. Sinauer Ass. Inc.

Judd, W., C. Campbell, E. Kellogg, P. Stevens & M. Donoghue. 2008. Plant Systematics: A Phylogenetic Approach. 3rd ed. Sinauer Ass. Inc.

Judd, W., C. Campbell, E. Kellogg, P. Stevens & M. Donoghue. 2016. Plant Systematics: A Phylogenetic Approach. 4th ed. Sinauer Ass. Inc.

Judd, W., R. G. Olmstead. 2004. A survey of tricolpate (eudicot) phylogenetic relationships. Amer. J. Bot. 91:1627-1644.

Kim, K.-H. and U. Song. 1998. A contribution to the pollen morphology for arboreal type of

Caesalpinioideae in Korea. J. For. Res. 3:175-179.

Kim, S., M.-J. You. V. A. Albert, J. S. Farris, P. S. Soltis, and D. E. Soltis. 2004. Phylogeny and diversification of B-function MADS-box genes in angiosperms: evolutionary and functional implications of a 260-million-year-old duplication. Amer. J. Bot. 91:2102-2118.

Li, Hui-Lin. 1964. *Metasequoia*: A living fossil. Amer. Sci. 54:94-109.

Linnaeus, C. 1753. Species Plantarum. Stockholm, Sweden.

Little, E. L., Jr. 1979. Checklist of United States Trees (Native and Naturalized). USDA Handbook. 541. Washington, D.C.

Mergen, F. 1963. Ecotypic variation in *Pinus strobus*. Ecology. 44:716-727

Olmstead, R. G., K.-J. Kim, R. K. Jansen, and S. J. Wagstaff. 2000. The phylogeny of the Asteridae sensu lato based on chloroplast *ndhF* gene sequences. Mol. Phylogenetics and Evol. 16:96-112.

Park, J. and U. Song. 2010. Pollen Morphology of the Genus *Rhododendron* (Ericaceae) in Korea. J. Korean For. Soc. 99:663-672.

Qiu, Y.-L. and 19 others. 2005. Phylogenetic analysis of basal angiosperms based on 9 plastid, mitochondrial, and nuclear genes. Int. J. Plant Sci. 166:815-842.

Savolainen, V., M. W. Chase, S. B. Hoot, C. M. Morton, D. E. Dotis, C. Bayer, M. F. Fay, A. Y. de Bruijn, S. Sullivan and Y.-L. Qiu. 2000a. Phylogenetics of flowering plants based upon a combined analysis of plastid *atpB* and *rbcL* gene sequences. Syst. Biol. 49:306-362.

Savolainen, V. and 16 others. 2000b. Phylogeny of the eudicots: a nearly complete familial analysis based on *rbcL* gene sequences. Kew Bull. 55:257-309.

Soltis, D. E., P. S. Soltis, M. E. Mort, M. W. Chase, V. Sarolainen, S. B. Hoot and C. M. Morton. 1998. Inferring complex phylogenies using parsimony: an empirical approach using three large DNA data sets for angiosperms. Syst. Biol. 47:32-42.

Soltis, D. E. and 15 others. 2000. Angiosperm phylogeny inferred from 18S rDNA, *rbcL*, and *atpB* sequences. Bot. J. Linn. Soc. 133:381-461.

Soltis, D. E., P. S. Soltis, P. K. Emdress, and M. W. Chase. 2005. Phylogeny and Evolution of Angiosperms. Sinauer Associates, Sunderland, MA.

Soltis, P. S., D. E. Soltis, V. Savolainen, P. R. Crane and T. G. Barraclough. 2002. Rate hetergeneity among lineages of tracheophytes: integration of molecular and fossil data and evidence for mlecular living fossils. Proc. Natl. Aca. Sci. USA 99:4430-4435.

Song, U. 2007. Pollen Morphology of the Woody Fabaceae in Korea. Korean J. of Plant Taxonomy. 37:87-108.

Song, U. and K.-H. Kim. 1999. A Contribution to the Pollen Morphology of *Indigofera* (Fabaceae) in Korea. J. of Korean Forestry Soc. 88(2):213-220.

Song, U., C.-J. Oh and J. Park. 2008. Pollen Morphology of the Tea Plant [*Camellia sinensis* (L.) Kuntze] in Korea. J. Kor. Tea Soc. 14(2):95-108.

Song, U., J. Park and M. Song. 2012. Pollen morphology of *Pinus* (Pinaceae) in northeast China. Forest Science and Technology. 8(4):179-186.

Stearn, W. T. 1997. Stearn's Dictionary of Plant Names for Gardeners. A Handbook on the Origin and Meaning of the Botanical Names of Some Cultivated Plants. Cassell Publishers Limited. London.

Sytsma, K. J., J. Morawetz, J. C. Pires, M. Nepokroeff, E. Conti, M. Zjhra, J. C. Hall, and M. W. Chase. 2002. Urticalean rosids: circumscription, rosid ancestry, and phylogenetics based on *rbcL*, *trnLF*, and *ndhF* sequences. Amer. J. Bot. 89:1531-1546.

Takhtajan, A. 1986. Floristic regions of the world. Berkeley: Univ. of California Press.

Zanis, M. J., P. S. Soltis, Y.-L. Qiu, E. Zimmer and D. E. Soltis. 2003. Phylogenetic analysis and perianth evolution in basal angiosperms. Ann. Missouri Bot. Gard. 90:129-150.

한글 색인

단체웅예 monadelphous 73, 256, 301

대생 opposite 48~49, 51, 91~92, 120, 133, 141~144, 151, 155~156, 161, 192, 194, 216, 221~222, 225, 227~228, 231, 239, 241, 243, 246~247, 258, 274, 281~284, 286, 294~298, 309, 311~312, 321, 324, 327~328, 333~334, 339, 345~347, 349, 351, 353, 356, 358~359, 363, 365~366, 368, 371

대포자낭 megasporangium 59, 321, 366, 368

덮개 operculum 210, 260

도생배주 anatropous 60, 65, 118~119, 126~128, 221, 284, 307, 311, 327

독립중앙태좌 free-central 74, 334

돌려나기 whorled 49

돌연변이 abnormal (mutational) 95~96

두상화서 head 75, 89, 220, 234, 261, 269~270, 334, 359, 365

등쪽 adaxial 46~47, 69, 79, 121~122, 124, 126, 202, 211~212, 234, 241~242, 265, 294, 311

ㄹ

로제트형 rosette 48~49, 66, 228

ㅁ

마주나기 opposite 49

막질 membranous 56

명명규약 ICN 37

명명법 nomenclature 17, 19, 33

명명자 34~36

목 order 25, 27~29, 85, 166

무엽병 sessile 46

무한화서 indeterminate 74, 76~77, 193, 216, 218, 224, 234, 250, 256, 274, 279, 284, 301

묶음형 검색표 bracketed key 85, 89, 91, 270

밀면모상 tomentose 56

ㅂ

발아구 aperture 61, 63, 65, 193, 200, 207, 250, 260, 284, 294, 296, 307, 309, 322, 334~335, 344, 371

방사대칭 radial 71, 73, 189~190, 193, 201, 206, 209, 214, 216, 218, 224, 228, 234, 239, 241, 247, 250, 256, 261, 264, 275, 281, 284, 286, 288, 294, 296~297, 301, 305, 307, 309, 311, 317, 322, 324, 326, 334~335, 345, 347, 351, 363, 366

방향성 aromatic 274, 278, 280, 309

배(주)병 funiculus 145, 219

배주 ovule 59~60, 64~70, 74

배주엽 ovule-bearing leaves 66~67

배쪽 abaxial 46~47, 67, 69, 79, 121~122, 202~203

변곡배주 campylotropous 60

변연태좌 marginal placentatio 74

변이 variation 95~101

변종 variety 24~25

복엽 compound leaf 49~50, 53

부꽃받침잎(악상초포) epicalyx 288, 297, 301, 304

분열과 schizocarp 80, 242, 247~248, 286, 301, 311, 347, 359

비대칭 asymmetrica 73, 115, 281, 284, 293, 295, 305~306

영어 색인

A

abaxial 배쪽 46, 67, 69, 78~79, 82, 113, 121~122, 128, 134, 157~158, 192, 202

abnormal(mutational) 돌연변이 95~ 6

achene 수과 80, 265

adaxial 등쪽 69, 78~79, 82, 113, 122, 157~158, 189~190, 192, 202, 211~212, 218, 238, 294, 311

adnate 측착 71, 77, 228, 275

aggregate 취과 78, 81~82, 189

Alternate 호생 49

ament(catkin) 유이화서 77

anatropous 도생배주 60, 207, 221, 284

androecium 웅예기관 72

androgynophore 웅예자방병 301

angiosperms 속씨식물(피자식물) 165

anther 약 61, 72, 189~190, 193, 209

aperture 발아구 61, 63, 193

Apex 엽두 46~47

APG III 166, 184~185, 187, 257, 299, 322

apical 정단태좌 74, 193

aromatic 방향성 274

asymmetrical 비대칭 73

axile 중축태좌 74, 234

B

basal 기저(태좌) 74

Base 엽저 46~47

basifixed 저착 230, 344

berry 장과 81, 119

bilateral 좌우대칭 73

binomial system 이명법 34

bracketed key 묶음형 검색표 85

bract 포(린) 96, 118, 121, 127, 265, 275, 337

bracteoles 소포 265, 275, 279, 337

bud 눈 50, 57, 195, 218, 284

C

calyx 악 72, 209, 216, 333, 337

campylotropous 변곡배주 60, 285

capsule 삭과 78

carpel 심피 64, 70

catkin(ament) 유이화서 77

chromosomal 염색체의 95, 97

circumscissile 횡선개열 78, 346

Class 강 25, 167

clinal 연속변이의 95, 100

Common or Vernacular Names 향명 33

compound leaf 복엽 50

cone 종구 47, 53, 59, 66, 69, 118, 121, 156~157

conifers 종구식물 53, 96, 118

H

habit 성상 17, 45, 166

head 두상화서 75

helicoid 권산상 취산화서 75

hesperidium 감과 81

heterostylic 이화주성 347

husk 겉껍질 275

hybrid 교잡(교배) 95, 100

hypanthium 화탁통 228, 232, 280

hypogynous 상위자방 73, 230

I

ICN 명명규약 37

indented key 계단형 검색표 85

indeterminate 무한화서 76

Inflorescences 화서 74

Infraspecific 종하위 24

integuments 주피 59

interpetiolar stipules 엽병간탁엽 347

introgressive 유전질 유입의 95, 101

introrse 내향약 72

K

keel 용골판 256

key 검색표 85

L

laticifers(latex) 유관 280, 284

latrorse 횡개 72, 226, 230

(leaf) margin 엽연 46, 52, 54

leaf scar 엽흔 57

leaf shapes 엽형 52

leaf venation 엽맥 54~55

leaf 잎 45, 53, 55

lenticel 피목 57

locule 자실 74, 207

loculicidal 포배개열 78, 234, 242, 325, 346

longitudinal종개 327, 334~345

M

marcescent 조위성 268

marginal placentation 변연태좌 74

megasporangium 대포자낭 59

membranous 막질의 56

Mesangiospermae 핵심속씨식물군 27~28, 176, 188, 192

micropyle 주공 118

microsporangia 소포자낭 67, 69, 134, 150

microsporangiate strobilus 소포자낭수 67

microspore 소포자 60

microsporophyll 소포자엽 67, 133, 150

monadelphous 단체웅예 73, 301

monocolpate 단구형 63

monocots 단자엽식물(군) 165

monoecious 자웅동주 133

monoporate 단공형 63

multiple 다화과 81~82

mutational(abnormal) 돌연변이 95~96

N

nomenclature 명명법 17, 33

nonadaptive 비적응의 95, 99

nut 견과 80

O

operculum 덮개 260

opposite 대생 133

order 목 25, 27~29, 166

orthotropous 직생배주 60, 145, 207, 219

ovary 자방 59, 73

ovule 배주 59, 65, 67, 69

ovule-bearing leaves 배주엽 66, 112

ovuliferous scale 종린 59, 66, 69

P

palmately compound leaf 장상복엽 50

Palynology 화분학 61

panicle 원추화서 76, 232

papilionaceouscorolla 접형화관 256

parietal 측벽태좌 74, 232

pedicel 소화경(화병) 74

peduncle 화경 74

perianth 화피 70

perigynous 중위자방 73, 232, 282

Petiole 엽병 46

Pentapetalae 오화판식물군 28, 223

phenotypic plasticity 표현형 가소성 96

Phyllotaxis(leaf arrangement) 엽서 48

pinnately compound leaf 우상복엽 50

placentation 태좌 189, 193, 200, 202, 234

pollen 화분(소포자) 61~68, 72

pollen grains 화분(소포자)립 61, 165

pollen strobili 소포자낭수 68, 116

pollen tube nucleus 화분관핵 61

pollination 수분 60, 64, 119

polycolpate 다구형 63

polycolporate 다공구형 63

pome 이과 73, 80

populin 포플린 249

poricidal 공개(포공개열) 72, 78, 228

pubescent 유모상 56

pulvinus 엽침(葉枕) 214, 255

R

raceme 총상화서 76, 232

radial 방사대칭 73

receptacle 화탁 189

reproductive 생식의 95, 98

Rosette 로제트형 49

S

saccae 기낭 119, 121, 150

salicin 살리신 249

samara 시과 80

scabrous 조모상 56

schizocarp 분열과 80

Scientific Names 학명 34, 38

secondary xylem 이차 목부 166

section 절 26

seed plants 종자식물 17, 111

septicidal 포간개열 78, 224, 234, 325

Series 열 26

Sessile 무엽병 46

Sheath 엽초 46

학명 색인

Astragalus 255

Athrotaxis 133

Aucuba 184, 344

B

Bauhinia 261

Berberidaceae 168, 177, 209, 211

Berberis 210

Berchemia 287

Betula 265, 266

Betulaceae 169, 179, 264, 266~268

Bignoniaceae 175, 182, 184, 349~350

Boehmeria 296

Brassicales 180, 238

Brexia 231

Broussonetia 285

Buxaceae 173, 177, 221~222

Buxus 221~222

C

Caesalpinia 258, 261~262

Caesalpinioideae 257, 262

Callicarpa 187, 351~353

Callitris 135

Callitropis 135

Camellia 339~341

Campsis 350

Campylotropis 262

Canacomyrica 279

Cannabaceae 168, 179, 184, 280, 282

Cannabis 280

Caprifoliaceae 176, 183~185, 187, 368, 370

Caragana 259~262

Carpinus 265~267

Carya 275, 277

Caryophyllales 169, 181, 318

Caryopteris 187, 352

Casearia 249, 251

Cassytha 192

Castanea 271, 273

Castanopsis 269, 271, 274

Ceanothus 287

Cecropia 296

Cedrus 39, 121, 123~124, 129, 131

Celastraceae 173, 178, 184, 241, 244~246

Celastrales 173, 178, 238, 241

Celastrus 243~244, 246

Celtis 184, 281~282

Cephalotaxaceae 148, 153

Cephalotaxus 153~154

Cercidiphyllaceae 168, 178, 225, 227

Cercidiphyllum 226~227

Cercis 258, 261~262

Cercocarpus 289

Chaenomeles 289

Chamaebatiaria 289

Chamaecyparis 36, 39

Chamaedaphne 329

Chionanthus 354, 356

Cinnamomum 192, 194, 198

Citrus 309~310

Cladrastis 262

Clematis 217

Clerodendrum 187, 352~353

Clethra 326~327

Clethraceae 171, 181, 326~327

Cleyera 186, 340~341

Cocculus 214~216

Coffea 348

Commelinales 206

Compositae 26

Comptonia 278~279

Cornaceae 173, 181, 184, 321, 323~324

Cornus 322~324

Coronilla 260

Corylopsis 235, 236

Corylus 265~268

Cotoneaster 289

Cousinia 365

Crassulaceae 172, 178, 228~229

Crataegus 289

Croton 248

Cruciferae 26

Cryptomeria 135, 138~139, 148

Cucurbitales 179, 238

Cunninghamia 139~140, 148

Cupressaceae 133~134, 148

Cupressus 36, 135

Cycadaceae 112, 114

Cycas 112~114

D

Dacrydium 150

Dalbergia 256, 262

Damnacanthus 348

Daphniphyllaceae 168, 178, 229, 231

Daphniphyllum 230~231

Dendropanax 360

Dioscoreales 206

Diospyros 38, 328

Distylium 235~236

Dodonaea 312

Dorstenia 285

Dryadoideae 289

Dryas 289~290

E

Ebenaceae 171, 181, 327~328

Elaeagnaceae 172, 179, 282~283

Elaeagnus 283

Elatostema 188, 296

Eleutherococcus 360~361

Empetrum 185, 329

Enkianthus 329, 331

Ephedra 160~161

Ephedraceae 160

Eribotrya 290

Erica 329

Ericaceae 182, 185, 187, 328~329, 331~332

Euchrestia 263

Eucommia 342~343

Eucommiaceae 168, 182, 342~343

Illicium 185, 189~191

Indigofera 62~63, 255, 261, 263

Itea 231

J

Jacaranda 350

Jasminum 354

Juglandaceae 169, 179, 274, 276~278

Juglans 275~277

Juniperus 40, 97, 100, 133~135, 140~141, 148

K

Kadsura 189

Kalopanax 360

Kerria 290

Koelreuteria 312~313, 316

L

Labiatae 26

Lagerstroemia 298

Lamiaceae 175, 182, 187, 350~351, 353

Lannea 306

Lardizabalaceae 168, 177, 211, 213

Larix 40, 119~121, 123, 125, 129, 132

Lasianthus 348

Lauraceae 167, 177, 192, 196~197

Leguminosae 26

Leitneria 317

Lespedeza 263

Ligustrum 354~355, 358

Liliales 166, 206

Lindera 192, 196~198

Linnaea 185, 369

Liquidambar 224~225

Liriodendron 38, 40, 202~205

Lithocarpus 40, 269, 271, 274

Litsea 192, 198~199

Lonicera 368~370

Lyonothamnus 289

Lysimachia 334

Lythraceae 172, 180, 185, 187, 297~298

M

Maackia 259, 263

Maclura 187, 285

Maesa 334

Magnolia 201~203, 205, 230

Mallotus 248~249

Malpighiales 178, 238, 247

Malus 290

Malva 302

Malvaceae 170, 180, 186~187, 301~304

Malvales 170, 180, 238, 301

Malvids(Eurosids 2) 28, 238

Marsdenia 184, 345~346

Mastixia 322

Maytenus 242

Melia 307~308

Meliaceae 174, 180, 306~308

Meliosma 371~372

Menispermaceae 168, 177, 209, 214, 216

Menispermum 214

Metasequoia 40, 133, 135, 143~144, 148

U

Ulmaceae 168, 179, 293, 295

Ulmus 294~295

Umbellifera 26

Urticaceae 168, 179, 188, 295~296

V

Vaccinium 328~331

Valeriana 187, 368

Vernicia 249

Vernonia 365

Viburnum 183, 187, 366~367

Vitaceae 173, 178, 239~240

Vitex 187, 351~353

Vitis 240

W

Weigela 185, 369~370

Welwitschia 160

Wisteria 259, 261~263

Wollemia 152~153

X

Xylopia 200

Xylosma 185, 251, 254

Z

Zanthoxylum 41, 310

Zelkova 294~295

Zingiberales 206

Zygophyllales 178, 238

향명 색인

211

한국 수목의 이해

지은이 성은숙
펴낸이 김동원
펴낸곳 전북대학교출판문화원

초판 1쇄 인쇄 2019. 3. 8
초판 1쇄 발행 2019. 3. 15

전북대학교출판문화원 전라북도 전주시 완산구 어진길 32 (풍남동2가)
전화 (063) 219-5321~2
FAX (063) 219-5323
출판등록 2012년 8월 20일 제465-2012-000021호

값 20,000원

ISBN 979-11-6372-024-9 93480

이 도서의 국립중앙도서관 출판예정도서목록(CIP)은 서지정보유통지원시스템
홈페이지(http://seoji.nl.go.kr)와 국가자료공동목록시스템(http://www.nl.go.kr/kolisnet)에서
이용하실 수 있습니다. (CIP제어번호 : CIP2019006097)